县域自然灾害综合风险与减灾能力评估技术

韦炳干 刘路路 等 著

科学出版社

北京

内容简介

本书是基于科技部、国家自然科学基金委员会、地方政府和国际合作等项目研究成果,结合团队多年自然灾害风险相关研究成果总结而成的,主要包括自然灾害风险评估技术与案例和自然灾害减灾能力评估与案例。自然灾害风险评估技术与案例介绍台风、干旱、洪水、地震、地质和气候变化等灾害的风险评估技术,并介绍台风、干旱、洪水、地震灾害风险评估案例;自然灾害减灾能力评估与案例介绍单灾种、多灾种和区域综合减灾能力的评估技术,并介绍台风、台风–暴雨–地质灾害链和区域综合减灾能力评估案例。

本书可供气象、农业、地质、地震等部门科技工作人员参考,也可作为高等院校、科研院所的自然地理学、环境科学、气象学、灾害学等相关专业的师生和科研人员开展自然灾害风险研究的参考用书。

审图号:GS京(2025)0564号

图书在版编目(CIP)数据

县域自然灾害综合风险与减灾能力评估技术/韦炳干等著.—北京:科学出版社,2025.3
ISBN 978-7-03-073047-3

Ⅰ.①县… Ⅱ.①韦… Ⅲ.①县–自然灾害–风险管理–研究–中国 Ⅳ.①X432

中国版本图书馆 CIP 数据核字(2022)第 161358 号

责任编辑:杨逢渤／责任校对:樊雅琼
责任印制:徐晓晨／封面设计:无极书装

科学出版社 出版
北京东黄城根北街 16 号
邮政编码:100717
http://www.sciencep.com

北京九州迅驰传媒文化有限公司印刷
科学出版社发行 各地新华书店经销
*
2025 年 3 月第 一 版 开本:720×1000 1/16
2025 年 3 月第一次印刷 印张:17 1/4
字数:350 000
定价:208.00 元
(如有印装质量问题,我社负责调换)

前　言

我国是世界上自然灾害最严重的国家之一，灾害种类多，分布地域广，发生频率高，造成损失重。中华人民共和国成立以来，党和政府高度重视自然灾害防治，发挥中国特色社会主义制度能够集中力量办大事的政治优势，防灾减灾救灾成效举世公认。同时，我国自然灾害防治能力总体还比较弱，提高自然灾害防治能力，是实现"两个一百年"奋斗目标、实现中华民族伟大复兴中国梦的必然要求，是关系人民群众生命财产安全和国家安全的大事。

在社会经济发展的新时期，也对国家防灾减灾救灾能力建设战略提出了新要求，习近平总书记提出"两个坚持、三个转变"，即坚持以防为主、防抗救相结合，坚持常态减灾和非常态救灾相统一，努力实现从注重灾后救助向注重灾前预防转变，从应对单一灾种向综合减灾转变，从减少灾害损失向减轻灾害风险转变，全面提升全社会抵御自然灾害的综合防范能力；并指出要针对关键领域和薄弱环节，推动建设若干重点工程，包括灾害风险调查和重点隐患排查工程等"九大工程"。2020年6月8日，国务院办公厅印发了《国务院办公厅关于开展第一次全国自然灾害综合风险普查的通知》，即实施灾害风险调查和重点隐患排查工程，其中的自然灾害风险评估和综合减灾能力评估是本项工程的重要内容。

中国科学院地理科学与资源研究所在国家自然科学基金委员会、中国科学院、科技部、地方政府的支持下，长期从事自然灾害风险研究，并参与第一次全国自然灾害综合风险普查的"试点大会战""一省一县""一省一市"等的评估与区划工作，在自然灾害风险评估、综合减灾能力评估技术与应用方面具有较为丰富的经验。本书系统总结自然灾害风险评估和综合减灾能力评估技术与案例。

本书各章撰写分工如下：第1章，背景，韦炳干；第2章，台风灾害风险评估技术，殷洁、吴绍洪；第3章，干旱灾害风险评估技术，吴绍洪、刘路路；第4章，洪水灾害风险评估技术，高江波、刘路路；第5章，地震灾害风险评估技术，靳京、吴绍洪；第6章，地质灾害风险评估技术，张明媚、高江波；第7章，气候变化风险评估技术，刘路路、高江波、吴绍洪；第8章，自然灾害风险评估案例，刘路路、殷洁、靳京；第9章，自然灾害减灾能力评估，王婷、韦炳干、吴绍洪；第10章，自然灾害减灾能力评估指标体系，王婷、韦炳干、吴绍洪；第11章，自然灾害减灾能力评估技术，王婷、韦炳干；第12章，自然灾害减灾能力评估案例，王婷、韦炳干。本书由韦炳干和刘路路统稿、审校与定稿。

  此外，衷心感谢国家自然科学基金委员会、中国科学院、科技部、地方政府、企业和国际合作项目等对本书的资助，感谢中国科学院地理科学与资源研究所自然灾害风险研究课题组所有成员，尤其是吴绍洪研究员的大力支持与指导。最后，感谢本书撰写过程中给予支持和指导的所有人员。自然灾害风险评估和综合减灾能力评估结果的定量化与客观性是研究团队一直所追求的，书中很多研究尚需进一步深化。同时，本书在总结与归纳研究成果时难免会有疏漏的地方，敬请读者指正。

作 者
2022 年 6 月

目 录

前言
第1章 背景 ·· 1
  1.1 防灾减灾战略转变 ··· 1
  1.2 自然灾害综合风险普查 ·· 1
第2章 台风灾害风险评估技术 ·· 3
  2.1 台风灾害风险概念 ··· 3
  2.2 台风灾害损失机理 ··· 6
  2.3 台风灾害脆弱性评估 ·· 11
  2.4 台风灾害危险性评估 ·· 15
  2.5 台风灾害风险评估 ··· 17
第3章 干旱灾害风险评估技术 ·· 21
  3.1 干旱灾害风险 ··· 21
  3.2 干旱灾害脆弱性评估 ·· 25
  3.3 干旱灾害危险性评估 ·· 27
  3.4 干旱灾害风险评估 ··· 29
第4章 洪水灾害风险评估技术 ·· 31
  4.1 洪水灾害风险 ··· 31
  4.2 洪水灾害损失机理 ··· 33
  4.3 洪水灾害脆弱性评估 ·· 34
  4.4 洪水灾害危险性评估 ·· 36
  4.5 洪水灾害风险评估 ··· 39
第5章 地震灾害风险评估技术 ·· 41
  5.1 地震灾害风险研究背景 ··· 41
  5.2 地震灾害脆弱性评估 ·· 44
  5.3 地震灾害危险性评估 ·· 55
  5.4 地震灾害风险评估 ··· 57
第6章 地质灾害风险评估技术 ·· 63
  6.1 地质灾害 ·· 63

  6.2 地质灾害危险性评价 ··· 64
  6.3 地质灾害风险评估 ··· 69
第 7 章 气候变化风险评估技术 ··· 72
  7.1 气候变化风险 ··· 72
  7.2 气候变化风险评估 ··· 78
第 8 章 自然灾害风险评估案例 ··· 92
  8.1 苍南县台风灾害风险评估 ·· 92
  8.2 苍南县干旱灾害风险评估 ·· 112
  8.3 苍南县洪水灾害风险评估 ·· 117
  8.4 苍南县地震灾害风险评估 ·· 122
  8.5 自然灾害综合风险评估 ··· 136
第 9 章 自然灾害减灾能力评估 ··· 138
  9.1 自然灾害减灾能力评估意义 ······································· 138
  9.2 自然灾害减灾能力评估进展 ······································· 142
第 10 章 自然灾害减灾能力评估指标体系 ···································· 150
  10.1 单灾种减灾能力评估指标体系 ·································· 150
  10.2 多灾种减灾能力评估指标体系 ·································· 155
  10.3 小结 ·· 174
第 11 章 自然灾害减灾能力评估技术 ·· 175
  11.1 评估指标定量化 ·· 175
  11.2 评估指标权重评估 ··· 179
  11.3 自然灾害减灾能力评估模型 ····································· 180
  11.4 小结 ·· 183
第 12 章 自然灾害减灾能力评估案例 ·· 185
  12.1 研究区概况 ·· 185
  12.2 历史灾情分析 ··· 190
  12.3 单灾种减灾能力评估 ··· 198
  12.4 多灾种减灾能力评估 ··· 212
  12.5 自然灾害防灾减灾对策建议 ····································· 230
  12.6 小结 ·· 238
参考文献 ··· 240
附录 ·· 262

第 1 章　背　景

中国复杂的孕灾环境（季风气候、三级阶梯、地质结构、河网分布+气候变化）与承灾体分布格局，致使自然灾害严重、区域特征突出。2021 年，我国自然灾害形势复杂严峻，极端天气气候事件多发，自然灾害以洪涝、风雹、干旱、台风、地震、地质灾害、低温冷冻和雪灾为主，沙尘暴、森林草原火灾和海洋灾害等也有不同程度发生。全年各种自然灾害共造成 1.07 亿人次受灾，因灾死亡失踪 867 人，紧急转移安置 573.8 万人次；倒塌房屋 16.2 万间，不同程度损坏 198.1 万间；农作物受灾面积 1173.9 万 hm^2；直接经济损失 3340.2 亿元[①]。

1.1　防灾减灾战略转变

党的十八大以来，以习近平同志为核心的党中央高度重视防灾减灾救灾工作。习近平总书记就防灾减灾救灾工作提出了一系列新理念新思想新战略，明确要求建立全国自然灾害综合风险普查评估制度。2018 年 10 月 10 日，习近平总书记主持召开中央财经委员会第三次会议，专题研究提高我国自然灾害防治能力，将实施"灾害风险调查和重点隐患排查工程"作为提高自然灾害防治能力"九项重点工程"的第一项也是基础性工程，强调要开展全国自然灾害综合风险普查。国务院决定于 2020 年至 2022 年开展第一次全国自然灾害综合风险普查，成立了国务院第一次全国自然灾害综合风险普查领导小组，全面组织领导全国自然灾害综合风险普查工作。

1.2　自然灾害综合风险普查

1) 普查对象

普查对象包括与自然灾害相关的自然和人文地理要素，省、市、县各级人民政府及有关部门，乡镇人民政府和街道办事处等，村民委员会和居民委员会，重点企事业单位和社会组织，以及部分居民等。本次普查涉及灾种包括地震灾害、

---

① https://www.mem.gov.cn/xw/yjglbgzdt/202201/t20220123_407204.shtml[2022-3-1].

地质灾害、气象灾害、水旱灾害、海洋灾害、森林和草原火灾等。

2）普查内容

普查内容包括基础调查、专题评估和综合区划。基础调查主要是对自然灾害综合风险相关要素进行调查，包括自然灾害致灾因子、承灾体、孕灾环境、历史自然灾害灾情、自然灾害减灾能力和自然灾害隐患六方面。基础调查所获取的数据是开展专题评估的前提，专题评估包括自然灾害与承灾体评估、区域自然灾害综合风险评估两部分，前者包括各种自然灾害致灾危险性评估、风险评估、年度历史灾情评估、承灾体脆弱性评估和承灾体暴露度评估；后者包括综合隐患评估、综合减灾能力评估、单灾种单承灾体风险评估、多灾种单承灾体综合风险评估等。综合区划是在评估的基础上，从自然灾害防治的角度进行区域划分，包括主要自然灾害单灾种风险区划和防治区划、区域自然灾害综合风险区划和综合防治区划三项内容等。

3）普查目的与意义

坚持以防为主、防抗救相结合。科学地把握自然灾害发生、发展和致灾等成灾规律，全面了解自然灾害隐患和风险底数，准确调查和综合评估孕灾环境、致灾因子、承灾体、历史自然灾害灾情、自然灾害隐患、自然灾害减灾能力等自然灾害综合风险要素，充分体现预防为主的源头治理思想、从应对单一自然灾害向综合减灾转变的思想，为从减少自然灾害损失向减轻自然灾害风险的转变奠定科学基础。强调从主要自然灾害重点隐患、自然灾害减灾能力评估到区域自然灾害综合隐患和减灾能力评估，强调从主要自然灾害风险评估与区划到区域自然灾害综合风险评估与区划，强调从主要自然灾害防治区划到区域自然灾害综合防治区划。

4）普查目标

普查目标主要包括：①摸清自然灾害风险底数，通过全面调查获取全国地震灾害、地质灾害、气象灾害、水旱灾害、海洋灾害、森林和草原火灾等的孕灾环境、致灾因子、承灾体、历史自然灾害灾情、自然灾害隐患、自然灾害减灾能力等数据，以及人口、经济、房屋、基础设施、公共服务系统、三次产业等自然灾害重要承灾体数据，查明全国和区域综合减灾能力、自然灾害重点隐患、自然灾害风险等方面的底数；②掌握自然灾害风险规律，客观认识全国和各区域致灾风险性水平、承灾体脆弱性水平、自然灾害综合风险水平、自然灾害综合减灾能力和区域自然灾害多灾种特征，提出全国自然灾害综合防治区划和防治建议。

第 2 章 台风灾害风险评估技术

2.1 台风灾害风险概念

2.1.1 台风

一般把发展强烈的热带气旋称为台风,而热带气旋是形成在热带或亚热带洋面上,具有有组织的对流和确定的气旋性地面风环流的非锋面性的天气尺度系统(伍荣生,1999)。世界气象组织(World Meteorological Organization,WMO)将不同的热带气旋分为四级,最大风速和最大风力划分如表2-1所示。

表2-1 热带气旋等级划分(WMO)

热带气旋等级	最大风速/(m/s)	最大风力/级
热带低压(Tropical Depression)	10.8~17.1	6~7
热带风暴(Tropical Storm)	17.2~24.4	8~9
强热带风暴(Severe Tropical Storm)	24.5~32.6	10~11
台风(Typhoon)或者飓风(Hurricane)	≥32.7	≥12

为了更好地和国际相关研究结合,我国自1989年起(1989年前的标准是:热带低压,中心附近最大平均风力6~7级;台风,中心附近最大平均风力8~11级;强台风,中心附近最大平均风力12级或以上)也采用了世界气象组织的热带气旋等级标准。

2006年我国发布了国家标准《热带气旋等级》(GB/T 19201—2006),将热带气旋分为6个等级,多了强台风和超强台风这两个等级(表2-2)。

表2-2 热带气旋等级划分(《热带气旋等级》)

热带气旋等级	底层中心附近最大平均风速/(m/s)	底层中心附近最大风力/级
热带低压(Tropical Depression)	10.8~17.1	6~7
热带风暴(Tropical Storm)	17.2~24.4	8~9

续表

热带气旋等级	底层中心附近最大平均风速/(m/s)	底层中心附近最大风力/级
强热带风暴（Severe Tropical Storm）	24.5~32.6	10~11
台风（Typhoon）	32.7~41.4	12~13
强台风（Severe Typhoon）	41.5~50.9	14~15
超强台风（Super Typhoon）	≥51.0	≥16

从这个定义上说，台风是一种强烈的热带气旋（最大风速12级以上）。而台风在世界上不同的国家和地区也有着不同的名称，一般说来，在西北太平洋和东北亚，其称为台风；在大西洋、加勒比海地区、墨西哥湾地区及东太平洋地区，其称为飓风。各国规定的标准也有差异，东北亚国家把最大风力达到8级以上的热带气旋称为台风，而我国自1989年起采用世界气象组织的标准，目前把最大风力达到12级及以上的热带气旋称为台风。另外，许多地方性的名称，如澳大利亚的"畏来风"、墨西哥的"可尔多那左风"、海地的"泰诺风"、菲律宾的"碧瑶风"，实际上都是指台风。

一方面，台风和热带气旋会造成三种类型的灾害：一是强大风力直接造成的风灾；二是台风和热带气旋暴雨形成的洪水灾害；三是因其强大风力和低气压在沿海地区形成的风暴潮灾害。另一方面，台风和热带气旋对低纬度和中高纬度间的热交换也起到积极作用，因而对台风和热带气旋变化的研究对区域防灾减灾，以及合理利用风和水资源有重大作用（赵宗慈和江滢，2010）。本研究中，台风造成的灾害方面将是研究的重点。

在无特别说明的情况下，本研究中的台风是指造成灾害损失的包括热带风暴、强热带风暴、台风、强台风、超强台风在内的热带气旋的统称。因在相关文献中，多数学者对≥8级风力的热带气旋所进行的灾害风险研究所采用的名称仍沿用台风，所以本研究确定的研究客体——台风为不同等级的热带气旋的组合。

2.1.2 台风灾害

台风灾害的发生具有频率高、影响范围广、突发性强、群发性显著和成灾强度大的特征（梁必骐等，1995），这类灾害主要由大风、暴雨、风暴潮及其引发的次生灾害造成。重大台风灾害多数是受登陆台风带来的大风、暴雨和风暴潮的共同影响，形成台风-暴雨灾害链（图2-1）。

第 2 章 台风灾害风险评估技术

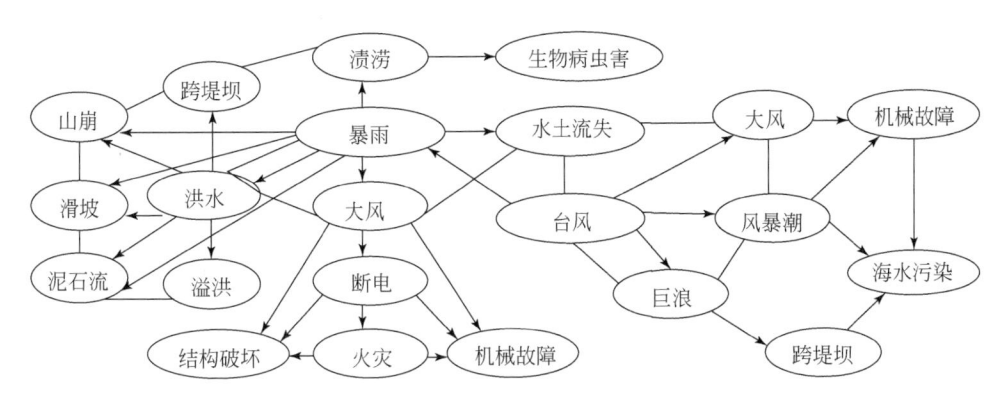

图 2-1 台风-暴雨灾害链
修改自史培军（2002）

从图 2-1 可以看出，台风暴雨可以引发次一级的洪水灾害、风灾、风暴潮灾害，而这些次生灾害会进一步造成山崩、滑坡、泥石流、巨浪等灾害，直至造成一系列更严重的损失。鞠笑生（1994）对台风侵袭我国南方各省而产生的风灾频率进行了统计分析；章淹等（1995）分析了我国台风暴雨的类型和暴雨特征。从中可以看出，台风引起的大风和暴雨是台风灾害的重要方面。

2.1.3 台风灾害风险

"风险"一词至今没有一个统一的严格定义，但各种风险定义的核心内容相似。韦伯字典对风险的定义："面临着伤害或损失的可能性"；保险业对风险的定义："风险是指危害或损失的可能性"；1987 年 Wilson 等在《科学》（*Science*）上发表的文章将风险的本质描述为不确定性；黄崇福（2005）定义风险的核心为人们不喜欢的事发生的可能性或不利事件发生的可能性。孙绍骋（2001）认为，自然灾害风险是灾害风险区不同强度灾害发生的可能性及其可能造成的后果。自然灾害风险评估是指通过风险分析的手段或观察外表法，对尚未发生的自然灾害之致灾因子强度、潜在受灾程度，进行评定和估计，是风险分析技术在自然灾害学中的应用（黄崇福，2005）。

目前，国内外都非常关注自然灾害风险评估，也取得了较大进展（陈香，2007）。杜鹏和李世奎（1998）通过对农业气象灾害风险的研究，提出可以用概率密度和方差描述灾害风险；黄崇福（1999）基于对致灾因子和承灾体的综合考虑，提出灾害风险是超越某强度致灾因子发生概率与承灾体易损性的乘积等。有些学者提出了城市灾害风险评价的两级模型，并对城市地震灾害进行了评价，同时提出了应用信息矩阵和信息分配等数学方法提取地震烈度和震级关系，对地震灾害进行评价（黄崇福，2006；黄崇福和史培军，1995；黄崇福和白海玲，2000）；部分学者从灾害系统角度对评价体系进行探讨（仪垂祥和史培军，1995；周寅康，1995）。目前，洪水灾害系统风险评估研究比较成体系（万庆，1999；周成虎等，2000；向万胜和李卫红，2001）。

目前进行的台风灾害的风险评估偏重等级评估的半定量化分析。例如，欧进萍等（2002）对台风灾害侧重从大风和暴雨等致灾因子角度进行统计分析与评价；曾令峰（1996）采用打分法对广西沿海进行台风灾害风险评估；丁燕和史培军（2002）采用台风致灾因子（台风暴雨和台风大风）强度、承灾体（人口密度、人均 GDP、农业占 GDP 的比例）易损性，综合反映广东的台风风险；陈香（2007）采用灾害风险指数和加权综合评价法对福建台风灾害风险进行评估和区划；陈香和陈静（2007）基于福建台风灾害的危险性、承灾体的脆弱性，进行风险评估与区划；孟菲（2008）分析人员伤亡、农田受淹面积和房屋倒损的灾情数据，利用 ArcGIS 空间分析对上海台风灾害进行风险评估；杨慧娟等（2007）基于台风灾害发生次数与潜在社会易损性，对我国南方沿海 8 省市风险进行评估。在过去几年中，全球几个大的国际计划，如由联合国开发计划署（United Nations Development Programme，UNDP）与联合国环境规划署（United Nations Environment Programme，UNEP）全球资源信息数据库（Global Resource Information Database，GRID）共同实施的灾害风险指数（Disaster Risk Index，DRI）计划；由美国哥伦比亚大学、ProVention 联盟完成的自然灾害热点（Hotspots）计划，以及由哥伦比亚大学、拉丁美洲和加勒比经济委员会（Economic Commission for Latin America and the Caribbean，ECLAC）和美洲开发银行（Inter-American Development Bank，IADB）合作的美洲计划都有涉及台风或风暴潮灾害风险评估的研究。

2.2 台风灾害损失机理

2.2.1 台风灾害强度指标选取

一般认为，台风致灾因子有大风、暴雨，以及包括风暴潮、海浪等在内的次生海洋效应，因此台风灾害强度除了可以用发生频率来衡量外，还可以用台风的两大致灾因子——大风和暴雨进行评定（丁燕和史培军，2002；欧进萍等，2002），目前考虑大风作用的研究工作开展得比较多（顾明等，2009）。孟菲等

(2007)对台风大风与灾情关系进行分析,结果显示上海台风受灾程度与最大风速有很好的正相关关系。

2.2.1.1 台风大风强度指标

台风大风强度一般用气旋底层的中心最大风力(速)或中心气压值表示。根据我国的国家标准《热带气旋等级》,可按底层中心附近最大风力或最大平均风速将热带气旋划分为6级;高庆华等(2005)按照热带气旋登陆时的中心最大风力,将热带气旋强度分为三级(表2-3);孙伟等(2008)按台风平均最大风速将台风灾度分为四级(表2-4)。

表2-3 热带气旋强度等级划分(高庆华等,2005)

强度等级	等级类型	中心最大风力/级
1	一般	8~9
2	较重	10~11
3	严重	≥12

表2-4 台风灾度等级划分(孙伟等,2008)

强度等级	等级类型	平均最大风速/(m/s)
1	轻	<25
2	低	25~28
3	中	28~31
4	高	>31

2.2.1.2 台风暴雨强度指标

反映台风暴雨强度的指标很多,包括总降水量(体现总强度)、日最大降水量、1h最大降水量(体现突发强度)、24h(或12h)降水量、过程雨量等(丁燕,2002)。其中,对台风带来的24h(20:00至次日20:00)降水量,可按照中国气象局的相关规定进行分级(表2-5);台风带来的暴雨也可参考中国气象局的12h(20:00至次日08:00,或08:00~20:00)降水量标准进行划分(表2-6)。

表2-5 24h降水量等级划分标准

降水等级划分	降水量/mm
小雨	<10.0
中雨	10.0~24.9

续表

降水等级划分	降水量/mm
大雨	25.0~49.9
暴雨	50.0~99.9
大暴雨	100.0~250.0
特大暴雨	>250.0

表2-6　12h降水量等级划分标准

降水等级划分	降水量/mm
小雨	<5.0
中雨	5.0~9.9
大雨	10.0~29.9
暴雨	30.0~69.9
大暴雨	70.0~140.0
特大暴雨	>140.0

2.2.1.3　风暴潮强度指标

目前，台风风暴潮强度多以验潮站实测的潮水水位来表示（葛全胜等，2008），潮灾程度按照超警戒潮水水位划分（表2-7）。

表2-7　潮灾程度划分（葛全胜等，2008）

潮灾程度	超警戒潮水水位/m
特大潮灾	2.0
较大潮灾	1.0
一般潮灾	0.5
轻度潮灾	超过或接近警戒潮水水位

本研究中的台风强度以每个台风路径点前2分钟内的平均风速值为准，采用中国气象局上海台风研究所热带气旋路径数据集（中国气象局热带气旋资料中心，https://tcdata.typhoon.org.cn/tcsize.html）的划分方案，共分6个等级，分别对应国家标准《热带气旋等级》中热带气旋的6个等级类型（表2-8），由于收集到的台风灾情数据中未见热带低压造成的灾情记录，因而本研究只对2~6级（强度等级）台风进行分析。

表 2-8 热带气旋强度等级划分方案

台风强度等级	等级类型	平均风速/(m/s)	风力/级
1	热带低压	10.8~17.1	6~7
2	热带风暴	17.2~24.4	8~9
3	强热带风暴	24.5~32.6	10~11
4	台风	32.7~41.4	12~13
5	强台风	41.5~50.9	14~15
6	超强台风	≥51.0	≥16

根据灾害系统理论，台风灾害的形成应该是台风致灾因子对承灾体作用产生的结果（史培军，1996）。致灾因子强度最终体现在灾情上，台风灾情主要体现在人员伤亡、作物受灾绝收、房屋倒塌，以及经济损失等方面。刘燕华等（1995）提出应用受灾人口、受灾面积、成灾面积、直接经济损失4个绝对指标和受灾人口占总人口比例、受灾面积占总播种面积比例、直接经济损失与平均工农业生产总值的比值3个相对指标划分水旱灾害的灾害等级。台风灾害造成的损失是多方面的，可以用不同的标准去衡量，其中从以下三个方面去衡量是比较全面的：一是主要社会指标，包括受灾人口、死亡人数、受伤人数、紧急转移人口；二是范围指标，包括农作物受灾面积；三是主要经济指标，包括农作物绝收、倒损房屋、直接经济损失等。本研究中的损失指标包括农作物受灾面积、农作物绝收面积、受灾人口、死亡人口、受伤人口、紧急转移人口、倒塌房屋数量、直接经济损失等。

2.2.2 台风灾害损失机理分析

2.2.2.1 台风灾害损失关系分析

台风灾害损失关系研究，是通过灾害强度与损失的数量关系来定量表达灾害影响程度的过程，是构建台风灾害损失标准的基础。理论上，台风灾害损失标准应该通过采用实验方法获得的台风物理能量与承灾体的作用关系得到，鉴于目前此类实验难以实现，所需数据只能从历史灾情数据中获得（刘毅等，2011），所以本研究采用历史灾情数据进行分析。通常不同强度等级的台风造成的灾害损失是具有统计学规律的，即相同强度等级的台风造成的灾害损失处于一个相对稳定的范围之内，也就是说一定数量的台风强度等级与灾害损失之间有统计学上的普遍相关关系。因而，利用27次台风灾情记录中的农作物受灾面积、农作物绝收面积、受灾人口、死亡人口、倒塌房屋数量和直接经济损失等作为损失指标,采用台风强度等级作为台风强度的衡量指标,分别计算每一强度等级台风造成的损失均值(表2-9)。

表2-9 不同强度等级台风的损失均值

台风强度等级	受灾人口/人	死亡人口/人	失踪人口/人	紧急转移人口/人	倒塌房屋数量/间	严重损坏房屋数量/间	一般损坏房屋数量/间	农作物受灾面积/hm²	农作物成灾面积/hm²	农作物绝收面积/hm²	直接经济损失/万元	农业直接经济损失/万元
2	80 344	0		55 290	43	0	448	4 624	1 030	300	1 993	1 656
3	118 823	0		30 222	20	6	1 839	7 216	2 997	1 100	4 568	2 813
4	355 604	1		76 129	387	22	4 900	9 231	3 629	5 218	55 483	18 278
5	427 336	11		53 552	2 612	761	10 725	11 676	6 915	3 469	66 863	38 884
6	638 699	85	1	68 682	37 063		59 791	23 450		5 890	468 938	135 333

根据表2-9,随着台风强度等级的增大,各项损失量也呈现出增加的趋势,说明台风强度等级与各项损失量的绝对值呈现较好的相关性,这是在考虑空间均质性的基础上呈现的相关关系,而社会经济的空间异质性或区域差异性,使得社会经济在不同区域间不具有均质性,也就是说,在一个区域一定强度等级的台风会造成一定数量的损失,但由于区域社会经济要素空间分布格局的差异性,同等强度的台风在另一区域未必造成同样数量的损失,这种处理方法的优点是构建了统计学上的台风强度等级与灾害损失之间的关系,更适合长时间尺度和大空间区域的台风灾害风险评估。因此,需要构建一种具有普遍应用意义的台风灾害损失标准,而台风相对损失指标——损失率可以在不同区域均适用且可比性,故可用来构建台风灾害损失标准。

2.2.2.2 台风灾害主要损失曲线构建

通过台风灾害损失关系分析,确定每场台风的影响区域,计算台风灾害损失率,构建台风强度等级与各项损失率间的关系曲线。一定强度等级台风的灾害损失率处于一个较稳定的范围之内,所以某一强度等级台风会造成承灾体一定比例的损失,这即是结合灾害强度等级和损失量的台风灾害损失率曲线。

分别构建农作物、人口、房屋和经济四种承灾体8个指标(农作物受灾面积、农作物绝收面积、受灾人口、死亡人口、受伤人口、紧急转移人口、倒塌房屋数量、直接经济损失)在不同强度等级台风影响下的损失率曲线。

2.2.2.3 台风灾害损失标准构建

一定强度等级的台风发生时，总会造成农作物、人口、房屋和经济多方面的损失，不同强度等级的台风会造成何种程度的损失，是台风灾害风险评估的重要基础和关键内容，在风险评估研究中具有非常重要的理论和实践意义。目前，台风灾害风险评估研究多以风险等级高低来定性划分台风灾害风险（陈香，2007；陈文芳等，2011）。实现台风灾害风险的准确评估的关键在于：确定台风强度等级与灾害损失间的定量关系。本研究通过分析台风强度等级与各承灾体损失之间的关系，发现两者间存在较好的相关性，进而确定台风强度等级与承灾体损失率间的定量关系。依据前人研究，结合我国国家标准《热带气旋等级》，对造成损失的台风进行损失标准的分析构建，共划分为四个等级，强度较弱的 2~3 级台风（热带风暴、强热带风暴）造成的损失较小，合为一等台风灾害，4~6 级台风（分别对应台风、强台风、超强台风）单独划分，对应台风灾害等级的二等、三等、四等。对应台风强度等级的 8 项指标的灾害损失率作为台风灾害承灾体的损失标准。根据上文分析，台风灾害损失标准实际指的是对应强度等级台风的损失率的均值。上述台风灾害损失标准是基于影响我国东部沿海地区，以及内陆部分省份的 174 次台风灾情数据构建的，在统计学意义上，这个标准可以表征每个强度等级台风发生时所造成的各项承灾体的损失。一等台风灾害时，各项指标的损失标准均处于较低的比值，随着台风强度增强，损失程度加大，其中对于农作物影响最为严重（农作物受灾面积占比达 63.25%）。死亡人口、受伤人口、倒塌房屋数量和直接经济损失这几项指标在四种强度台风灾害影响下的损失程度的数量级别都较低，可见虽然我国频繁遭受台风袭击，但具有一定的防灾能力，可确保社会经济系统避免惨重的损失。

2.3 台风灾害脆弱性评估

2.3.1 台风灾害脆弱性评估背景

脆弱性通常指系统对于外界干扰或压力所能经受伤害的能力（Roger，2001；IPCC，2002）。通过对自然灾害、气候变化等领域的研究发现，仅仅依靠对外界干扰（环境、社会经济、技术）本身的关注不足以理解系统（社会组织、生态系统）对这些干扰的响应，而脆弱性概念的提出正是针对这种不足，帮助理解系统承受外界干扰的能力（Roger，2001）。一个系统的脆弱性取决于它对新状态的感知、防范和适应能力（Watson et al., 1995）。在自然灾害领域，脆弱性主要指社会经济系统在受到致灾事件打击时的抵御、应对和恢复能力（商彦蕊，2000），它反映区域社会经济系统对自然灾害的承受能力和对灾害损失的敏感程度。自然灾害脆弱性与社区的发展水平有直接的关系（Cannon et al., 1994）。发展水平经常以经济和社会指标测定，如平均的自然和人类资本积累状况，表现为收入、产量、教育水平等。史培军（2002）认为，易于诱发灾害事件的孕灾环境（自然与人文环境）、易于酿成灾情的承灾体系统（社会经济系统）、易于形成灾情的区域或时段组合在一起，则必然导致较高的灾害系统脆弱性水平。对承灾体脆弱性的评估需要建立合理的定量化或者半定量化评价体系，以反映灾前的区域经济、社会对于突发灾害的敏感状况。樊运晓等（2001）对区域灾害承灾体脆弱性评价指标体系进行了系统的研究。商彦蕊（2000）建立了农业旱灾脆弱性评价指标体系。

目前，对台风灾害系统承灾体的研究还主要集中在建筑物脆弱性方面，即通过实验研究，确定不同强度的台风对不同建筑物的破坏程度，以表示各种建筑设施对台风的抵御能力。通过对比分析各种建筑物对不同台风风速和地震震级的抵抗能力，然后根据建筑物特征，判断各个区域脆弱性的大小。Raju 和 Sinha（1998）在分析印度古吉拉特邦的两场台风的脆弱性时，也是将建筑物按用途分为居住、商业、工业和生命线用地等。Walker（1997）对比了澳大利亚沿海地区20世纪80年代前后的建筑物脆弱性，并给出了这两个时间段的建筑物脆弱性曲线。根据保险公司的灾害损失评估，澳大利亚发展了一套国内建筑物脆弱性曲线，其和美国飓风"安德鲁"的损失率曲线基本吻合。中国建筑工业出版社出版的《现行建筑结构规范大全》也给出了风速和风压的关系，将低纬度台风影响地区建筑设计风速标准定在12级（≥32.7m/s）。这些研究工作主要由建筑工程领域的实验研究来完成，现在基本上能达到预期实验结果并应用于生产实践。还有一些研究主要集中在海岸带对台风暴雨和风暴潮的抵御能力上。杜克大学在减轻海岸带脆弱性的研究项目中建立了海岸带脆弱性矩阵（Vulnerability Matrix），综合地形、海岸线、港口等各因素，对台风、风暴潮的脆弱性进行了评估（Andrew, 2001）。Nobuo（2000）从全球变化的角度，分析了亚洲和太平洋地区对海平面上升、风暴潮等的脆弱性，其脆弱性评估主要针对社会经济活动对这些外界影响的适应能力。Dorland 和 Palutikof（1999）分析了 CO_2 浓度的增高对西北欧台风暴雨的影响，并对这一地区台风暴雨的未来损失做出了估计和脆弱性分析。Sheikh 等（2002）以邦为统计单元用 GIS 手段分析了印度居民对台风的脆弱性，对各邦潜在受台风影响的居民人数，以及居民的防台风能力进行了评估。Haque 和 Blair（2002）对孟加拉湾海岸的脆弱性进行了模拟并验证。另外，学者也开始从社会经济的角度讨论区域对台风灾害的脆弱性，如丁燕和史培军

(2002) 在针对台风的风险模型中选择研究区人口密度、人均 GDP 和农业占 GDP 的比例这三个指标来刻画区域台风灾害易损性。Linda（2003）从社会学的角度得出人口聚集能够大大减轻社区脆弱性。综合这些研究可以看出，目前对区域台风脆弱性的研究主要集中在具体承灾体的单个要素上，如建筑物属性。虽然对某些灾种（洪水、旱灾）的脆弱性有比较系统的研究，但是对台风灾害脆弱性评估的研究往往只在某些环境要素或者社会经济特征的影响研究中有所涉及，还没有形成考虑自然、社会、经济属性的综合脆弱性评价模型。实际的台风灾情除了与地区的经济发展水平相关外，还和许多因素有关，如防灾意识、土地利用状况、政府应急能力等，现有的台风脆弱性分析对这些因素还缺乏系统的评价。

在全球变暖、海平面上升、快速城市化的背景下，自然灾害发生的强度、频度和广度不断增加，台风灾害是目前全球各类灾害中造成损失较大的灾害之一，且在波动中仍处于上升趋势。脆弱性分析是风险评估的重要方法和手段，已经成为当前国际灾害研究的热点领域（尹占娥等，2010，2011；周乃晟和袁雯，1993；Shi et al.，2006）。近年来，在国际日益重视防灾减灾的背景下，脆弱性研究逐渐融入社会可持续发展的策略研究当中（石勇等，2011）。在台风灾害风险评估中，脆弱性表示台风灾害强度与损失之间的关系，用于台风灾害承灾体脆弱性评估。

2.3.2 台风灾害脆弱性评估方法

脆弱性定量化评估是为决策提供指导，但不同研究领域的脆弱性的对象及学科视角有差异，因此对脆弱性概念的界定和分析方式存在较大的差异（林冠惠和张长义，2006；刘毅等，2011；UNU-EHS，2008；Birkmann，2006；Moss et al.，2001；O'Brien et al.，2004；Turner and Kasperson，2003；Adger et al.，2004）。在研究自然灾害的自然科学领域，脆弱性是系统受灾害等不利影响而遭受损害的程度或可能性，也称为易损性（李鹤等，2008；White，1974；Cutter，1993）。承灾体脆弱性评估方法主要有三种：基于历史灾情数据判断脆弱性的方法、基于指标体系方法评估脆弱性的方法、基于灾损率和灾损曲线的方法（尹占娥等，2011）。

本研究基于台风灾害成灾机理，采用结合历史灾情数据的灾损曲线方法，按照前文定义的脆弱性，采用式（2-1）所表达的模型进行评估

$$V_{ij} = D_i \times E_j \tag{2-1}$$

式中，V_{ij} 为 j 县 i 强度等级台风灾害承灾体脆弱性；D_i 为 i 强度等级台风灾害破坏程度，即承灾体脆弱性曲线；E_j 为 j 县承灾体暴露量。

台风灾害承灾体脆弱性是不同强度等级的台风灾害损失标准与承灾体暴露量

的函数，本研究对影响我国的台风所造成的承灾体脆弱性进行评估，评估涉及农作物、人口、房屋和经济四方面共8项指标。

2.3.3 承灾体暴露量分析

台风灾害常通过大风、暴雨及风暴潮形成灾害，具有频率高、影响范围广、突发性强、群发性显著和成灾强度大的特征，台风灾害是每年5~9月影响我国东部沿海地区的最主要气象灾害类型。中国东部沿海地区是人口聚集、国民经济和社会发展的重要区域和战略中心，承载着全国40%以上的人口、50%以上的GDP、65%的工业总产值，以及70%以上的大中城市（牛海燕等，2011；袁俊等，2007；武强等，2002），是我国台风灾害脆弱区。内陆部分地区虽然没有受到台风登陆所造成的风暴潮的影响，但大风、暴雨灾害造成的损失也会对其社会经济的发展构成严重威胁。基于上述原因，对台风灾害承灾体暴露量的分析，是评估台风灾害承灾体脆弱性的重要前提和基础。

1）农作物暴露量

农作物是台风灾害非常重要的承灾体，在暴露量的计算中，本研究用耕地面积近似代替农作物播种面积。通过调查，苍南县农作物总播种面积为38 806hm^2，其中粮食作物播种面积为27 785.33hm^2，均可有效灌溉（苍南县统计局）。

2）人口暴露量

人口是自然灾害研究中非常重要的承灾体，自然灾害造成的人口伤亡一直是政府管理部门和灾害研究专家高度关注的内容，在台风灾害研究中，人口损失的评估与灾害设防标准紧密相关。因此，摸清我国台风灾害的人口总体暴露量是风险评估的一项基础工作。根据收集数据，得出苍南县总人口为1 342 048人（苍南县统计局，2016）。

3）房屋暴露量

根据第五次全国人口普查的户均住房间数和各县总户数，计算得到苍南县的房屋总数，共有房屋8万余间。

4）经济暴露量

经济损失是衡量、评估自然灾害损失的重要指标之一，在台风灾害的风险评估研究中不可或缺。苍南县是我国经济发达、社会财富高度集中的地区，通过收集整理统计苍南县的经济数据，得出苍南县地区2016年GDP为460.17亿元。

对台风影响的四类承灾体（农作物、人口、房屋、经济）的总暴露量进行分析的目的是，更详尽地阐释台风灾害对承灾体的影响程度，分析承灾体在遭受台风灾害侵袭时的脆弱性。

2.4 台风灾害危险性评估

2.4.1 台风灾害危险性理论

台风灾害风险不仅取决于台风灾害损失程度、承灾体脆弱性等级，还与台风发生可能性密切相关，因此台风发生可能性也成为台风灾害风险评估的前提和重要内容。根据自然灾害风险评估理论（孙绍骋，2001），台风灾害风险是灾害区不同强度等级台风发生可能性及其可能造成的后果。不同强度的台风造成的损失存在数量上的差异性。

目前，台风发生可能性多包含在台风危险性的范畴之内，危险性是某种潜在灾害在特定时间和区域内发生的可能性（Varnes，1984；刘少军等，2010），多以台风的风速、暴雨强度为指标，通过超越概率、模糊数学方法、可拓学模型计算台风的灾情指数、频次等指标（丁燕和史培军，2002；欧进萍等，2002；孙伟等，2008；张丽佳等，2010；刘少军等，2010）。

台风发生频数可以直观表达台风发生可能性，McGregor（1995）基于对南海热带气旋发生频数，分析区域热带气旋的潜在危险性，这为台风发生可能性的研究提供了一种思路。台风发生频数是表征台风发生可能性的一个较好的指标，一个地区较高的台风发生频数，表示该区台风发生可能性较大。本研究除了考虑台风发生频数外，还需要考虑不同强度等级台风的发生频数，也就是说，如果一个地区的台风发生频数比较高，但台风强度等级较低，每次造成的损失不大；另一个地区的台风发生频数不高，但记录中有较大的损失，这两种情形导致的台风灾害风险存在一定的差异，因此根据台风强度等级的差异进行台风发生可能性的分析，是完善台风风险研究的重要内容，也对制定区域的防灾减灾措施有重大实践指导意义。

本研究在分析不同强度等级台风的发生频数的基础上，还需要考虑台风路径长度，一般来说，台风对某一特定区域造成的影响与台风路径长度有关，存在从城市边缘经过和从城市中心穿过的差异。因此，综合上述分析，本研究认为，台风发生可能性是不同强度等级台风的发生频数与台风路径长度综合作用的结果。

2.4.2 台风灾害危险性评估方法

台风发生可能性是台风风险评估的重要参数，与孕灾环境，如天气状况、风压、气压、海洋表面温度、气温、大气环流，以及地转偏向力密切相关（Roy and Kovordányi，2012），但这些要素在较大的时间尺度上存在不确定性，变化较大，难以量化表达每场台风对不同区域造成的影响程度。本研究通过计算各县域单元不同强度等级台风登陆的频数和所经历各县域单元的路径长度两个指标，在一定程度上反映某一强度等级台风在某些地区登陆或造成影响的可能性。

根据台风风场模型，一次台风过程主要影响周边 200~300km 的范围，周俊华（2004）对每场台风进行 200km 缓冲区分析，进行影响范围的确定，本研究在参照其思路基础上，修正缓冲区半径，基于 ArcGIS 9.3 平台，根据 1949~2008 年登陆和影响全国的 471 次台风路径数据，分别提取一等、二等、三等和四等四个等级台风灾害，根据台风灾害等级由弱到强分别做半径为 75km、100km、125km 和 150km 的缓冲区，缓冲区所覆盖的县域单元即台风影响区域，在 ArcGIS 空间分析模块下，计算每个县域单元受台风影响的频数。每个县域单元内台风路径累计长度，是反映台风发生可能性的另一指标，基于 ArcGIS 空间分析模块，将每场台风的路径按照途经不同县域单元进行长度计算，如此得到每一县域单元的台风路径长度。台风发生可能性是综合台风登陆频数与台风路径长度总和的指标，由于两个指标量纲不统一，在此基于式（2-2）和式（2-3）分别对两项指标进行归一化处理，值域范围为 [0.1，0.9]，不同灾害等级台风发生可能性采用式（2-4）进行等权重求和。

$$\alpha_{ij} = 0.1 + \frac{X_{ij} - X_{i\min}}{X_{i\max} - X_{i\min}} \times (0.9 - 0.1) \tag{2-2}$$

$$\beta_{ij} = 0.1 + \frac{Y_{ij} - Y_{i\min}}{Y_{i\max} - Y_{i\min}} \times (0.9 - 0.1) \tag{2-3}$$

$$P_{ij} = \frac{1}{2}(\alpha_{ij} + \beta_{ij}) \tag{2-4}$$

式中，α_{ij} 和 β_{ij} 分别为 i 等级台风登陆 j 县的频数和台风路径长度的归一化指数；X_{ij} 和 Y_{ij} 分别为 j 县 i 等级台风的登陆频数和路径长度；$X_{i\min}(X_{i\max})$ 和 $Y_{i\min}(Y_{i\max})$ 分别为 i 等级台风登陆最少（多）频数和最短（长）路径；P_{ij} 为 i 等级台风登陆 j 县的可能性。

1）不同等级台风登陆频数

基于 ArcGIS 空间分析模块，分别计算一等、二等、三等和四等四个等级台风的登陆频数，进行结果分析。

采用式（2-2），将四个等级台风的登陆频数进行归一化处理，得到值域范围为 [0.1，0.9] 的指数，进行结果分析。

2）不同等级台风路径长度

基于 ArcGIS 空间分析模块，对各等级台风的路径与所途经的县域单元进行运算，分别得到台风经过每一县域单元的路径长度，进行结果分析。

采用式（2-3），对不同等级台风经过县域单元的路径长度进行无量纲处理，进行结果分析。

3）不同等级台风发生可能性

基于对不同等级台风登陆频数、路径长度的统计结果，得到各县域单元内不同强度等级台风登陆频数与路径长度的归一化指数，根据式（2-4）计算各县域的台风发生可能性，进行结果分析。

2.5 台风灾害风险评估

2.5.1 台风灾害风险评估理论

联合国国际减灾战略（United Nations International Strategy for Disaster Reduction, UNISDR）定义灾害风险是自然灾害或人为灾害与承灾体的脆弱性（易损性）之间相互作用而导致的一种有害的结果或预料损失（生命丧失和受伤的人数、财产、生计、中断的经济活动、破坏的环境）发生的可能性，将自然灾害风险评估定义为对可能造成人员伤亡、财产损失、环境破坏的潜在致灾因子进行分析，并评估承灾体的脆弱性，最终判断风险性质和范围的方法（ISDR，2004a）。

台风灾害风险适用自然灾害风险的普遍定义，即台风灾害风险为台风灾害事件（包括量级、时间、场地等要素）发生的可能性，以及其造成的后果（丁燕和史培军，2002；刘毅等，2011）。目前，对台风灾害风险的研究大多建立在致灾因子危险性指数、承灾体脆弱性指数的基础上，根据风险评估模型：风险＝危险性×脆弱性，来实现台风灾害风险的半定量化评估（丁燕和史培军，2002；杨慧娟等，2007）。台风灾害风险的研究逐渐由半定量化的等级划分趋向于定量评估，台风灾害风险的定量评估不仅是台风灾害风险管理的基础和前提，也是台风灾害风险区划和灾前损失预评估的理论基础。本章将对台风灾害造成的农作物、人口、房屋和经济损失风险进行定量评估。

目前，在自然灾害学研究中，风险的概念尚无统一定义，很多学者认为，风险是致灾因子危险性与承灾体脆弱性的函数（Shi et al.，2006；王静爱等，2006；朱良峰等，2002）。采用式（2-5）对区域自然灾害风险进行半定量化的等级评估。

$$R = H \times V \tag{2-5}$$

式中，R 为自然灾害风险；H 为致灾因子危险性；V 为承灾体脆弱性。本研究在式 (2-5) 基础上，参考刘毅等（2011）和 Xu 等（2011）的定义，认为台风灾害风险由破坏程度（D）、承灾体暴露量（E）和台风发生可能性（P）共同决定，是承灾体脆弱性与台风发生可能性的函数，即式 (2-6) 和式 (2-7)：

$$R_{ij} = (D_i \times E_j) \times P_{ij} \quad (2\text{-}6)$$

$$R_{ij} = V_{ij} \times P_{ij} \quad (2\text{-}7)$$

式中，R_{ij} 为 j 县 i 等级台风灾害风险；D_i 为 i 等级台风灾害破坏程度；E_j 为 j 县承灾体暴露量；P_{ij} 为 j 县 i 等级台风发生可能性；V_{ij} 为 j 县 i 等级台风灾害承灾体脆弱性。

台风灾害的破坏程度 D 反映不同等级台风灾害造成损失的标准，是脆弱性（或灾损）曲线的范畴。理论上，实地调研可以构建不同强度致灾因子下的承灾体损失率，物理实验方法可以更精确地以表格或曲线形式表达不同强度致灾因子与承灾体损失率之间的关系（石勇等，2011；殷杰，2011），但在较大的空间尺度上，实地调研操作性不强，物理实验方法难以进行，故采用历史灾情数据建立台风灾害等级与各项承灾体损失率间的函数关系。台风灾害的承灾体暴露量 E 是研究区各县域单元的耕地、人口、房屋、GDP 总量。台风发生可能性 P 用台风登陆频数和台风路径长度来表征，台风登陆频数越多、每个县域单元内的台风路径长度越长，意味着台风发生可能性越大。台风灾害的承灾体脆弱性 V 是损失标准和暴露量的函数。

因此，本研究的台风灾害风险评估思路是在构建台风灾害损失标准的基础上，以耕地、人口、房屋和 GDP 数据为基准暴露量，假设在未来不同等级台风灾害发生情景下，承灾体可能面临的损失风险。

2.5.2　台风灾害风险评估方法

台风灾害风险是孕灾环境、致灾因子强度、承灾体脆弱性与台风发生可能性共同作用的结果，台风灾害风险是不同等级台风灾害的破坏能力、承灾体暴露量和对应等级台风发生可能性的函数。因此，台风灾害风险评估是一个复杂的问题，需要考虑多方面，采用多种方法综合解决。本研究基于风险理论，在台风灾害损失标准基础上，评估我国台风灾害承灾体脆弱性，最终根据风险评估模型对我国台风灾害风险进行定量评估计算。台风灾害风险评估的主要方法有资料分析法、GIS 空间分析法、数学模型法（孙绍骋，2001）。

2.5.2.1　资料分析法

台风的破坏能力是不同强度等级台风造成的损失，一般用台风灾害造成的农作物、人口、房屋、经济等的损失量来表征其大小。从科学角度考虑，损失标准应该通过台风的物理实验结果得来，但目前无法实现这样的实验。因此，本研究通过构建历史台风灾害等级与各项损失间的关系，来刻画台风的破坏能力，即依据已发生台风的灾害强度、承灾体的损失率，来构建台风灾害强度与脆弱性指标间的函数关系，属于由果推因的逻辑形式。

我们认为，一定等级的台风灾害造成的损失处于一个相对稳定的范围之内，基于这样的前提，通过收集台风历史灾情记录，采用资料分析法，构建台风灾害的损失标准。资料分析法包括相关机构记载的资料和历史文献记载的资料两大类，主要采用数理统计方法，在数理统计软件中，将对应等级的台风灾害的各项损失率进行关系拟合，得到台风灾害的损失标准。

2.5.2.2 GIS 空间分析法

GIS 空间分析方法可为台风灾害风险评估提供有效的技术支持，尤其在涉及致灾因子、承灾体、灾害风险等空间要素的表达与运算、台风灾害风险评估结果的可视化表达与制图等方面。它为灾害风险分析提供了具有空间参考信息的致灾因子、承灾体等数据，并提供了精确表达模拟结果的可视化环境；而且基于 GIS 的台风灾害风险评估具有传统方法所不具备的图层叠加和基于 GRID 的地图逻辑运算等优势。本研究基于 ArcGIS 9.3 平台，完成台风灾害承灾体脆弱性的空间格局分析与制图、台风发生可能性的空间表达，进而通过空间统计运算功能，完成台风灾害风险评估，最终实现台风灾害风险的空间信息表达。

2.5.2.3 数学模型法

风险定义不统一，因而风险评估模型存在不同的表达方式。很多学者（王静爱等，2006；朱良峰等，2002；Remondo et al.，2005；Shi et al.，2006）分别对致灾因子危险性与承灾体脆弱性进行分等定级，然后通过评估矩阵等方法来对区域风险进行评估。目前，比较普遍的方法是自然灾害风险等级评估（刘毅等，2011）。

台风灾害风险评估反映区域承灾体在具有一定危险性的台风灾害事件下的可能损失的大小，这种损失的大小既可以用绝对量化的形式加以衡量，也可以用相对的等级加以区分。本研究在 Lee 和 Pradhan（2007）、Guzzetti 等（1999）和 Sarris 等（2010）研究基础上，根据风险基本表达式 $R = H \times V$（R 为自然灾害风险；H 为致灾因子危险性；V 为承灾体脆弱性），参照 Balassanian 等（1999）、Catani 等（2005）、Meroni 和 Zonno（2000）、Nadim 和 Kjekstad（2009）、Dai 等（2002）、Zonno 等（2003）、Pasquale 等（2005）和 UNDRO（1991）的研究，将

台风灾害风险评估模型修正为

$$R = V \times P \tag{2-8}$$

$$R = (D \times E) \times P \tag{2-9}$$

式中，R 为台风灾害风险；V 为台风灾害承灾体脆弱性；D 为台风灾害破坏程度；E 为承灾体暴露量；P 为台风发生可能性。由式（2-8）和式（2-9）可知，本研究中的台风灾害风险是台风灾害承灾体脆弱性和台风发生可能性的函数，其中台风灾害承灾体脆弱性通过台风自身的损毁能力作用于暴露的承灾体来表征。

根据以上方法，本研究在拟合对应等级台风灾害与其造成损失的基础上，构建台风灾害与其所造成的农作物、人口、房屋、经济四类承灾体各项指标的损失之间的关系，即损失曲线；通过空间运算得到不同等级台风灾害对农作物、人口、房屋、经济的脆弱性空间格局；最后根据式（2-8）和式（2-9）的台风灾害风险评估模型，定量评估我国的台风灾害风险格局。

第 3 章　干旱灾害风险评估技术

3.1　干旱灾害风险

3.1.1　干旱定义及其影响

干旱灾害被认为是最复杂、影响人口最多而了解甚少的一种自然灾害（Hagman，1984）。干旱并非明确事件，其开始和结束难以准确识别，且影响因素复杂，因而难以对其进行明确、全面的界定（Changnon，1987）。通常将干旱描述成一段时间内降水的异常短缺，无法满足需求，从而产生一定的经济、社会和环境影响；这是一种正常的、不断出现的气候特征；同时干旱是一种相对的，而非绝对的状况，应当根据具体地区去界定；且每一次干旱在强度、持续时间和空间范围上都不同（Knutson et al.，1998）。上述描述较全面地揭示了干旱的成因、影响并指出了干旱的广泛性和复杂性特征。

与地震、洪水等自然灾害相比，干旱具有其独有的特征：①迄今为止干旱有超过150种定义，但仍然没有一个统一的、被广泛接受的概念；②干旱是一种缓发性的自然灾害，持续时间跨越天、月、年多个时间尺度，难以确定其开始、结束的时间（Changnon，1987）；③干旱的影响范围广，在任何地区、任何时间都可能发生；④相比地震、台风等自然灾害，干旱不具有瞬时的物理破坏性，因而难以准确地定量评估干旱的影响（Knutson et al.，1998）。对干旱的这些复杂特征的认识薄弱，成为提高干旱防御、抵御能力，降低干旱影响的瓶颈。

此外，在干旱研究中，还需明确两个问题：①干旱与干旱区的区别；②干旱与干旱灾害的区别。

首先，干旱是一种正常、不断出现、短期的气象现象，在任何地区都可能发生；而干旱区则是指那些常年降水稀少的地区，如沙漠地区，是一种气候特征。其次，干旱与干旱灾害是两个不同的概念。干旱是一种一段时间降水短缺的自然现象，而干旱灾害则是由自然环境和社会经济要素共同决定的。根据灾害系统论的观点，自然灾害系统是由孕灾环境、致灾因子和承灾体共同组成的地球表层异变系统，灾情是这个系统中各子系统相互作用的产物（史培军，1991）。降水短缺是引起干旱的主要原因，描述的是降水量、来水量多少的自然现象，而未涉及需水的自然和社会经济体，当干旱影响到正常的社会经济活动，并引发不利影响，则发展为干旱灾害。以农业为例，当降水少而导致气象干旱、产生旱情时，并不一定形成干旱灾害；干旱灾害的形成，还与作物生存环境（植被情况、土壤保水能力）、作物抗旱性、水源可提供水量及水利灌溉条件等有密切的关系，若能及时灌溉为作物补充所需水量，或采取其他农业措施，也能避免干旱灾害。在目前的应用中，干旱与干旱灾害还没有被区别对待。

根据干旱的因素或参数的不同，以及应用上的需要，通常也将干旱分为四种类型进行分类研究，即气象干旱、农业干旱、水文干旱和社会经济干旱。图 3-1 显示的是干旱的发生、发展过程及产生的影响。干旱的诱发因素是降水的短缺，

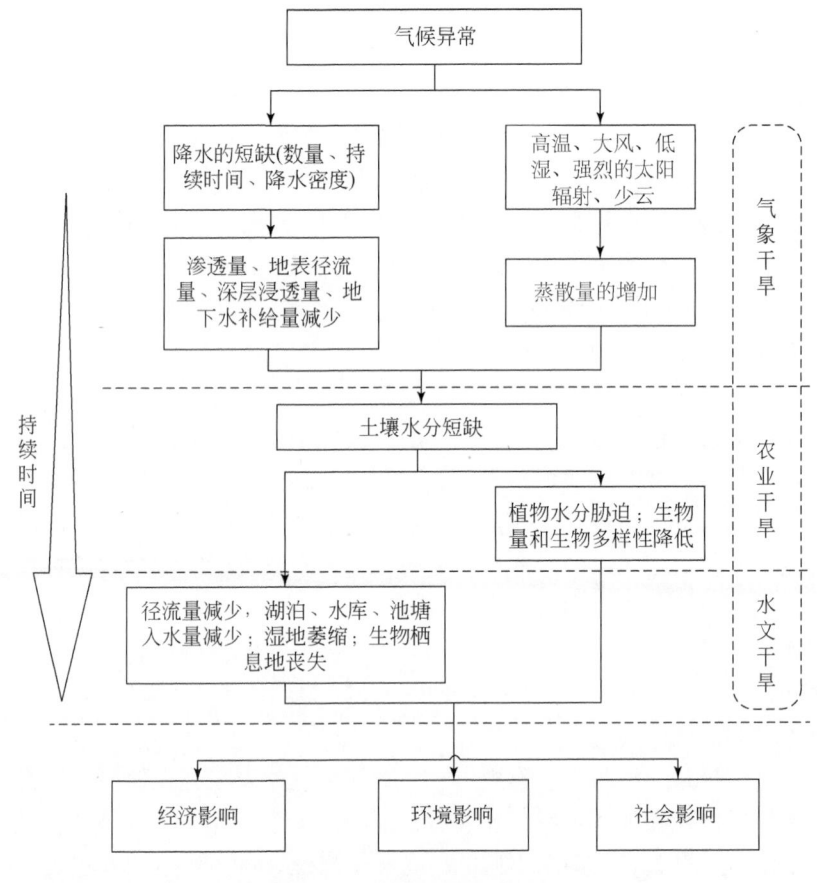

图 3-1　干旱类型及演变过程

资料来源：http://www.drought.unl.edu/［2022-3-1］

从而发生气象干旱。此外，高温、低湿、强烈的太阳辐射等进一步加剧了干旱。降水的短缺，直接影响地表渗透，引发土壤水分短缺，对植物生长产生胁迫，农作物歉收，气象干旱发展为农业干旱。如果干旱进一步发展，河流、湖泊、水库、地下水得不到补给，将导致径流减少，湖泊、水库储水量降低，地下水位下降，农业干旱演化为水文干旱。

农业干旱涉及各种气象干旱特征（如降水稀缺、实际蒸散与潜在蒸散的差异、土壤水分的短缺）对农业的影响（如产量变化）。植物的水分需求取决于天气状况、植物的具体生理特征、植物生长阶段，以及土壤的理化特性。干旱发生在作物生长的不同阶段，会对作物最终产量产生不同的影响。因此，在对农业干旱进行定义的时候，需要考虑多种因素，如湿度、蒸散、植被类型、土壤类型和物候等。然而，这些因素有些难以获取，也不能保持稳定。因此，目前为止农业干旱仍然没有一个可以广泛接受的、统一的定义。比较有代表性的定义有：一段时间降雨的不足，造成作物生长季土壤水分的短缺（Kulshreshtha and Klein, 1989）；土壤持水量下降到一定程度，对作物产量产生不利，进而影响一个地区的农业生产（Kumar and Panu, 1997）；也有学者根据实际蒸散和潜在蒸散的比值低于一定值的连续天数来定义农业干旱（Nullet and Giambelluca, 1988）。因此，在实际应用中，需要根据研究和应用的需要选择不同的农业干旱定义。

干旱的影响范围广泛，对经济、社会和环境都会产生影响（表3-1）。干旱持续的时间越长，产生的影响越严重。

表 3-1　旱灾的影响

干旱影响类型	具体影响
经济	农业（如作物产量降低）
	工业（如对供水量的影响）
社会	旅游和娱乐业（如用于旅游娱乐的河流、湖泊、池塘水位下降）
	能源（如来水量的减少）
	运输业（如由于水位下降，水运路线被切断）
	健康（如交叉感染、污染物浓缩）
	营养（如作物减产造成的食物短缺）
	娱乐（如娱乐项目的改变或减少）
	公共安全（如森林火灾和山火）
	文化价值（如自然灾害的宗教观和科学观）
环境	动物/植物（如生物栖息地的缩小或退化）
	森林（如森林火灾概率的增加）
	水质（如水温的升高，pH、盐度的增加）

干旱直接影响农业、工业、交通业等产业，并造成直接经济损失，更严重的是，干旱可造成河水断流、水库枯竭、湿地干枯等，干旱的影响如连续多年，并加上人类活动的作用，则导致水资源的持续减少。当今世界许多国家出现水资源短缺，特别是中国北方干旱、半干旱和半湿润地区的湖泊水位持续降低，水面缩小甚至干涸。冰川退缩和变薄、地下水位的降低，甚至沿海出现的海水入侵灾害等都与持续干旱和人类活动的影响有关。

干旱使河水断流，造成鱼类死亡，不仅使基因储备减少，还杀死了更多的鱼类赖以生存的水生生物。干涸的沼泽和滩涂地使水鸟失去栖身之地，引起水鸟大批死亡。因严重干旱和取水而干涸的河道和水库继续接纳着城市、工业和农业的污水，而水体污染物接近或超过水环境标准，造成恶性后果。总之，干旱造成的水资源、土地资源短缺，及其引发的其他次生灾害，都会威胁人类的生存环境，严重阻碍社会的发展。

3.1.2 干旱灾害风险构成要素

风险一直伴随着人类存在，实际上人类的每一个决定或行动都承担着一定的风险。学术界关于风险的讨论，最早可见于19世纪末的经济学研究中。美国学者约翰·海恩斯（John Haynes）在其1895年所著的 *Risk as an Economic Factor* 一书中认为，风险意味着损害的可能性（苏桂武，2003）。随后，一系列关于风险的概念相继被提出（Lowrance，1976；Adams，1995；Banks，2005），虽然不同学科对风险有不同的理解和定义，但在一点上却是统一的，即风险总是与潜在威胁相联系，且潜在威胁的出现具有不确定性。

灾害作为重要的可能损害之源，历来是各类风险和风险管理研究的重点讨论对象。风险在灾害研究中的应用首先出现在火山灾害研究中，其不仅强调了自然灾害的强度，同时也考虑了暴露性要素的脆弱性。随后，风险的理念被推广并应用到整个自然灾害领域（UNDRO，1991）。

依据灾害系统论的观点，自然灾害系统是由孕灾环境、致灾因子和承灾体三者共同组成的地球表层变异系统，灾情是这个系统中各子系统相互作用的产物（史培军，1991）。在风险研究中，通常认为，自然灾害风险是由致灾因子危险性、承灾体暴露性和脆弱性三个要素，以及由此导致的灾情共同组成的宏观结构（UNDRO，1991；Alexander，2000），表示为

$$风险 = f[概率(危险性), 损失(暴露性, 脆弱性)] \quad (3-1)$$

式中，风险由灾害发生概率和损失构成，而概率是危险性的函数，损失是脆弱性和暴露于风险中要素的函数，以上三个要素共同决定了风险，同时各要素并非独

立存在的，其中任何一个要素发生变化，都会导致风险的变化。

根据联合国国际减灾战略中的权威定义，灾害风险是自然灾害或人为灾害与承灾体的脆弱性（易损性）之间相互作用而导致的一种有害的结果或预料损失（生命丧失和受伤的人数、财产、生计、中断的经济活动、破坏的环境）发生的可能性（ISDR，2004b）。此风险的定义可以表达为

$$Risk = Hazard \times Vulnerability / Capacity \tag{3-2}$$

式中，Risk 为风险；Hazard 为危险性；Vulnerability 为脆弱性；Capacity 为灾害应对能力。

以上两个定义尽管在表述上有所差异，但实质上都指出，风险是由风险原因、风险事件及风险损失三要素构成的（罗云等，2004）。因此，在灾害风险分析中要对各要素进行综合、系统考虑。

农业生产的风险因素众多，包括干旱、洪水、病虫害、劳动力短缺、价格波动及政治因素等。这些因素当中，干旱对农业生产的影响非常显著。干旱风险是干旱危险强度、频度及承灾体脆弱性综合作用产生的潜在负面影响（Knutson et al.，1998），即干旱风险是区域干旱危险性和承灾体脆弱性共同作用的结果（Downing and Bakker，2000；Wilhite et al.，2000）。结合以上定义，将农业干旱风险定义为干旱危险强度、频度及与农业相关的社会、经济、环境脆弱性综合作用产生的潜在负面影响。

3.2　干旱灾害脆弱性评估

干旱灾害承灾体脆弱性是指承灾体受到干旱风险冲击时的易损程度，它由社会经济系统中一系列对干旱冲击敏感的因子（如人口、农作物等）及其所处的人文社会环境所决定，其本质是社会经济系统可获得的能够降低干旱风险程度与影响的所有能力和资源的组合。目前，在干旱灾害承灾体脆弱性评估中，当评估农业系统脆弱性时，主要从农业生态环境条件、农业经济水平、农业生产技术水平三个方面进行评价（刘兰芳等，2002）；当以具体农作物为评估对象时，将农作物品种的生理机能作为主要的参考指标（王晓红等，2004）；而当讨论农户脆弱性时，则把农户的家庭结构、文化水平、贫富程度作为评估农户脆弱性高低的重要指标（Patt and Gwata，2004）。依据风险理论，并结合目前的研究，干旱灾害承灾体脆弱性评估一般包括以下四个部分。

（1）物理暴露性评估。该评估的主要目的是分析暴露于干旱灾害下的承灾体数量，识别受旱的对象。对于传统农业区而言，其农业的构成主体为农作物，因此多数研究将农作物作为干旱灾害的承灾体，以受旱的农作物播种面积或产量

来进行农业干旱的物理暴露性评估。本研究选取农作物、人口和经济进行物理暴露性评估。

（2）灾损敏感性评估。该评估反映各种承灾体本身对不同种类自然灾害及其强度的响应能力，一般根据承灾体物理学特征、灾害动力机制及历史损失资料进行评估（葛全胜等，2008）。对农业而言，不同农作物对干旱灾害的反应不同，从而形成了它们之间干旱敏感性的差别。

（3）区域社会应灾能力评估。农业是受自然环境和人类社会共同制约的一个复杂系统，现代农业的发展更多地依赖于人类社会经济、科技水平的提高。因此，农业干旱应灾能力评估更多的是反映不同区域的人类社会为农业防灾所配备的综合措施力度，以及针对干旱灾害的专项措施力度。其中，干旱综合应灾能力通常取决于区域经济与社会发展储备、保险程度，以及对外的开放程度等；农业干旱应灾能力则通常与预报水平、防旱抗旱工程投入有关。

（4）脆弱性综合评估。脆弱性综合评估即对上述三个方面的内容进行集成分析和综合评估。

主要的评价方法及步骤如下。

干旱导致社会经济损失的机理和过程非常复杂，量化这种过程非常困难，通常的做法是，在占有较完备历史灾情资料的情况下，通过历史灾情资料来拟合社会经济损失情况，这种方法常常用于灾情评估，适于宏观评价。通过已有的灾情数据来拟合获得区域旱灾损失率，具体步骤如下。

（1）选择分析单元，完善历史灾情资料。本研究通过调查研究得出苍南县的农业总产值为180 699万元。

（2）利用灾情模拟灾损。干旱等级风险损失率是指区域不同等级干旱发生后引起的社会经济损失率。1995年以前，我国灾情统计没有形成统一规范，统计格式多种多样，灾情汇报以描述性内容居多，直接统计各农作物因旱减产损失率的数据较少，加上春旱、夏旱、伏旱、冬干或春夏连旱等多种干旱形式灾情叠加，要想直接厘清某一次连续无雨日干旱形成的损失几乎是不可能的。1995年后，我国灾情统计统一规定以受灾人口、因旱需救助人口、因旱饮水困难需救助人口、农作物受灾面积、农作物成灾面积、农作物绝收面积、直接经济损失和农业直接经济损失来统计上报（表3-2），并依据式（3-3）计算区域农作物损失率：

$$L = I_3 \times 90\% + (I_2 - I_3) \times 55\% + (I_1 - I_2) \times 20\% \quad (3-3)$$

式中，L为综合减产率（%）；I_1为农作物受灾（减产10%以上）面积占农作物播种面积的比例（用小数表示）；I_2为农作物成灾（减产30%以上）面积占农作物播种面积的比例（用小数表示）；I_3为农作物绝收（减产80%以上）面积占农作物播种面积的比例（用小数表示）。

表 3-2 苍南县历史干旱灾情数据

受灾乡镇/个	受灾人口/人	因旱需救助人口/人	因旱饮水困难需救助人口/人	农作物受灾面积/hm²	农作物成灾面积/hm²	农作物绝收面积/hm²	直接经济损失/万元	农业直接经济损失/万元
28	313 940	19 370	55 590	12 448.33	8 032	2 486.5	3 691.6	3 347.6

（3）构建干旱灾害损失关系曲线。干旱灾害损失关系研究，是通过灾害强度与损失的数量关系来定量表达灾害影响程度的过程，是构建干旱灾害损失标准的基础。本研究也采用历史灾情数据进行分析。不同强度等级的干旱所造成的灾害损失是具有统计学规律的，即相同强度等级的干旱造成的损失处于一个相对稳定的范围之内，也就是说，一定数量的干旱强度等级与损失之间有统计上的普遍相关关系。因而，利用 3 次干旱灾情记录中的农作物受灾面积、农作物成灾面积、农作物绝收面积、受灾人口和直接经济损失等作为损失指标，采用干旱强度等级作为干旱强度的衡量指标。

通过干旱灾害损失关系分析，确定每场干旱的影响区域，计算干旱灾害损失率，构建干旱强度等级与各项损失率间的关系曲线。一定强度等级的干旱造成的灾害损失率处于一个较稳定的范围之内，所以某一强度等级的干旱会造成承灾体一定比例的损失，这即是结合灾害强度等级和损失量的干旱灾害损失率曲线。分别构建农作物、人口和经济三种承灾体在不同强度等级干旱影响下的损失率曲线。

3.3 干旱灾害危险性评估

干旱的强度取决于水分的亏缺度、持续时间和影响的空间范围（Wilhite，2000），本研究采用气象干旱综合指数（MCI）来进行中国农业干旱特征及农业干旱危险性的分析。气象干旱综合指数等级的划分见表3-3。

表 3-3 气象干旱综合指数等级的划分

等级	类型	MCI	干旱影响程度
1	无旱	$-0.5 < \text{MCI}$	地表湿润，作物水分供应充足；地表水资源充足，能满足人们生产、生活需要
2	极旱	$-1.0 < \text{MCI} \leqslant -0.5$	地表空气干燥，土壤出现水分轻度不足，作物轻微缺水，叶色不正；水资源出现短缺，但对人们生产、生活影响不大

续表

等级	类型	MCI	干旱影响程度
3	中旱	$-1.5<\text{MCI}\leqslant-1.0$	土壤表面干燥，土壤出现水分不足，作物叶片出现萎缩现象；水资源短缺，对人们生产、生活造成影响
4	重旱	$-2.0<\text{MCI}\leqslant-1.5$	土壤水分持续严重不足，出现干土层（1~10cm），作物出现枯死现象；河流出现断流，水资源严重不足，对人们生产、生活造成了较重的影响
5	特旱	$\text{MCI}\leqslant-2.0$	土壤水分持续严重不足，出现较厚干土层（大于10cm），作物出现大面积的枯死；多条河流出现断流，水资源严重不足，对人们生产、生活造成了严重的影响

由于短时期内的水分变化会对农业生产产生重要影响，本研究将以气象干旱综合指数进行中国农业干旱的危险性分析计算。农业干旱危险性评价流程为：基于历史降雨资料，利用气象干旱综合指数识别干旱的强度特征，统计计算得到区域不同强度干旱的发生频率，然后利用数学的方法构建综合反映干旱强度、频度等多种特征的农业干旱危险性评价模型，并基于模型计算结果，探讨农业干旱危险性的空间分布特征。气象干旱综合指数的计算见式（3-4）。

$$\text{MCI} = Ka \times (a \times \text{SPIW}_{60} + b \times \text{MI}_{30} + c \times \text{SPI}_{90} + d \times \text{SPI}_{150}) \quad (3\text{-}4)$$

式中，MCI为气象干旱综合指数；SPIW_{60}为近60天标准化权重降水指数；MI_{30}为近30天相对湿润度指数（Moisture Index）；SPI_{90}为近90天标准化降水指数（Standardized Precipitation Index）；SPI_{150}为近150天标准化降水指数；a为SPIW_{60}的权重系数，北方及西部地区取0.3，南方地区取0.5；b为MI_{30}的权重系数，北方及西部地区取0.5，南方地区取0.6；c为SPI_{90}的权重系数，北方及西部地区取0.3，南方地区取0.2；d为SPI_{150}的权重系数，北方及西部地区取0.2，南方地区取0.1；Ka为季节调节系数，根据不同季节各地主要农作物生长发育阶段对土壤水分的敏感程度确定［《农业干旱等级》（GB/T 32136—2015）[①]］。

作物生长期内发生的干旱对作物生长产生很大的影响，其他时期发生的干旱对农业的影响很小，因此为了更好地刻画干旱对农业的影响，本研究主要对作物生长期内发生的干旱进行分析。同时，由于不同区域作物种植制度的不同，作物类型、作物生长期等都有较大差异，因此在大区域研究中需要分区对10km×10km单元栅格的气象干旱综合指数进行计算。

根据综合气象干旱指数（CI）的大小，将气象干旱划分为三个等级，轻度干

---

① 本标准中北方及西部地区指我国西北、东北、华北和西南地区，南方地区指我国华南、华中、华东地区等地。

旱（ $-1.8<\mathrm{CI}\leqslant-1.2$ ）、中度干旱（ $-2.4<\mathrm{CI}\leqslant-1.8$ ）和重度干旱（ $\mathrm{CI}\leqslant-2.4$ ），表示各干旱级别及其影响程度。

干旱过程的确定：气象干旱连续 10 天为轻度干旱（中度干旱或重度干旱）以上等级，记为一次轻度干旱（中度干旱或重度干旱）过程，计算不同等级干旱事件的发生频次，进而得到不同等级干旱事件的发生频率：

$$H_{\mathrm{C},i}=\begin{cases}1 & f_{\mathrm{C},i}\geqslant T \\ \dfrac{f_{\mathrm{C},i}}{T} & f_{\mathrm{C},i}<T\end{cases} \qquad(3\text{-}5)$$

式中，$H_{\mathrm{C},i}$ 为 i 等级干旱事件的发生概率；$f_{\mathrm{C},i}$ 为 i 等级干旱事件的发生频次；i 为干旱等级；T 为研究时段的年数。

3.4　干旱灾害风险评估

（1）干旱灾害风险评估方法

在风险研究中，通常认为，自然灾害风险是由致灾因子危险性、承灾体暴露性和脆弱性三个要素，以及由此导致的灾情共同组成的宏观结构（UNDRO，1991；Alexander，2000）。作为自然灾害的一种，区域干旱灾害风险是区域干旱危险性与区域自然环境及社会经济脆弱性共同作用的结果（Sivakumar and Motha，2007），因此干旱灾害风险评估包括干旱灾害危险性评估和脆弱性评估。基于此，本研究构建干旱灾害风险评估概念模型：

$$R=G[f(h),f(v)] \qquad(3\text{-}6)$$

式中，R 为干旱灾害风险；$f(h)$ 为干旱灾害危险性函数；$f(v)$ 为干旱灾害脆弱性函数。

干旱灾害风险的定量评价一直是学者们致力于解决的问题，早期研究用危险性和脆弱性的加和来进行风险的定量研究，即风险 = 危险性 + 脆弱性（Blaikie et al.，1994）。在之后的研究中，通常用干旱的危险性和脆弱性乘积的概念模型来进行风险的计算，即风险 = 危险性 × 脆弱性（Downing and Bakker，2000；Wilhite，2000）。基于此，本研究建立农业风险评价模型：

$$\mathrm{DRI}=\mathrm{DHI}\times\mathrm{DVI} \qquad(3\text{-}7)$$

式中，DRI 为农业干旱灾害风险指数；DHI 为农业干旱危险性指数；DVI 为农业干旱脆弱性指数。

（2）干旱灾害风险等级划分

干旱灾害风险等级的划分方法是基于干旱灾害风险的结果，采用距标准差倍数法对其进行分级。除干旱灾害风险外，对洪水灾害风险和高温热浪灾害风险的等级划分同样采用距标准差倍数法。

(3) 不同重现期干旱灾害风险评估

基于 PⅢ 模型计算的重现期，明确干旱重现期气象干旱综合指数数值，结合社会经济损失率构建脆弱性曲线，再加上人口、经济、农作物等的暴露量数据，定量评估不同重现期的干旱灾害风险。

第4章 洪水灾害风险评估技术

4.1 洪水灾害风险

洪水灾害强度等级一般采用降水量、降水量距平、洪峰流量、水位高度、洪水淹没面积、淹没时间，以及重现周期或频率等指标来衡量（FIFMTF，1992；Pielke，1999），其中采用重现周期或频率来划分洪水灾害强度等级较为普遍，如高庆华等（2007）划分洪水灾害强度等级采用的就是重现周期（表4-1）。

表4-1 洪水灾害强度等级划分标准（高庆华等，2007）

强度等级	强度等级类型	重现周期（T）
1	一般洪水	2～10 年
2	较大洪水	10～20 年
3	大洪水	20～50 年
4	特大洪水	50～100 年
5	罕见的特大洪水	≥100 年

除了用降水量、洪峰流量，以及重现期等对洪水灾害进行物理强度等级划分外，也可用灾损情况对洪水灾害进行划分，如我们常见到的重灾、中灾、轻灾等（李述仁和齐广海，1987）。王劲峰（1993）根据洪水灾害造成的死亡人数和经济损失将洪水灾害划分为巨灾、重灾、中灾、轻灾、弱灾 5 个等级，而对于死亡人数和经济损失不详的洪水灾害，则根据其淹没面积和淹没时间来确定（表4-2）。

表4-2 洪水灾害强度等级划分（王劲峰等，1993）

洪水灾害强度等级	按破坏结果划分		按成灾规模划分	
	死亡人数/人	经济损失/亿元	淹没面积/万 m^2	淹没时间/天
弱灾	<10	<0.01	<0.01	<2
轻灾	10～100	0.01～0.1	0.01～0.1	2～4
中灾	100～1 000	0.1～1	0.1～1	4～7

续表

洪水灾害强度等级	按破坏结果划分		按成灾规模划分	
	死亡人数/人	经济损失/亿元	淹没面积/万 m²	淹没时间/天
重灾	1 000 ~ 10 000	1 ~ 10	1 ~ 10	7 ~ 12
巨灾	≥10 000	≥10	≥10	≥12

洪水灾害强度等级是洪水物理能量的反映，其大小与洪水水量多少密切相关。从全球已发生的洪水灾害案例来看，绝大多数洪水灾害均由降雨所致（Benson, 1960；胡明思和骆承政, 1988, 1992；冯强等, 1998；Mo et al., 1995；Cunderlik and Burn, 2002；冷春香和陈菊英, 2005；王润等, 1999；薛秋芳等, 2001；周自江等, 2000；徐南平等, 2005；陶诗言和卫捷, 2007），其强度等级及其损失均与相应场次降水量密切相关（Bracken et al., 2008），因而可用降水量多少来对洪水灾害强度等级进行划分。采用降水量划分洪水灾害强度等级还有以下几方面优势。

降雨是绝大多数洪水灾害发生的直接诱因。衡量洪水灾害强度等级大小的主要指标是洪水灾害期间洪水量的多少，而洪水主要来源于降雨，其数值与一定时段内的降水量密切相关。同一地区在一定时段内的降水量越大，洪水灾害强度等级也就越大；反之，则越小。

降雨资料是目前有关洪水灾害资料中记录时间长、覆盖面广，并且记录完整的资料，用降水量来研究洪水灾害风险具有先天的优势（Wheater et al., 2005；Rahman et al., 2002）。首先，目前洪水灾害重现期或洪水灾害的洪峰流量等虽然主要是通过水文观测站记录数据推算出来的，但其实也与降水量密切相关。其次，水文观测站多分布在有河流经过的地区，而一些比较偏远的沟谷地区很可能没有相关观测资料，这对于该地区洪水灾害风险评估极为不利，降雨资料可弥补这一缺陷（Chandler, 1997；Wheater et al., 2005；Bracken et al., 2008）。最后，降雨数据也是目前水文要素模拟模型主要的输入数据（Kleinen and Petschel-Held, 2007；Bell et al., 2007；Kay et al., 2006a, 2006b）。

洪水灾害作为一种常见的气象水文灾害，对其预警主要是从降雨入手的（Klatt and Schultz, 1983；Bonn and Dixon, 2005）。因此，用降雨资料来预测研究洪水灾害风险是目前多数学者倡导的做法（Chandler, 1997；Chiang et al., 2007；Klatt and Schultz, 1983）。

4.2 洪水灾害损失机理

4.2.1 洪水灾害损失机理分析理论基础

风险评估是基于过去的认识或经验（Wilson and Crouch，1987）。如果某具有破坏性的事件在某地区曾发生过一次或多次，造成了人口伤亡和财产损失，那么当相同的事件在该地区再次发生时，我们有理由相信该事件还会造成和过去相同或相似的损失或影响，这种损失或影响还可外推到环境条件相似的地区。这便是风险评估的基本思想。进行洪水灾害损失机理分析的主要目的就是要找出不同强度等级（如轻度、中度、重度）洪水灾害造成的损失或影响，然后用两者之间的数量关系来估算未来相应强度等级洪水灾害可能造成的损失或影响，即洪水灾害损失风险评估。对同一地区，两次同等强度洪水灾害造成的损失或影响可能不一样甚至相差很大，但如果有多次同等强度洪水灾害发生，其造成的损失或影响则是大致相同的，至少是趋于一个比较稳定的波动范围的。这是我们可以评估洪水灾害损失风险的关键。理论上，洪水灾害强度等级与损失间的数量关系应通过物理试验获得，但此类试验极为复杂，目前实现难度较大，因此只能把历史上发生过的洪水灾害当成试验，通过分析研究其强度等级与损失之间关系来获得。

本研究利用苍南县发生过的 5 次洪水灾害与前面确定的洪水灾害强度等级衡量指标，全面分析研究不同强度等级洪水灾害与其各影响要素之间的关系。

4.2.2 洪水灾害损失关系分析

在 5 次洪水灾害数据中，2000~2016 年洪水灾害数据记录比较全面，信息包括洪水灾害起止时间、发生地区和人口、农作物、房屋、经济等的损失情况。

根据洪水灾害数据中的洪水灾害起止时间、发生地区，统计出洪水灾害发生期间中心区最大 3 日降水量，然后绘制出受灾人口、直接经济损失、农作物受灾面积，以及房屋倒塌数量等随中心区最大 3 日降水量变化的曲线。

为构建洪水灾害各影响要素的损失关系曲线，首先根据洪水灾害数据计算出每次洪水灾害的受灾人口、直接经济损失、农作物受灾面积，以及房屋倒塌数量等分别占该次洪水灾害影响地区相应人口总量、地区 GDP、耕地面积，以及房屋数量的比例，即损失率；然后根据每次洪水灾害对应的中心区最大 3 日降水量和各要素损失率，绘制出洪水灾害损失关系曲线。考虑到降水量变幅较小会导致分组数据样本不足，而且降水量变幅过小对洪水灾害影响也不大，所以在具体操作过程中，中心区最大 3 日降水量按 50mm 分组。

4.3 洪水灾害脆弱性评估

4.3.1 洪水灾害损失关系曲线理论基础

要实现对洪水灾害损失风险的评估，首先必须找出不同强度等级洪水灾害与其相应各要素损失之间的数量关系，然后通过该数量关系进一步构建损失标准，最后再结合要素物理暴露量及洪水事件发生可能性评估洪水灾害损失风险。

洪水灾害损失关系曲线或损失函数思想最先由美国著名地理学家吉尔伯特·怀特（Gilbert White）于 1945 年提出，后经英国、澳大利亚、日本等国科学家发展并完善（Dutta and Tingsanchali，2003），现已成为洪水灾害损失风险评估的主要方法。这种方法的基本理论依据是：影响洪水灾害损失大小的主要因素是洪水特征，如淹没深度、流速等，随着洪水淹没深度和流速的增加，洪水灾害造成的损失也应增加。早期洪水灾害损失关系曲线或损失函数只考虑淹没深度，后来人们注意到流速和持续时间对洪水灾害损失的影响也较大，因而又加入了流速和持续时间因素（Smith，1994；Penning-Rowsell et al.，2005）。

洪水淹没深度、流速等参数极容易随地表起伏而发生变化，因此通过分析研究淹没深度、流速等与洪水灾害损失间的关系来构建起大尺度，尤其像中国这样地域宽广的国家尺度的洪水灾害损失关系曲线或损失函数是极其困难的。为了满足国家尺度洪水灾害损失风险评估工作的需要，同时又不至于降低洪水灾害损失风险评估的科学性，洪水灾害损失关系曲线或损失函数构建必须简化和改进。本研究通过构建区域性洪水灾害损失关系曲线或损失函数的方式来评估我国县域单元的洪水灾害损失风险。构建洪水灾害损失关系曲线或损失函数的理论依据为洪水本身具有某种物理损毁力或物理能量，这是洪水灾害之所以能造成人畜伤亡、房屋倒塌，以及基础设施破坏等损失的根本原因。洪水灾害强度等级是对洪水物理损毁力或物理能量的反映。洪水灾害强度等级不同，其对应的物理损毁力或物理能量也就不同，造成的损失自然就有所差异。因此，我们可通过分析研究不同强度等级洪水灾害与其造成损失间的关系来找出两者之间的数量关系，利用该数量关系即可构建起不同强度等级洪水灾害损失关系曲线和损失标准（图 4-1），从而实现大尺度洪水灾害损失风险评估。从理论上讲，洪水灾害损失关系曲线和损失标准应该通过物理试验获得，但由于此类试验目前实现难度较大，因此只能把以前发生过的洪水灾害事件当成试验来看，通过分析研究其损失与相应强度等级之间的关系来获得。

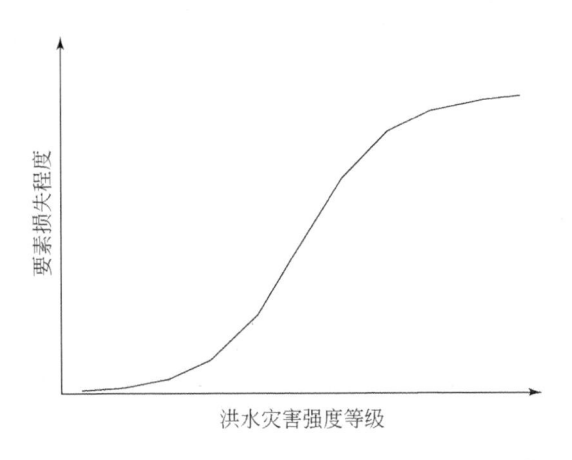

图 4-1 不同强度等级洪水灾害损失关系曲线或损失函数示意图

洪水灾害损失关系曲线或损失函数与过程损失曲线或损失函数相似，其主要区别在于：过程损失曲线或损失函数是通过分析洪水灾害发展过程与要素损失变化间关系建立起来的，而洪水灾害损失关系曲线或损失函数是通过分析研究不同强度等级洪水灾害与其各要素损失间的关系建立起来的（图 4-1）；前者比较准确，后者相对粗略一些，但这也是目前评估国家尺度或大尺度区域洪水灾害损失风险唯一可行的办法。

4.3.2 洪水灾害损失关系曲线构建思路

洪水灾害损失关系曲线和损失标准都是基于不同强度等级洪水灾害与其各要素损失间的关系分析研究构建的。因此，首先，要选用适当指标对洪水灾害进行强度等级划分；其次，利用中国近 20 年的洪水灾害统计数据，分析研究不同强度等级洪水灾害与其各要素损失间的关系，并以此为基础分区域构建各要素的损失关系曲线；最后，在损失关系分析研究的基础上，建立各区域洪水灾害各要素的损失标准。

4.4 洪水灾害危险性评估

洪水灾害风险大小取决于洪水灾害事件的物理损毁力和要素暴露量，而是否有洪水灾害风险则取决于该地区洪水发生的可能性。因此，是否有可能发生洪水是一个地区是否存在洪水灾害风险的前提条件，为风险源，其历来都是洪水灾害风险研究的重要内容。

本章将利用降雨、高程、坡度等因子评估我国轻度、中度、重度洪水的发生可能性，并揭示其空间分异规律。

4.4.1 洪水灾害危险性评估的重要性

根据洪水灾害风险定义，洪水灾害风险由不同强度等级洪水发生可能性及其可能损失两部分组成（UNDRO, 1991; Penning-Rowsell et al., 2005; Hall et al., 2005; 周成虎等, 2000）。不同强度等级洪水灾害可能损失由对应强度等级洪水灾害的损毁力和区域承灾体数量及属性决定。如果某强度等级洪水灾害损毁力较大，区域内要素暴露量也较多，则理论上洪水灾害造成的损失就越大；反之，则越小。但这一切能否成为风险取决于该地区是否有可能发生洪水，如果该地区不可能发生洪水，也就没有损失风险可言。因此，找出不同强度等级洪水灾害可能发生的空间范围及其大小对于洪水灾害风险评估极其重要（张行南等, 2000; Di Baldassarre et al., 2009; Saghafian et al., 2010）。

4.4.2 洪水灾害危险性分析

洪水灾害是自然与人文环境相互作用的结果，其形成与发展受多种自然和社会经济因素的制约（周成虎等, 2000），而洪水灾害事件的发生则主要与自然环境因素有关，由触发因子引发，再经下垫面自然条件重塑而形成。触发因子主要有降雨、溃坝、风暴潮、冰雪消融等，下垫面中的地形地貌则是主要的重塑条件。洪水类型不同，其触发因子和重塑过程也有所差异。对于暴雨洪水，降雨是触发因子，经产流、汇流过程形成洪水；对于溃坝洪水，溃坝是触发因子，水量急速增加是主要的重塑过程。我国洪水绝大多数由降雨引发（胡明思和骆承政, 1988, 1992; 冯强等, 1998），高程、坡度等主要控制其发展过程和分布范围。一般而言，降雨多、地势比较低平的地区较容易发生洪水；而降雨少、地势也比较高陡的地区发生洪水的可能性较低。

故本研究选用降雨、高程和坡度等因子来评估我国轻度、中度、重度洪水的发生可能性。

4.4.3 洪水灾害危险性评估思路

从前面我国洪水灾害强度等级与降水量的关系分析，以及历史洪水灾害（胡明思和骆承政，1988，1992）看出，一次连续降雨过程中，最大3日降水量对洪水发生有着重要的影响。一般情况下，一次连续降雨过程中，最大3日降水量至少达到30mm（长江以南地区至少要达到35mm）才可能引发洪水。而且，轻度洪水一般与连续降雨过程中最大3日降水量30~150mm（长江以南地区为35~150mm）相对应，中度洪水与连续降雨过程中最大3日降水量150~250mm相对应，重度洪水与连续降雨过程中最大3日降水量≥250mm相对应，因此可用过去连续降雨过程中最大3日降水量分别达到30（35）~150mm、150~250mm和≥250mm的次数来代替相应强度等级洪水灾害的发生频次。由于该频次仅考虑了降雨，没考虑下垫面因素对它的影响和重塑，所以其仅是理论上的洪水发生频次，即洪水最大可能发生频次。选用降雨频次来替代传统历史洪水发生频次的主要原因如下。

（1）我国历史洪水灾害资料记录不完整，一些强度等级较小的洪水灾害可能被漏记，因而用历史洪水发生频次来评估洪水发生可能性不准确。降雨资料为气象台站观测资料，时间序列和完整程度要高于历史洪水灾害资料记录，可弥补其不足。

（2）在我国历史洪水灾害资料记录中，洪水灾害强度等级是没有空间差异的，即一次洪水灾害只有一个强度等级。这与事实不符。用历史降雨资料可解决洪水灾害强度等级空间分异问题。

从实际洪水灾害发生情况来看，连续降雨过程中最大3日降水量达30（35）~150mm或其他强度降水量未必就会发生该强度等级的洪水，但从风险角度来讲，它是有风险的，也就是说它具备了发生洪水灾害风险的必要条件。

一定量降雨是引发洪水的必要条件。但有降雨并不一定会发生洪水，最终能否发生洪水还与下垫面条件有关。因此，洪水发生可能性还应考虑下垫面因子，即仅用降雨条件估算出来的洪水发生可能性还需用下垫面环境修正参数来修正。

在下垫面条件中，高程和坡度对洪水的形成和发展有较大影响（周成虎等，2000；张行南等，2000；Thompson and Clayton，2002）。一般认为，高程越低，坡度越小，洪水发生可能性越大；反之，则越小。故本研究采用高程和坡度两个因子形成一个下垫面环境修正参数，并用来修正用降水量得到的洪水最大发生可能性。

河网和湖泊分布、地表径流、植被，以及土壤等因子对洪水发生也有较大的影响，但本研究认为，在全国尺度上，高程较低和坡度较小的地区多是河流和湖泊分布地区，径流量一般也比较大，故在研究中不再考虑河网和湖泊分布情况，以及地表径流；同时，植被和土壤因子对小规模洪水影响较大，对较大规模洪水的影响有限，因此本研究也不考虑植被和土壤因子。在其他小尺度或区域洪水发生可能性研究中，上述因子应根据实际情况予以考虑。

基于上述分析，本研究中的洪水发生可能性评估的总体思路是：首先，利用气象台站逐日降水量数据，分别统计出各个气象站点在过去50年（少数气象站点为40年）连续降雨过程中（连续降雨过程是指时间间隔≤2天且日降水量≥5mm的连续降雨过程）最大3日降水量达到30（35）~150mm、150~250mm和≥250mm的次数，以此作为过去50年来我国轻度、中度、重度洪水的最大发生频次；然后，将其转化为洪水最大发生可能性；再用高程和坡度等因子形成的下垫面环境修正参数来对其进行修正，从而得到全国各地区的轻度、中度、重度洪水的发生可能性。

4.4.4 不同强度等级洪水灾害危险性修正

从理论上讲，下垫面环境修正参数应该是在综合考虑各环境因子与洪水发生可能性关系的基础上构建的，也就是说必须要清楚知道什么样的下垫面环境是危险的，其危险性有多大，即某一高程和坡度相应的洪水发生可能性。目前，厘清洪水发生可能性与下垫面各环境因子之间的复杂关系比较困难（表4-3）（Leenaers and Okx, 1989；Thompson and Clayton, 2002）。尽管如此，通过历史洪水灾害发生情况，还是可以大致了解洪水发生可能性大小与下垫面环境条件如高程、坡度等之间的关系。通过分析历史洪水灾害发生可能性大小与高程和坡度的关系得出指标分级标准，从而实现下垫面环境修正参数的构建。由这种方式得到的下垫面环境修正参数虽然没有通过不同强度等级洪水淹没范围、淹没深度模拟等得出的下垫面环境修正参数准确，但可在一定程度上避免主观因素的影响。

表4-3 东南沿海诸河流域洪水发生可能性与高程、坡度的关系

洪水发生可能性等级	平均受灾面积/km²	高程/m	坡度/(°)	洪水发生可能性
高	36 050	0~30	0~5	0.9
较高	75 104	30~120	5~10	0.7
中	120 166	120~200	10~15	0.5

续表

洪水发生可能性等级	平均受灾面积/km²	高程/m	坡度/(°)	洪水发生可能性
较低	180 249	200~500	15~20	0.3
低	300 415	≥500	≥20	0.1

在得到全国轻度、中度、重度洪水最大发生可能性和下垫面环境修正参数后，在ArcGIS中将全国轻度、中度、重度洪水最大发生可能性与下垫面环境修正参数分别相乘即可得到全国轻度、中度、重度洪水的发生可能性。最后，叠加上全国县域行政单元图，并利用ArcGIS中的Zonal Statistics工具可分别统计出各县域单元的轻度、中度、重度洪水发生可能性值，洪水发生可能性值为县域单元的平均可能性值。

4.5 洪水灾害风险评估

4.5.1 洪水灾害损失风险评估

风险可以两种方式表达：一是等级，风险结果是风险的相对高或低；二是损失数量，如可能造成的人口死亡数量、房屋损毁数量及经济损失等。以等级表达风险的优点是比较容易看出区域风险的高低，结果也相对容易获得；缺点是区域风险之间只有相对的高或低，没有具体的损失数量。现代灾害风险管理对风险结果的要求除了风险等级的高或低外，更重要的是要有具体要素的可能损失数量及分布。因此，传统以识别风险等级高低为主的风险评估和结果难以满足现代风险管理的要求。

本研究将在损失标准及洪水发生可能性研究的基础上，开展以要素损失结果为目的的洪水灾害损失风险评估。各要素损失风险通过归一化处理后，也可获得风险等级。评估方法如下。

洪水灾害各要素损失风险由式（4-1）估算，即

$$R = E \times H \times P \tag{4-1}$$

式中，R为各要素损失风险；E为各要素物理暴露量；H为各要素损失标准；P为洪水发生可能性。

洪水灾害各要素损失标准和洪水发生可能性见前文研究结果；各要素物理暴露量用各县域单元的要素总量。

本研究只考虑承灾体数量，即物理暴露量，不考虑承灾体的属性如结构、质

量，以及灾害发生时的位置等。同时，本研究认为，洪水灾害发生时，区域内所有要素总量面临的风险是等概率的。

另外，需要特别说明的是，本研究中的各要素损失标准是在多次洪水灾害案例数据基础上得来的，实际上里面已包含承灾体的脆弱性。

4.5.2 不同重现期洪水灾害风险评估

基于PⅢ模型计算的重现期，明确历史灾情事件洪水最大日降水量重现期，结合社会经济损失率构建脆弱性曲线，再加上人口、经济、农作物、房屋等的暴露量数据，定量评估不同重现期洪水灾害风险。

第 5 章　地震灾害风险评估技术

5.1　地震灾害风险研究背景

5.1.1　国际研究背景

近些年来，极端自然灾害事件不断发生，给人类社会和生存环境造成的损失日益严重。自然灾害已经严重影响世界各国经济社会的正常发展，并对人类的生命、物质财产构成巨大威胁，尤其以地震灾害造成的损失最为严重。

地震等自然灾害具有突发性强、造成损失严重等特点，各国政府、研究机构对其密切关注，并进行了一系列相关研究。日本、欧洲、美国、澳大利亚等发达国家和地区，已经相继开展了关于滑坡、泥石流、地震等灾害的研究，并取得了突破性的研究成果。研究工作涉及地质灾害的分布规律、形成条件与成因、发育阶段与危害等方面。近些年来，世界各国重点加强对各种地质灾害的预测预报、成灾机理、风险评估与管理等方面的研究。特别是在减灾理念由灾后应急与救济向灾前风险防范与管理转变的背景下，地质灾害风险评估与管理已成为国际倡导与推广的有效防灾减灾途径之一（史培军等，2009）。

比较有代表性的国际自然灾害风险评估计划有：联合国开发计划署的灾害风险指数计划、世界银行（World Bank，WB）的灾害风险热点地区研究计划（Hotspots Projects）、欧盟的多重风险评估（Multi-risk Assessment）、哥伦比亚大学和美洲开发银行共同研究的灾害风险管理指标系统（System of Indicators for Disaster Risk Management）、美国联邦应急管理局与国家建筑科学院开发的多灾害损失估计模型——HAZUS（Hazards United States）模型等。

同时，为推进国际的协调与合作，联合国开展了国际减轻自然灾害十年（International Decade for Nature Disaster Reduction，IDNDR）的活动。其中，很重要的一项就是对自然灾害进行评估，具体评估内容包括自然灾害危险性与各类承灾体脆弱性两部分。

5.1.2 地震灾害损失研究

我国是世界上自然灾害严重的国家之一。地质灾害多以突发性地质灾害为主，具有灾害种类多、分布地域广、发生频率高、造成损失严重等特点（王静爱等，2006）。其中，地震发生的频率与强度位居世界之首，占全球地震能量的十分之一以上；滑坡、泥石流等山地灾害连年不断。70%以上的城市、50%以上的人口和76%以上的工农业产值分布在气象、地质和海洋等自然灾害严重的地区（中华人民共和国国务院新闻办公室，2009）。

我国位于世界两大活跃地震带——环太平洋地震带与欧亚地震带之间，地震断裂带十分发育，具有频度高、强度大、分布广、震源浅、灾害损失严重等特点（马宗晋和赵阿兴，1991；马宗晋和高庆华，2001；王静爱等，2006）。根据21世纪以来有仪器记录资料的统计，我国地震占全球大陆地震的33%。平均每年发生30次5级以上地震、6次6级以上强震，以及1次7级以上大震。全国位于地震烈度>Ⅵ度的城市有210个，占城市总数的70%；≥Ⅶ度的城市占60%（中国建筑科学研究院，2008）。

另外，我国作为一个发展中国家，人口密度大、建筑物抗震能力低。因此，我国是世界上地震活动强烈和地震灾害严重的国家之一。

近些年来，地震灾害对我国造成的损失越来越大。依据郑通彦等（2010）的资料，1990~2009年我国共造成直接经济损失8876.15亿元，平均每年约443.81亿元；造成70 358人死亡，442 684人受伤。具体到每年的死亡人数、受伤人数，以及直接经济损失如表5-1所示。

表5-1 中国地震灾害损失状况（1990~2009年）

年份	死亡人数/人	受伤人数/人	直接经济损失/亿元
1990	127	2 187	6.74
1991	3	554	4.42
1992	5	480	1.60
1993	9	381	2.84
1994	4	1 378	3.29
1995	85	15 024	11.64
1996	365	17 956	46.03
1997	21	150	12.52
1998	59	13 631	18.42

续表

年份	死亡人数/人	受伤人数/人	直接经济损失/亿元
1999	3	137	4.74
2000	10	2 977	14.68
2001	9	741	14.84
2002	2	360	1.48
2003	319	7 136	46.60
2004	8	688	9.50
2005	15	867	26.28
2006	25	204	8.00
2007	3	419	20.19
2008	69 283	377 010	8 594.96
2009	3	404	27.38
总计	70 358	442 684	8 876.15

资料来源：郑通彦等（2010）

  滑坡、泥石流是我国地质灾害的主要灾种，仅次于地震灾害。其分布广泛、活动强烈、危害严重。根据国土资源部（现自然资源部）公布的2001~2009年《中国地质环境公报》，以及《全国地质灾害通报》，我国平均每年发生崩塌、滑坡、泥石流等突发性地质灾害 29 391 起，伤亡人数 1600 余人，每年因滑坡、泥石流等造成的直接经济损失约 36.72 亿元，间接经济损失更是难以估量。全国约有1500 多个县（市、区）位于山区、丘陵区，经常发生地质灾害。据 2009 年度《全国地质灾害通报》，2009 年共发生各类地质灾害 10 840 起（其中滑坡灾害 6657 起，泥石流灾害 1426 起），造成人员伤亡 801 人，造成直接经济损失 17.65 亿元。

5.1.3 地震灾害概要

5.1.3.1 地震灾害

  地震是因地球内动力作用而发生在岩石圈内的一种物质运动形式，是由积聚在地壳岩石内的能量突然释放而引起的地表剧烈运动，即地球内部介质局部发生急剧的错动、破裂，产生的地震波，在一定范围内引起地面震动的自然现象。根据地震的成因，可将地震划分为构造地震、火山地震、塌陷地震、诱发地震等类型。本研究中的破坏性地震主要是指构造地震。

  通常认为，只有当地震造成人员伤亡、财产损失、资源环境破坏和社会经济功能影响时才称之地震灾害（中国地震局，2000）。具体而言，地震灾害是指由积聚在岩石圈内的能量突然释放而引起的物质运动形式，是一种突发性的地质灾害。其破坏力巨大，易造成人员伤亡、财产损失、环境和社会功能等的破坏损失。地震灾害体现着地震活动与人类社会的关系，其影响涉及自然系统和社会经济系统等方面。而本研究的地震灾害风险评估主要是针对社会经济系统，具体包括房屋、人口，以及经济等承灾体。

5.1.3.2 地震灾害风险

要进行地震灾害风险分析，必须先了解何谓"地震灾害风险"。尽管有关地震灾害风险的定义形式多样，但其核心内容基本上是一致的，在此依据自然灾害风险的定义来加以说明。联合国减灾组织（United Nations Disaster Reduction Organization，UNDRO）于1991年公布的自然灾害风险定义是：风险是在一定的区域和给定的时段内，由于某一自然灾害而引起的人们生命财产和经济活动的期望损失值。虽然不同学者对灾害风险都有自己的理解和定义，但大都认为，上述定义较为全面地反映了灾害风险的本质特征，目前其已得到国内外许多学者和国际组织机构的普遍认同。

因此，本研究中所说的地震灾害风险是指在一定的区域范围与时间限度内，不同强度地震灾害发生的概率及其对生命、财产、经济活动等可能造成的灾害损失。因此，地震灾害风险是反映地震灾害活动发生的可能机会与造成的破坏损失程度，是地震活动与人类社会各类承灾体相互作用的结果。

5.2 地震灾害脆弱性评估

5.2.1 地震灾害损失机理

地震烈度是指地震活动引起的地面震动及其受到的影响、破坏强弱程度（中国地震局和国家质量技术监督局，2001）。在评定地震烈度时，通常需要根据震后人的感觉、房屋破坏程度、地表变化，以及其他震害现象等宏观和微观地震资料来综合确定。

地震烈度是衡量地震对地面及房屋等建（构）筑物所造成的破坏或影响程度，我国地震烈度的划分采用十二度表（Ⅰ~Ⅻ），基本内容如《中国地震烈度表》所示（中华人民共和国国家质量监督检验检疫总局等，2009），在此不再赘述。

地震烈度是以等级表示地震影响强弱程度。其描述的是一个地区遭受地震活动影响程度的平均水平，体现的是地震活动对地面产生影响的外在宏观表现，强调的是地震活动造成的严重后果。通常受地震震级、震源深度、地形地貌、地震波传递的介质条件和地质结构等因素影响（杨喆和程家喻，1994）。

灾害损失机理是指承灾体在灾害活动的作用与影响下，发生数量与质量变化的过程与结果，是灾害活动与各类承灾体之间相互作用的结果。在本研究中，地震灾害损失机理分析具体是研究不同强度地震活动（具体用地震烈度来表征）与其造成的各类承灾体损失之间的数量对应关系，是构建不同强度等级地震灾害损失标准的基础。因此，本部分将针对房屋、人口、经济等主要承灾体的地震灾害损失特点，分别进行损失机理分析。

需要说明的是，地震灾害造成损失的表达形式一般有绝对损失（损失具体数量多少）与相对损失两种。本研究用相对损失的一种表现形式——损失率来具体表示承灾体损失数量关系。

总之，本研究将在建立承灾体脆弱性曲线（Scawthorn，2008）的基础上，构建地震灾害损失标准，然后基于此进行风险评估。

5.2.2 地震灾害承灾体脆弱性曲线构建方法

地震灾害承灾体脆弱性曲线，是指用来描述不同烈度等级地震灾害与承灾体损失率之间函数关系的曲线（基本样式如图 5-1 所示）。该类曲线揭示了不同承灾体类型遭受不同烈度等级地震活动的损失情况，反映了各类承灾体对不同烈度等级地震活动的易损敏感程度。

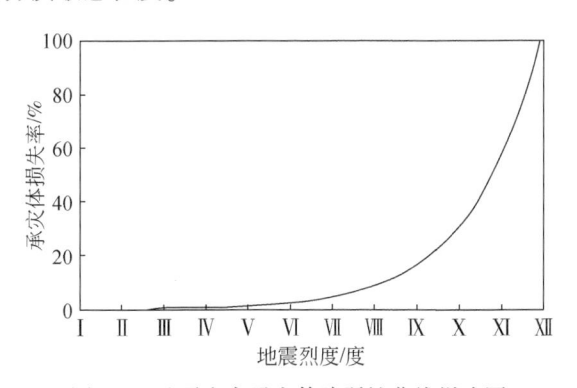

图 5-1 地震灾害承灾体脆弱性曲线样式图

建立适合风险评估模型的、具有代表性的承灾体脆弱性曲线是进行地震灾害风险评估工作的基础。然而现阶段，研究比较成熟的只有洪水灾害中的农作物水深–损失率曲线，以及淹没历时–损失率曲线等（葛全胜等，2008；杜鹃，2010）。

在地震灾害研究方面，我国地震灾害承灾体脆弱性曲线的实用性和普适性仍有不足。因此，从承灾体脆弱性角度出发，建立适合我国地震灾害风险评估的承灾体脆弱性曲线是地震灾害风险评估工作的基础。

本研究对现有的建立承灾体脆弱性曲线的方法进行了总结，主要有以下四种（孙绍骋，2001；叶志明等，2004，2005；楼思展等，2005；杜鹃，2010），现分别对其进行简介。

1）物理实验模拟法

物理实验模拟法是指人为地模拟地震活动强度等级，对处于不同强度等级地震下的房屋等承灾体的损毁数量进行统计，从而通过分析实验模拟数据来建立承灾体脆弱性曲线。

物理实验模拟法是建立承灾体脆弱性曲线的理想途径。然而由于地震灾害系统极其复杂，我国现有条件还难以开展此类模拟实验。另外，尽管日本（E-Defense地震模拟研究计划）、美国等国家已开展了地震模拟实验，但大多是针对房屋结构抗震技术方面。

2）历史灾情拟合法

历史灾情拟合法是指在收集整理相当数量的历史地震灾害案例数据的基础上，通过统计软件分析、处理，最终拟合出灾害强度与承灾体损失率之间的曲线关系（王瑛等，2005；李智等，2010；陈颙和刘杰，1995；王志强，2008）。该方法不仅考虑地震灾害造成的具体损失，还考虑灾害发生时的区域社会经济背景。具体是将地震灾害损失后果与区域社会经济背景条件相结合，进行损失率分析以建立承灾体脆弱性曲线。该方法得出的承灾体脆弱性曲线具有普遍性，能较好地反映地震灾害强度大小与各承灾体损失率之间的对应关系。

3）专家评估法

专家评估法是指在总结有丰富地震灾害研究经验的专家、学者的意见的基础上，制定一套地震灾害损失标准的方法。该方法建立的承灾体脆弱性曲线的个人主观性较强，准确性不高。

4）保险数据反演法

保险数据反演法是指根据保险公司对不同灾害损失案例的理赔数据，来反推灾害强度与损失之间的关系并建立承灾体脆弱性曲线。此部分数据涉及商业机密，没有公开，这给开展承灾体脆弱性研究带来很大困难。

总之，建立承灾体脆弱性曲线的理想方法是开展精确的物理试验。但考虑到地震活动的难以控制性、复杂性等特点，在当前阶段，此类试验还难以开展，只能通过其他方法来构建。综合各方面考虑，本研究将采用历史灾情拟合法来具体建立各类承灾体脆弱性曲线，即通过分析研究已发生地震灾害活动与其造成的各承灾体损失之间的数量关系来构建。

5.2.3 地震灾害承灾体脆弱性曲线

历史地震灾情数据是建立各类承灾体脆弱性曲线的基础。因此，要建立承灾体脆弱性曲线，需要先建立历史地震灾情数据库。考虑到搜集各类承灾体损失的灾情资料十分困难，该数据库应该至少包括发震日期、震级、震中烈度、房屋倒塌数、灾区房屋总数、死亡人口、灾区人口、经济损失量、经济总量，以完整描述地震灾害事件状况。历史地震灾情数据库样式如表 5-2 所示。

表 5-2 历史地震灾情数据库样式

案例编号	发震日期	震级	震中烈度	倒塌房屋数	灾区房屋总数	死亡人口	灾区人口	经济损失量	经济总量
1									
2									
3									
⋮									
N									

我国是一个多地震的国家，截至目前已经积累了丰富的地震灾情资料。这些资料蕴含着地震活动与承灾体损失等很多科学价值很高的信息。面对如此浩瀚的地震灾情资料，有必要遴选一批具有代表性的历史地震灾情数据进行统计分析，以建立适用全国的地震灾害承灾体脆弱性曲线，从而为地震灾害风险评估服务。

同时，考虑到我国经济、人口等各类承灾体不断发生变化，过去同等震级的地震在今天可能造成更大的损失。因此，在历史地震案例选择上应趋向于近些年发生的地震，以便更符合区域承灾体的数量特征与质量特征。综合考虑历史地震灾情数据的代表性、时效性、可获得性等方面，本研究选取 1989~2008 年的 226 次中国破坏性地震的灾情资料来建立历史地震灾情数据库。基于历史地震灾情数据库，承灾体脆弱性曲线的建立过程如下。

首先，根据历史地震灾情数据库，计算出每次地震灾害各承灾体的损失率（损失数量与影响区承灾体总数量之比）。

其次，基于筛选出的地震活动强度表征指标——地震烈度，分等级对上述承灾体损失率进行整理，并根据整理后损失样本的分布，通过非线性回归方法对地震烈度与承灾体损失率进行曲线拟合，得出承灾体脆弱性曲线。或将整理后的损失率，按照烈度等级求其平均值，即为相应地震烈度等级的损失标准（一般用表格形式表示）。

基于以上方法与流程，下面将针对房屋、人口、经济等各类承灾体的地震灾害损失特点，分别建立地震灾害承灾体脆弱性曲线。

5.2.3.1 地震灾害房屋脆弱性曲线

在地震灾害中，房屋的倒塌、损毁程度主要取决于地震烈度与房屋的抗震性能等因素（杨喆和程家喻，1994；王景来，1994）。一般来说，房屋的抗震性能与房屋结构类型、抗震设防标准、施工质量、建筑年代等众多因素有关，其中主要取决于房屋结构类型（尹永年和吴淑筠，1995；郭华东等，2010）。因此，本研究将在对我国主要房屋结构类型进行特征分析的基础上构建各房屋结构类型的地震灾害损毁标准，以便开展房屋损毁风险评估。

1）房屋结构类型介绍

一般来说，按照房屋承重结构和所用的建筑材料，我国房屋结构类型大致分为以下四类（周光全，2007；国务院办公厅全国1%人口抽样调查领导小组，2005；郭婷婷等，2009）：

（1）钢筋混凝土结构（简称钢混结构，又称框架结构）。房屋的主要承重结构（如柱、梁、墙等）为钢筋混凝土，而其他墙体为砖或其他建筑材料的房屋，包括薄壳结构、大模板现浇结构及使用滑模、升板等建造的钢筋混凝土结构的建筑物。

（2）砖-钢筋混凝土混合结构（简称砖混结构）。以砖和钢筋混凝土为主的混合结构，具体是指建筑物中竖向承重结构的墙、附壁柱等采用砖块砌筑，而柱、梁、楼板、屋面板等采用钢筋混凝土结构，是以小部分钢筋混凝土及大部分砖墙承重的结构。

（3）砖木结构。建筑物中承重墙、柱等使用砖或石头砌筑，而屋架及墙则使用木材构筑而成的房屋，即承重构件是用砖（石）、木料建造的住房。根据第五次全国人口普查中的房屋数据可知，此类型房屋是我国建造数量大、普遍采用的结构类型。

（4）土木结构。房屋承重的墙、柱采用原生土、生土墙（土坯墙或夯土墙）作为主要承重结构，以木梁、檩条、竹草等为屋顶或屋盖的房屋结构体系，包括竹草墙、土坯墙、内土外包砖墙、夯土墙、窑洞房生土结构房屋等房屋。这种房屋结构建造简单，材料容易准备，费用较低，但在地震灾害中易倒塌，抗震性能很差。

通常而言，上述四类房屋结构类型的抗震性能由高到低依次是：钢混结构>砖混结构>砖木结构>土木结构。房屋结构类型不同，其地震灾害脆弱性曲线也不同。因此，应针对各房屋结构类型的地震灾害损失特点，分别建立地震灾害脆弱性曲线。

2）脆弱性曲线

建立房屋脆弱性曲线的理想途径是对历史地震灾情数据进行曲线拟合（姚清林和黄崇福，2002），然后在此基础上建立用于风险评估的房屋损毁标准。然而，由于存在房屋灾情资料不足、结构类型不详等问题，本研究无法建立针对各房屋结构类型的脆弱性曲线。因此，为了分析房屋损毁机理，本部分将参考他人的研究资料来建立房屋脆弱性曲线。

根据程家喻和杨喆（1993）对唐山大地震中房屋倒塌率与地震烈度的研究资料，本研究建立了土木、砖木两种结构类型房屋的脆弱性曲线（图5-2和图5-3）。其中，房屋倒塌率是指在地震灾害样本中，倒塌的房屋数量（间数或栋数）与样本中房屋总数量（间数或栋数）之比。

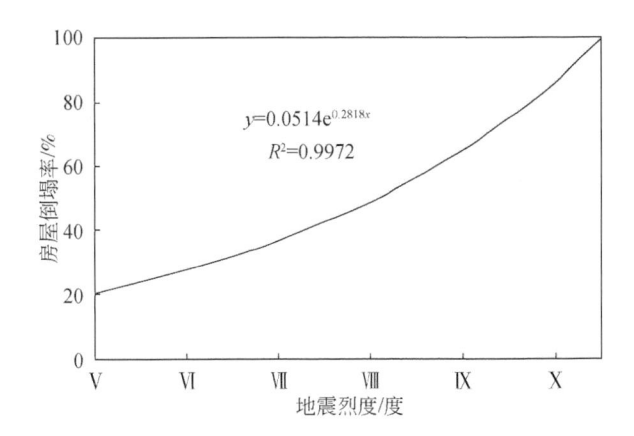

图5-2 土木结构房屋脆弱性曲线

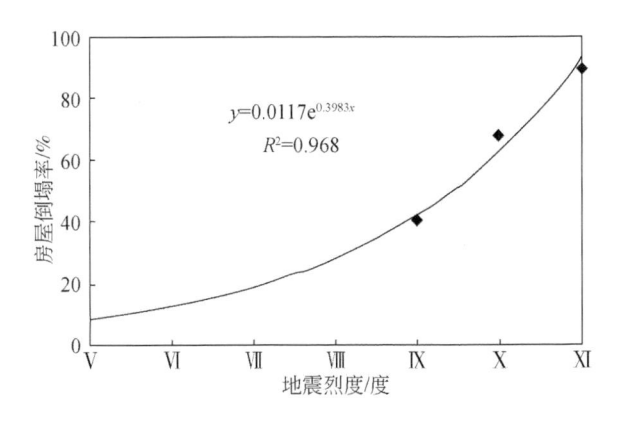

图5-3 砖木结构房屋脆弱性曲线

另外，基于下文建立的地震灾害人口脆弱性曲线与地震灾害人口死亡标准，根据马玉宏和谢礼立（2000）建立的人口死亡率-房屋倒塌率经验关系式［式（5-1）］，建立地震灾害房屋脆弱性曲线（图5-4）。

$$\log_{10} RD = 9.0 RB^{0.1} - 10.07 \tag{5-1}$$

式中，RD为人口死亡率；RB为房屋倒塌率或损毁率。

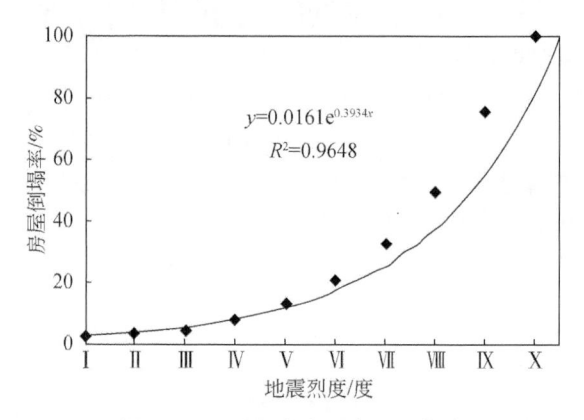

图5-4 地震灾害房屋脆弱性曲线

综合以上各类房屋的脆弱性曲线，可以看出，房屋结构类型不同，其脆弱性曲线也不同。但是，随着地震烈度增大，房屋倒塌率呈现出明显的升高趋势。

5.2.3.2 地震灾害人口脆弱性曲线

从上文建立的历史地震灾情数据库中，筛选出具有代表性的地震灾情数据208条并基于此建立地震灾害人口死亡标准。具体计算过程是对地震烈度与人口死亡率进行指数曲线拟合（李智等，2010；王晓青等，2009；刘吉夫等，2009），得到地震灾害人口脆弱性曲线（图5-5）。其中，R^2为0.8845，拟合效果较好。

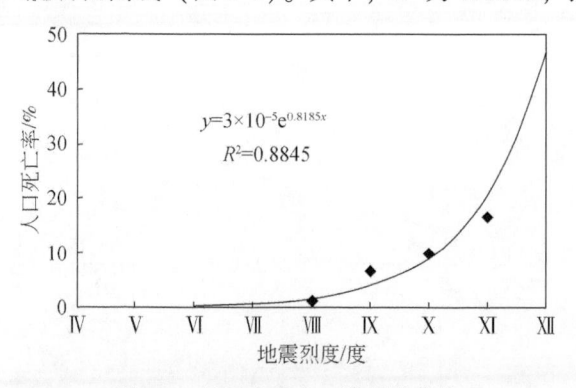

图5-5 地震灾害人口脆弱性曲线

从图 5-5 可以看出，不同烈度等级地震与人口死亡率之间存在着明显的指数正相关关系。随着地震烈度增大，人口死亡率呈指数增长。特别是当地震烈度达到 X 度时，人口死亡率增速加大。

5.2.3.3 地震灾害经济脆弱性曲线

地震对经济的影响体现在对产业结构等的破坏与损失上。传统的地震灾害经济损失评估方法通常需要收集详细的房屋建筑、工厂设施等分类资料，而大部分这样的资料很难收集，尤其是针对国家尺度的研究，收集难度更大。通常而言，地震导致的经济损失状况与该地区的经济生产能力紧密相关。而一个地区的经济生产能力一般用 GDP 来描述（陈棋福和陈凌，1997）。

本研究将采用 GDP 作为社会经济总量的宏观度量（陈棋福等，1999；Chen et al.，2001a）。另外，地震灾害经济损失一般包括直接经济损失、间接经济损失和救灾投入费用三部分。本研究只考虑直接经济损失，其具体是由地震或地震相关的破坏造成的社会经济财物的损失，包括建筑物自身的破坏损失、室内财产损失和其他工程设施的破坏损失等。因此，本研究中的经济损失率是指地震灾害造成的直接经济损失与对应区域当年 GDP 的比值，即 GDP 损失率（陈颙等，2003）。

在上文理论分析的基础上，基于历史地震灾情数据库，以及刘吉夫（2006）的中国 1989~2004 年地震分烈度区的经济损失数据，利用 282 条分烈度经济损失灾情目录数据建立经济损失标准。对地震烈度与 GDP 损失率进行指数曲线拟合（陈棋福和陈凌，1997；Chen et al.，2001b；刘吉夫等，2009），得到地震灾害经济脆弱性曲线（图 5-6）。其中，R^2 为 0.9715，拟合效果较好。

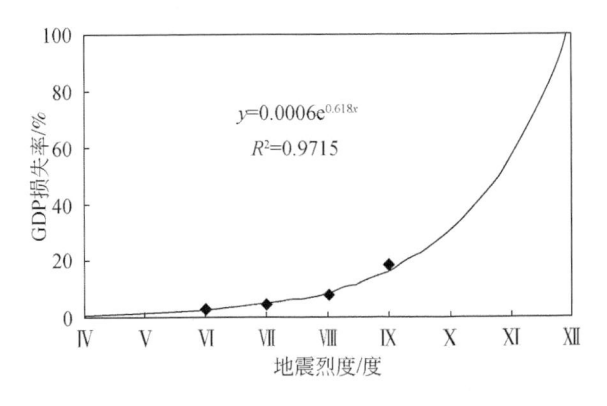

图 5-6 地震灾害经济脆弱性曲线

从图 5-6 可以看出，不同烈度等级地震与 GDP 损失率有着很好的指数正相关关系。随着地震烈度增大，GDP 损失率上升。

5.2.4 地震灾害承灾体脆弱性评估

5.2.4.1 地震灾害承灾体分析

承灾体是地震灾害形成的必要条件。在地震灾害中，承灾体的存在使得地震灾害具有社会经济属性。显然，地震灾害损失不仅与地震强度有关，还取决于各类承灾体的数量与质量。如果没有承灾体，无论致灾因子强度有多大，孕灾环境发育多么充分，都不会造成灾害损失。例如，我国广大的西部戈壁地区，由于没有承灾体，即使有地震活动发生，造成的损失也很低，因而地震灾害风险很低。本节的承灾体分析主要是指我国各类承灾体的暴露量特征与空间分布状况。

一般而言，承灾体暴露量是指针对地震灾害而言，研究区域内房屋、人口、经济、森林、农田等方面的数量特征。针对地震所造成的灾害损失特点，本研究承灾体主要选择了房屋、人口、经济三类。下面将对上述三类承灾体的暴露量进行具体分析。

（1）房屋：通过对上述四种结构类型房屋进行求和，得到县域总房屋暴露量数据。

（2）人口：人口是地震灾害中重要的承灾体。在地震灾害防范与救援过程中，必须首先保证人口的安全。然而，近些年来，我国因地震灾害造成的伤亡人数居各类自然灾害之首。这与我国人口数量多、人口密度大有很大的关系。因此，了解我国人口的数量特点与空间分布特征意义重大。

（3）经济：随着我国社会经济的快速发展，我国经济规模日益增大，社会物质财富总额不断扩大，这直接导致经济暴露量不断增加。特别是我国以第二产业为主的产业结构类型决定了一旦面临地震灾害，势必会造成巨大经济损失。需要特别说明的是，本研究将采用宏观经济指标——GDP 作为社会经济的宏观度量。

总之，我国地震活动强烈且频繁，孕灾环境发育充分。承灾体方面，我国社会经济发展迅速，社会经济暴露量不断增加。同时，经济发展水平总体还相对不高，房屋结构类型仍以砖木结构为主，抗震性能较差，易倒塌。另外，我国人口数量多、人口密度大且空间分布不均。上述诸多因素决定了我国总体孕灾环境发育充分，存在较高的地震灾害风险。

5.2.4.2 承灾体脆弱性评估

在进行地震灾害风险评估之前，非常有必要对我国主要承灾体的脆弱性展开评估。承灾体脆弱性评估是指通过一定的数学模型等方法，将地震灾害对各类承灾体造成不利影响的损害或威胁程度进行定量描述的过程（Szlafsztein and Sterr，2007；李鹤等，2008）。本章在建立地震灾害脆弱性评估模型的基础上，利用具体模型分别对房屋、人口，以及经济进行了脆弱性评估，并进行了空间格局差异分析。接着利用距标准差赋值的方法进行综合脆弱性分级。

基于以上地震灾害风险与脆弱性相关理论分析，可以将脆弱性评估模型分解为自然灾害损失标准、承灾体暴露量两大组成部分，即承灾体脆弱性评估概念模型基本样式为

$$V=f(D,E) \qquad (5-2)$$

式中，V 为承灾体脆弱性；D 为承灾体损失标准或易损性，又称承灾体灾损敏感性（不同承灾体类型对应不同自然灾害灾种在质量上或数量上的易损程度）；E 为承灾体暴露量。

上述概念模型在具体应用时，可用特征值的"积函数"来定量表达承灾体脆弱性值，即

$$V=D\times E \qquad (5-3)$$

在承灾体脆弱性评估概念模型的基础上，本研究主要针对房屋、人口，以及经济三类承灾体展开脆弱性评估，基本评估框架图如图 5-7 所示。

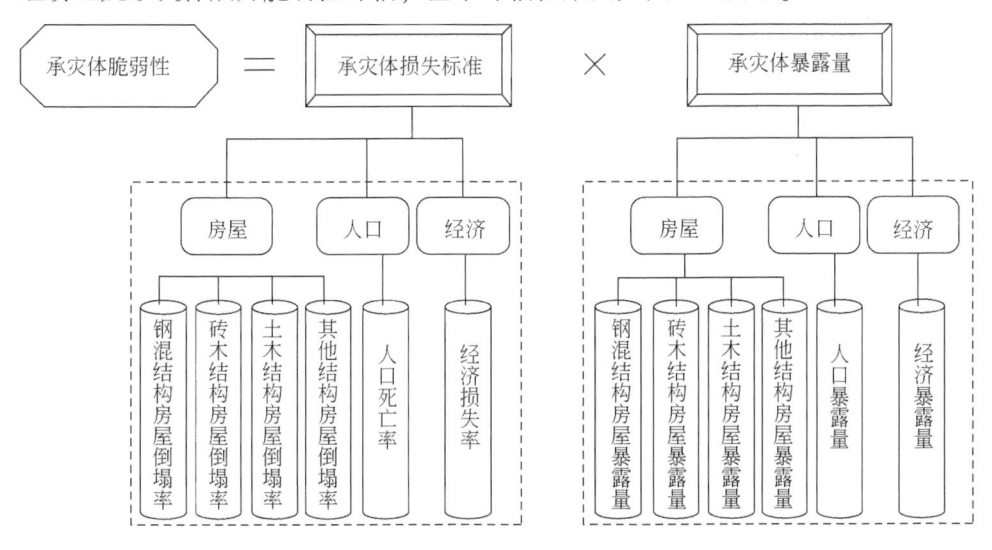

图 5-7 承灾体脆弱性评估框架图

1) 房屋脆弱性评估

(1) 评估应用模型。

$$V_B = \sum_{i=1}^{n} (B_{hi} \times B_{ti}) \tag{5-4}$$

式中，V_B 为特定地震灾害等级下的房屋损毁量；B_{hi} 为某结构类型房屋的倒塌率；B_{ti} 为某结构类型房屋的暴露量；n 为房屋结构类型，本研究中房屋结构类型分为钢混结构、砖混结构、砖木结构、土木结构四种类型。

(2) 地震灾害房屋综合脆弱性。

假设每个县（市、区）发生微度、轻度、中度、重度地震的可能性一样，在分别计算出各等级地震的房屋脆弱性后，通过等权重相加平均求得各县域单元的房屋综合脆弱性值，并将结果通过 ArcGIS 软件制图。

2) 人口脆弱性评估

(1) 评估应用模型。

本部分将用具体模型［式（5-5）］来进行地震灾害人口脆弱性评估。

$$V_P = P_h \times P_t \tag{5-5}$$

式中，V_P 为人口脆弱性；P_h 为人口死亡率；P_t 为人口暴露量。

(2) 地震灾害人口综合脆弱性。

假设每个县（市、区）发生微度、轻度、中度、重度地震的可能性一样，在分别计算出各等级地震的人口脆弱性后，通过等权重相加平均求得各县域单元的人口综合脆弱性，并将结果通过 ArcGIS 软件制图。

3) 经济脆弱性评估

(1) 评估应用模型。

本部分将用具体模型［式（5-6）］来进行地震灾害经济脆弱性评估。

$$V_E = E_h \times E_t \tag{5-6}$$

式中，V_E 为经济脆弱性；E_h 为经济损失率；E_t 为经济暴露量。

(2) 地震灾害经济综合脆弱性。

假设每个县（市、区）发生微度、轻度、中度、重度地震的可能性一样，在分别计算出各等级地震的经济脆弱性后，通过等权重相加平均求得各县域单元的经济综合脆弱性，并将结果通过 ArcGIS 软件制图。

4) 地震灾害综合脆弱性

在分别对房屋、人口、经济脆弱性进行评估后，可以分等级统计出三类承灾体的脆弱性情况。本部分将根据上述不同承灾体脆弱性的大小，划分地震灾害综合脆弱性等级。在此基础上绘制地震灾害综合脆弱性图，从而确定不同等级地震的综合脆弱性空间分布状况。

5.3 地震灾害危险性评估

5.3.1 地震灾害孕灾环境分析

地震灾害属于突发性地质灾害，属于难以预测的随机性事件。因此，在地震灾害预测与预报方面，当前还没有成熟的理论与方法可供直接应用。但从长时间序列来看，地震灾害仍具有重复性和周期性等特点。通常而言，区域孕灾环境的格局基本上决定了地震灾害的发生与分布。由于孕灾环境等因素的差异，不同区域未来若干年内发生地震的可能性是不等的。因此，可以考虑从地震孕灾环境角度来间接估算地震发生的可能性。地震灾害等级分类标准见表5-3。

表 5-3 地震灾害等级分类标准

地震烈度	地震震级	地震动峰值加速度/(m/s^2)	等级类别
Ⅰ~Ⅴ	<5	<0.05g	微度地震
Ⅵ~Ⅶ	5~6	0.05g~0.20g	轻度地震
Ⅷ~Ⅸ	6~7	0.20g~0.40g	中度地震
Ⅹ~Ⅻ	≥7	≥0.40g	重度地震

注：g 为重力加速度

综合考虑区域历史地震活动、地震地质构造，以及区域未来抗震设防水平等方面资料，以科学地、合理地判断未来地震发生的可能性。具体采用历史地震综合烈度、地震断裂带分布、地震动峰值加速度三个表征指标来反映地震孕灾环境，并在分析地震孕灾环境特点的基础上确定评估区地震发生参数。

5.3.2 历史地震灾害空间分布

历史地震灾害空间分布方面，基于历史地震事件重演原则，采用历史地震综合烈度分布状况来表征区域地震活动水平，展现形式是历史地震综合等值线图。

我国历史地震灾害空间分布很不均匀。全国共分为七个等级：≤Ⅴ度区、Ⅵ度区、Ⅶ度区、Ⅷ度区、Ⅸ度区、Ⅹ度区、≥Ⅺ度区。参照表5-3，根据地震烈度划分地震灾害等级。

5.3.3 地震地质构造方面

一般而言，地震断裂带分布与地震带在空间分布上具有很好的一致性。利用地震断裂带的分布资料可以更准确地确定潜在地震区的位置，因为潜在地震区通常就沿着这些地震断裂带分布，并且强震主要发生在倾斜断陷盆地较深、陡一侧的地震断裂带上，地震断裂带穿越的地方往往是地震发生时破坏最严重的区域。这也与《中华人民共和国防震减灾法》中地震灾后恢复重建规划时应当避开地震活动断层分布的规定相一致。

为了确定研究区内的地震断裂带分布情况，将区内地震断裂带与乡镇行政区划图叠加，进而人工判读地震断裂带的分布状况。具体判读原则是：距离地震断裂地带 0~5km 的区域，地震发生参数为 1；距离地震断裂带 5~10km 的区域，地震发生参数为 0.5，距离地震断裂带>10km 的区域，地震发生参数为 0。

5.3.4 区域抗震设防分析

一般来说，地震灾害损失大小还与区域的抗震设防能力有很大的关系，具体表现在房屋的抗震设防上。如果设防合理，则遭遇地震灾害时损失较小。在区域地震抗震设防方面，国家一般采用地震动参数来表征，包括地震动峰值加速度与地震动反应谱特征周期两个指标。本研究采用地震动峰值加速度来具体表征。

根据《中国地震动参数区划图》（GB 18306—2015），全国各乡镇Ⅱ类场地基本地震动峰值加速度值共划分为 <0.05g、0.05g、0.10g、0.15g、0.20g、0.30g、≥0.40g 七个等级。参照表 5-3，根据地震动峰值加速度值划分地震灾害等级。

5.3.5 地震发生参数

地震发生参数是指研究区域未来发生地震灾害的可能性。具体是以不同区域地震活动特征，以及地震地质构造条件等基础资料为依据，判断区域地震灾害发生可能性。

在对每个县域单元地震综合烈度、地震断裂带分布、地震动峰值加速度进行判读的基础上，针对各地震灾害等级的划分标准，计算地震发生参数。具体是依据已发生高烈度地震的地区发生低烈度地震的可能性大、有地震断裂带穿过的区域发生地震的可能性较大，以及地震动峰值加速度大的地区（抗震设防高的地区）发生微度地震、轻度地震、中度地震的可能性大等原则，利用式（5-7）进行每个县域单元地震发生参数的计算。

$$P=\frac{x_1+x_2+x_3}{3} \quad (5-7)$$

式中，P 为地震发生参数；x_1 为地震综合烈度参数；x_2 为地震断裂带分布参数；x_3 为地震动峰值加速度参数。

地震综合烈度方面：当 $X_1 \geq A$ 时，$x_1=1$；而当 $X_1 < A$ 时，$x_1=0$。其中，X_1 为历史地震综合烈度；A 为地震灾害等级，即微度地震（Ⅰ~Ⅴ度）、轻度地震（Ⅵ~Ⅶ度）、中度地震（Ⅷ~Ⅸ度）、重度地震（Ⅹ~Ⅻ度）。

采用历史地震综合烈度、地震断裂带分布，以及地震动峰值加速度三项指标参数综合平均的方法来确定地震发生参数，并以此表征地震发生可能性，从而解决地震发生难以预测等问题。

5.4　地震灾害风险评估

5.4.1　地震灾害风险评估流程

针对地震灾害风险特点，本研究的风险评估流程主要包括建立风险评估模型、选择指标、整理数据、评估风险四部分。地震灾害风险评估中的重要环节是建立风险评估模型。本研究中的风险评估模型主要包括两类：风险评估基本模型、风险评估应用模型。

5.4.1.1　建立风险评估模型

1）风险评估基本模型

风险评估基本模型是指从灾害风险理论（主要是从风险形成机理）分析出发，所建立的反映灾害风险因素之间的函数关系的一种较抽象的模型。本研究建立的风险评估基本模型为

地震灾害风险 =f(地震灾害损失标准，承灾体暴露量，地震发生可能性)

(5-8)

根据风险评估基本模型，本研究综合考虑地震灾害风险评估内容的完整性和数据的可获取性，选取房屋、人口、经济三类承灾体进行风险评估。上述风险评估基本模型在具体应用时，可用三个特征值的"积函数"来定量表达灾害风险值。地震灾害风险评估框架图如图5-8所示。

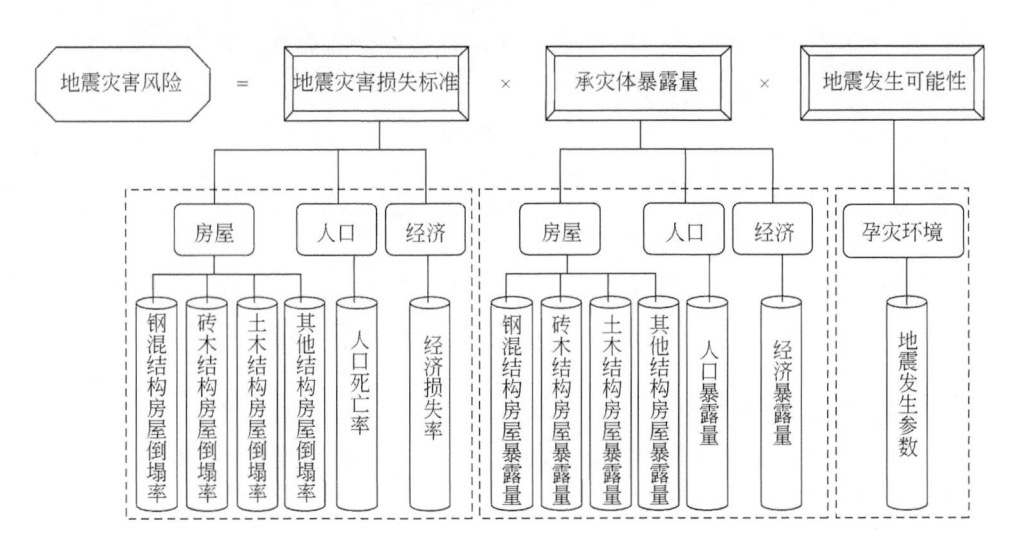

图 5-8　地震灾害风险评估框架图

其中，地震灾害损失标准与承灾体暴露量的乘积就是地震灾害承灾体脆弱性。图 5-8 所包括的是地震灾害风险评估基本模型的组成内容。如果不同承灾体类型数据获取允许，以及承灾体损失标准明确，则可以增加地震灾害风险评估的具体项目，如地震对环境的破坏等。

2) 风险评估应用模型

风险评估应用模型是针对不同灾种、不同承灾体类型给出的具体风险量化公式，是一种具有很强操作性的实用模型。针对地震灾害易造成的承灾体损失特点，分别建立了房屋、人口、经济等承灾体的具体风险评估应用模型，在此就不再赘述。

总之，构建风险评估基本模型是基础。在此之上根据具体函数关系，可进一步分解构建更有针对性的风险评估应用模型。

5.4.1.2　选择指标

不同地质灾害种类会造成不同类型承灾体的损失。例如，地震灾害通常会造成人口伤亡、房屋倒塌，以及经济损失等，而滑坡、泥石流灾害除造成人员掩埋、房屋毁坏外，还会对道路交通、农田、水利设施等造成破坏。因此，要全面评估地震灾害风险，就必须选择一系列的评价指标。

为了构建科学、合理、实用的灾害风险评估指标体系，灾害风险指标选取应遵循以下原则：代表性、可操作性、全面性、不重复性。在这些原则下，本研究选择房屋倒塌、人口伤亡、经济损失三个指标来评估地震灾害风险。这与我国地震灾情损失统计中的基本内容是相一致的。

5.4.1.3 整理数据

本部分内容主要包括以下四个方面。

1) 地震灾害等级划分

地震灾害等级划分是指根据地震造成的宏观损毁现象（建筑物破坏、人员伤亡等）和一系列可定量化的指标，按照一定的标准，把相同或近似的情况划分在一起，来区别不同地震灾害等级。

2) 建立地震灾害损失标准

地震灾害损失标准，又称承灾体脆弱性或承灾体灾损敏感性，是在地震灾害等级划分的基础上，通过历史灾情统计、前人研究成果汇总，以及国家相关部门标准查找等途径来建立地震灾害强度等级（具体根据地震灾害的表征指标来定义刻画）与不同承灾体损失率之间的对应关系。地震灾害损失标准基本模式如表5-4所示。

表5-4 地震灾害损失标准基本模式

灾害等级	损失标准			
	人员死亡率	经济损失率	房屋倒塌率	……
微度地震				
轻度地震				
中度地震				
重度地震				

3) 承灾体数据

承灾体数据主要是指承灾体暴露量，即暴露在地震活动影响范围内的承灾体数量或价值。本研究具体是指地震活动影响区域内的房屋、人口、经济的数量状况。

这些数据可通过区域统计年鉴、区域统计公报、区域普查资料等获取。

4) 地震发生参数

由于地震灾害的发生具有很大的不确定性，故本研究拟采用基于过去–现在–未来的多方面地震资料来确定地震灾害发生的可能性。具体是将地震灾害历史活动特性、地震地质构造环境背景，以及地震预测预防等研究成果综合起来。在实际确定过程中，可根据相关资料详细程度灵活处理。

5.4.1.4 评估风险

地震灾害风险评估是在地震发生可能性空间分布确定的基础上综合考虑人口、经济等要素的综合预测评价，不仅需要确定地震发生可能性，还需要进行风险空间分布预测（吴树仁等，2009）。在前三步的基础上，利用建立的相应风险评估应用模型对选择的指标进行风险评估。

地震灾害是自然界地震活动与人类社会经济系统相互作用的产物。其中，把地震灾害与风险评估研究紧密联系起来的桥梁就是脆弱性分析。因此，地震灾害风险评估应该包括两部分：一部分用来表征地震灾害的危险程度，即危险性评估；另一部分用来表征人类社会经济系统的脆弱程度，即脆弱性评估。本研究所探讨的地震灾害风险评估也是基于地震灾害危险性与承灾体脆弱性两方面来展开的。

在地震灾害风险分析过程中，地震灾害危险性评估和承灾体脆弱性评估是地震灾害风险评估的前提和基础，而地震灾害风险评估是最终的目的。地震灾害风险等级划分和风险制图则是对地震灾害风险度的概括和表达。

本研究基于地震灾害风险分析理论，根据地震灾害风险评估模型来具体展开地震灾害风险评估研究。主要研究内容应包括以下三个方面。

（1）承灾体损失标准，即各类承灾体遭受地震灾害时容易发生损失的程度。

（2）承灾体暴露量，即对应于地震活动，可能由地震灾害造成的房屋、人口、经济损失。

（3）地震发生可能性（地震危险性），即地震灾害发生的概率，相当于地震预报。本研究具体采用历史地震综合烈度、地震断裂带分布，以及地震动峰值加速度来确定地震发生可能性的大小，回避现阶段地震预报还难以实现的难题。

具体是按照上述地震灾害风险评估流程，分别对房屋、人口、经济三类承灾体进行地震灾害风险评估。

（1）地震灾害房屋风险。房屋方面，在确定不同房屋结构类型损失标准的基础上，分析全国尺度县域单元内各房屋结构类型的暴露量分布情况，以及地震发生可能性等，依据地震灾害风险评估模型来计算县域单元地震灾害房屋风险大小。

（2）地震灾害人口风险。人口方面，按照相同的计算流程，根据全国县域人口空间分布情况（数量、密度）等来计算县域尺度地震灾害人口风险大小。

（3）地震灾害经济风险。经济方面，按照相同的计算流程，根据全国县域单元 GDP 分布情况等来计算县域尺度地震灾害经济风险大小。

总之，地震灾害风险评估是分析研究区域内地震灾害发生的可能性，以及造成后果的严重程度。因此，通过地震灾害风险评估模型可以计算地震灾害风险度。地震灾害风险度的大小既可以用绝对值的形式加以衡量，也可以用相对等级加以区分。本研究将在计算地震灾害风险度绝对值的基础上，按照一定的地震灾害风险综合标准来确定县域单元地震灾害综合风险等级，从而反映全国地震灾害风险水平的空间分异格局。

5.4.2 地震灾害风险评估

开展地震灾害风险评估对加强地震灾害预警、规避地震风险、发展地震保险以转移地震风险等都具有重要科学意义，是进行地震灾害风险管理与决策的重要科学依据。因此，本节将对我国地震灾害风险展开评估，从而为下文中的地震灾害风险分区与防范对策制定做好准备。本节首先利用地震灾害风险评估模型分别对房屋、人口及经济进行地震灾害风险评估，并进行风险地域差异分析；然后利用距标准差赋值的方法进行综合风险分级，这不仅可以给出不同地震强度等级下的综合风险等级，还可以追溯到不同承灾体的具体风险损失。

本研究主要选取房屋、人口、经济三类承灾体来进行地震灾害风险评估。本研究基于地震灾害风险形成机理，在参考已有主要评估模型（陈棋福和陈凌，1997，1999；王静爱等，2006；Chen et al.，1998，2001；Nadim and Kjekstad，2009；Zonno et al.，2003；王绍玉和唐桂娟，2009）的基础上，根据地震灾害风险评估模型，建立地震灾害风险评估模型并进行风险评估。

$$R = (D \times E) \times P \tag{5-9}$$

式中，R 为地震灾害风险；D 为承灾体损失标准或易损性，又称承灾体灾损敏感性（不同承灾体类型对应不同自然灾害灾种在质量上或数量上的易损程度）；E 为承灾体暴露量；P 为地震发生可能性。本研究具体用地震发生参数来刻画。

根据风险评估理论，以及上述地震灾害风险评估模型，某一区域的地震灾害风险主要由相应等级地震灾害损失标准、承灾体暴露量，以及地震发生可能性三部分决定。其中，地震灾害损失标准和承灾体暴露量决定的损失只是理论地震灾害损失（本研究称承灾体脆弱性），并不是真正的地震灾害风险，真正的地震灾害风险还要考虑地震发生可能性。

1）地震灾害房屋倒塌风险评估

房屋倒塌风险受房屋结构类型、建造年代、结构层数、具体场地分布等多种因素影响（陈有库等，1992），但其中主要是房屋结构类型。不同房屋结构类型的损失标准不同，因此在研究地震灾害房屋倒塌风险时必须将房屋按结构类型进行划分，分别进行房屋倒塌风险评估。

基于上述地震灾害风险评估模型，针对地震灾害房屋损失特点，建立具体应用模型来进行房屋倒塌风险评估：

$$R_B = \left[\sum_{i=1}^{n} (B_{hi} \times B_{ti}) \right] \times K_e \tag{5-10}$$

式中，R_B 为房屋倒塌风险；B_{hi} 为某结构类型房屋的倒塌率；B_{ti} 为某结构类型房屋的暴露量；K_e 为地震发生参数；n 为房屋结构类型。

2）地震灾害人口死亡风险评估

建立具体应用模型来进行地震灾害人口死亡风险的评估：

$$R_P = (P_h \times P_t) \times K_e \tag{5-11}$$

式中，R_P 为特定地震灾害等级下的人口损失量；P_h 为人口死亡率；P_t 为人口暴露量；K_e 为地震发生参数。

3）地震灾害经济损失风险评估

针对我国地震灾害经济损失的特点，基于上文地震灾害风险评估模型，建立相应的应用模型。在此基础上分微度、轻度、中度、重度四个等级对地震灾害经济损失风险进行评估并进行空间格局分析。

地震灾害经济损失风险应用模型（Chen et al., 2002）为

$$R_E = (E_h \times E_t) \times K_e \tag{5-12}$$

式中，R_E 为经济损失风险；E_h 为经济损失率；E_t 为经济暴露量；K_e 为地震发生参数。

4）地震灾害综合风险评估

在分别计算了房屋、人口、经济的损失风险之后，可以分等级统计房屋倒塌、人口死亡和经济损失的风险情况。

第6章 地质灾害风险评估技术

6.1 地质灾害

地质灾害的形成和发展与地质环境有着密切的联系。随着城市现代化建设的加快、矿产的开采,以及城乡建设和交通建设的快速发展,切坡、开挖不可避免,导致边坡失稳,从而使得各类地质灾害不断出现,受灾面积不断扩大,给国家和人民的生命财产造成严重损害,使人类赖以生存的环境遭到严重破坏。评估区内出现的地质灾害类型主要有:崩塌、不稳定斜坡、地面塌陷、泥石流和滑坡。

6.1.1 崩塌

评估区内斜坡分为岩质斜坡和土质斜坡,前者以岩质斜坡为主、后者以土质斜坡为主。评估区斜坡结构类型多样,有斜向坡、反向斜坡、顺向斜坡、特殊结构斜坡和横向斜坡等,其中数量最多的是斜向坡,其他结构斜坡数量递次减少。

评估区崩塌破坏模式有倾倒式、鼓胀式、错断式、拉裂式和滑移式等。评估区最为发育的崩塌破坏模式是倾倒式,鼓胀式崩塌不发育,其余类型的破坏模式的发育数量递次减少。发育的崩塌规模较小,以岩土崩塌体为主,主要发育于蓟县系、青白口系及奥陶系等岩层中。

6.1.2 不稳定斜坡

不稳定斜坡是评估区比较发育的地质灾害,多发育于砂岩或者第四系所覆盖的较陡的谷坡地带,受降水、人类活动等因素的影响,部分区域易发生滑坡、泥石流等地质灾害,对周边区域产生了很大的影响。发育的不稳定斜坡规模不大,几乎没有规律可循,只能通过植树种草等生物措施予以治理,严重时,组织进行搬迁工作。评估区所调查的不稳定斜坡主要分为岩质斜坡与土质斜坡。其中,存在崩塌隐患的坡体均为岩质坡体,但是存在不稳定斜坡隐患的坡体大部分为土质斜坡，进而造就了其失稳的独特形式。

6.1.3 地面塌陷

评估区地面塌陷均由煤矿开采引起，集中发育于西北部山区及中低山区，呈北东方向展布，与煤系地层的展布方向一致。塌陷变形迹象主要有地裂缝及塌坑等。地面塌陷在本区主要表现为变形破裂和移动盆地两大类型。

6.1.4 泥石流

评估区地质条件较为复杂，地形地貌条件多样，沟壑林立，坡度较陡，第四系沉积层很厚，促发了泥石流等地质灾害。物源多为岩石风化的碎屑沉积物，少部分为煤矸石等废弃物，有大约80%的泥石流的物源为沟底二次搬运的沉积物，大约20%的泥石流的物源主要为采矿堆弃的煤矸石。

按物质组成分类，泥石流可分为泥石流和水石流。其中，泥石流组成颗粒差异很大，由土、沙和石组成；水石流由较均匀颗粒组成。

评估区发育的泥石流均为"V"形的沟谷形态，面积均在 5km^2 以下，可分辨出堆积区、流通区，以及形成区。由于评估区地貌条件多样，大部分泥石流高差在300m以上，沟床坡度大多为 5°~20°。评估区构造活动不太活跃，岩石风化缓慢，物源沉积缓慢，故泥石流以暴雨型泥石流为主。

6.1.5 滑坡

评估区滑坡发育较少，体积较小，在 22 500m^3 以下，都是小型滑坡，滑坡体厚度在5m以下，均为土质滑坡。诱发滑坡的主要因素是降雨，以及人类活动所堆积的废渣。另外，发育的滑坡均存在被人类活动扰动的现象，坡度20°以上滑坡体存在着许多张拉裂缝，且覆有大量的碎屑松散物质，在大量降雨的条件下，极有可能再次发生滑坡。

6.2 地质灾害危险性评价

6.2.1 地质灾害危险性评价模型

地质灾害危险性评价是利用数学语言来表达在给定的地质环境条件下地质灾

害在空间上发生的概率。目前,最常用的评价模型主要包括层次分析法、逻辑回归模型、神经网络法、信息量(Information Value,IV)法、决策树和支持向量机等。地质灾害危险性评价因子选取大同小异,如何选取适用于研究区域的危险性评价因子序列及评价模型,是决定评价结果可靠性的关键。

地质灾害危险性评价一般遵循以下步骤:

(1) 绘制现有地质灾害分布图;

(2) 创建与地质灾害直接或间接相关的影响因子;

(3) 采用定性或定量的方法评估地质灾害危险性评价因子的值;

(4) 将目标区域按照危险性级别进行制图。

信息量法是一种从信息论发展而来的统计分析方法,是利用信息量描述影响因子的数量和质量,从而决定地质灾害的发生概率,其在地质灾害危险性评价中有大量应用,计算公式为

$$I = \sum_{i=1}^{n} I(x_i, H) = \sum_{i=1}^{n} \ln \frac{N_i/N}{S_i/S} \tag{6-1}$$

式中,x_i 为评价单元内所取的因子等级;$I(x_i,H)$ 为因子 x_i 对地质灾害所贡献的信息量;S 为研究区面积;S_i 为研究区内含有因子 x_i 的面积;N 为研究区内地质灾害总数;N_i 为发生地质灾害区域含有因子 x_i 的数量;I 为评价单元中的综合信息量;n 为影响因子数量。

6.2.2 地质灾害危险性评价因子

评估区内共发育 141 处地质灾害点,研究区地质灾害危险性特征包括地形地貌特征(高程、坡度、坡向、地势起伏度)、地质特征(距构造距离)、人为动力特征(距道路距离)和自然特征(距河流距离、NDVI[①])四种特征共 8 个特征因子。影响因子获取的基础数据包括 DEM 数据(30m 分辨率)、遥感影像数据(30m 分辨率)、1∶50 000 道路图、1∶50 000 水系图。

1) DEM 数据

先进星载热发射和反射辐射仪全球数字高程模型(Advanced Spaceborne Thermal Emission and Reflection Radiometer Global Digital Elevation Model,ASTER GDEM)数据产品基于 ASTER 数据计算生成,是目前唯一覆盖全球陆地表面的高分辨率高程影像数据。ASTER GDEM V1 自 2009 年 6 月 29 日发布以来,在全球对地观测研究中得到了广泛的应用。但是,ASTER GDEM V1 原始数据局部地

---

① 归一化植被指数(Normalized Differential Vegetation Index,NDVI)。

区存在异常,所以由 ASTER GDEM V1 加工的 DEM 数据产品也存在个别区域的数据异常现象。ASTER GDEM V2 则采用了一种先进的算法对 ASTER GDEM V1 影像进行了改进,提高了数据的空间分辨率精度和高程精度。该算法重新处理了 1 500 000 幅影像,其中的 250 000 幅影像是在 ASTER GDEM V1 发布后新获取的影像。ASTER GDEM V2 数据精度的验证结果显示,ASTER GDEM V2 对 ASTER GDEM V1 中存在的错误做了很好的矫正。ASTER GDEM V2 于 2015 年 1 月 6 日正式发布,全球空间分辨率为 30m。

2) 遥感影像数据

Landsat 8 卫星包含陆地成像仪(Operational Land Imager, OLI)和热红外传感器(Thermal Infrared Sensor, TIRS)两种传感器。OLI 包括了 ETM+的所有波段,为了避免大气吸收部分特征,OLI 对波段进行了重新调整,调整比较大(表 6-1)。

表 6-1 Landsat 8 波段及分辨率情况

波段名	波长/μm	分辨率/m
Band 1 Coastal	0.43~0.45	30
Band 2 Blue	0.45~0.51	30
Band 3 Green	0.53~0.59	30
Band 4 Red	0.64~0.67	30
Band 5 NIR	0.85~0.88	30
Band 6 SWIR 1	1.57~1.65	30
Band 7 SWIR 2	2.11~2.29	30
Band 8 Pan	0.50~0.68	15
Band 9 Cirrus	1.36~1.38	30
Band 10 TIRS 1	10.6~11.19	100
Band 11 TIRS 2	11.5~12.51	100

以地质灾害危险性特征中的高程、坡度、坡向、地势起伏度、距构造距离、距道路距离、距河流距离和 NDVI 八个特征因子作为地质灾害危险性评价因子序列,并对评估区地质灾害危险性评价因子进行分级,评价因子见表 6-2。基于分级指标,在 ArcGIS 平台对地质灾害点与各评价因子图层进行叠加分析。

表 6-2 评估区地质灾害危险性评价因子指标分级表

分类	评价因子	级数	分级指标	备注
地形地貌	高程			
	坡度			
	坡向			
	地势起伏度			
地质	距构造距离			
人为动力	距道路距离			
自然	距河流距离			
	NDVI			

6.2.3 地质灾害危险性

评估区灾害数据来源于收集和部分实际验证,从地形地貌特征、地质特征、人为动力特征和自然特征四个方面选取 8 个特征因子,利用信息量模型计算各因子的指标值,基于 ArcGIS 平台编制评估区地质灾害危险性分布图,最后验证该模型计算结果,具体分析流程见图 6-1。

6.2.3.1 地质灾害危险性评价

根据地质灾害样本点,选取高程、坡度、坡向、地势起伏度、距构造距离、距道路距离、距河流距离和 NDVI 8 个地质灾害危险性评价因子,通过各评价因子不同级别的分布特征,分别计算各评价因子中的信息量值,评价因子见表 6-3。

6.2.3.2 评价结果及精度检验

1）评估区地质灾害危险性评价分区

根据得到的各因子系数权重结果计算出研究区地质灾害发生的概率,得到地质灾害危险性分布图,然后将研究区按地质灾害发生的概率大小分为 5 个区,最终形成地质灾害危险性分区图。

2）精度检验

地质灾害危险性评价结果合理性检验是地质灾害危险性评价模型的检验方法之一,地质灾害危险性评价模型的评价结果也可以采用受试者操作特征（Receiver Operator Characteristic，ROC）曲线进行验证。ROC 曲线是基于多个不同阈值确定的危险性（通常为纵坐标）和特异性（通常为横坐标）的关系曲线,

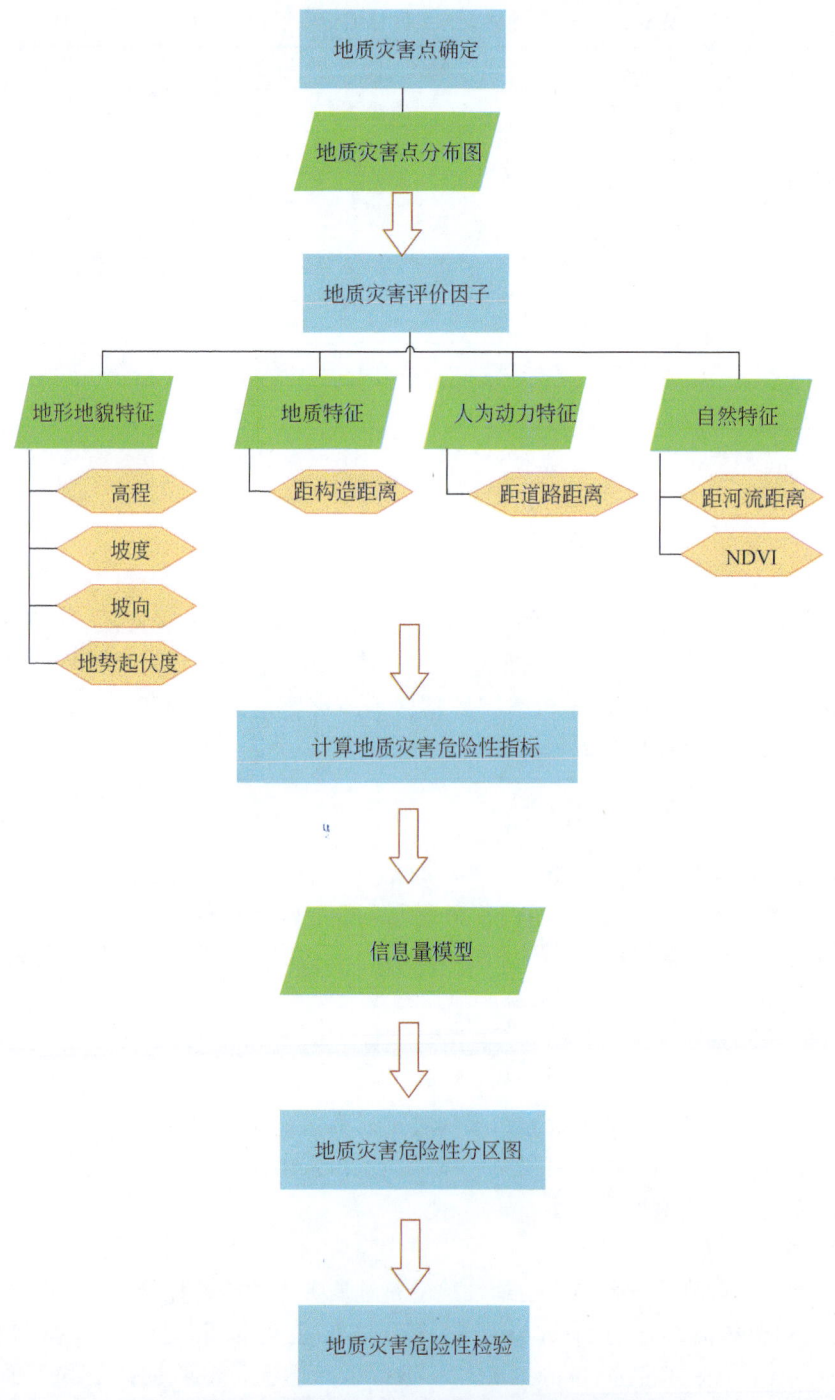

图 6-1 评估区地质灾害危险性评价流程图

表 6-3 评价因子表

评价因子	因子分级	地质灾害点/处	分级面积/km²	信息量值	评价因子	因子分级	地质灾害点/处	分级面积/km²	信息量值
高程					距构造距离				
坡度					距道路距离				
坡向					距河流距离				
地势起伏度					NDVI				

采用的是 ROC 曲线下面积（Area Under the Curve，AUC），即使用地质灾害危险性评价模型总体特征的统计汇总指标。AUC 值为 1，表示该模型能够正确分类所有地质灾害点和非地质灾害点；AUC 值为 0 表示该模型是无意义的模型。AUC 的标准差常用于检验分类方案的优异程度，通常标准差越小，模型越好。

通过分析研究实际发生地质灾害的地质灾害点在各危险等级区内的分布状况来检验其合理性，为保证已建模型的客观性和稳定性，检验点包括地质灾害点及随机生成的非地质灾害点。AUC 越大表明评价结果精度越高。

6.3 地质灾害风险评估

6.3.1 地质灾害承灾体分析

地质灾害承灾体与地震灾害承灾体基本一致。一般而言，承灾体暴露量是指针对地质灾害而言，研究区域内房屋、人口、经济、森林、农田等方面的数量特征。针对地质灾害所造成的灾害损失的特点，本研究主要选择了房屋、人口、经济、农作物四类承灾体。其中，房屋、人口、经济的统计方法与地震灾害承灾体统计方法一致，在此基础上增加农作物这一类，其具体统计以每个村的耕地面积总量为准。

6.3.2 地质灾害风险评估模型

开展地质灾害风险评估对加强地质灾害预警、规避地质灾害风险、发展地质灾害保险以转移地质灾害风险等具有重要科学意义，是进行地质灾害风险管理与决策的重要科学依据。

而在地质灾害中，地质灾害活动造成的破坏损失可以粗略地概括为四方面：

房屋倒塌、人口死亡、经济损失、农作物受灾。其中，经济损失可以分为直接经济损失和间接经济损失，本研究的经济损失是指直接经济损失。地质灾害灾情统计资料一般涵盖人、财、物等方面的损失。基于以上分析，本研究主要选取房屋、人口、经济、农作物四类承灾体来进行地质灾害风险评估。

1）地质灾害房屋倒塌风险评估

基于地质灾害风险评估模型，针对地质灾害房屋损失特点，建立具体应用模型来进行房屋倒塌风险评估：

$$R_B = B_t \times K_e \tag{6-2}$$

式中，R_B 为房屋倒塌风险；B_t 为房屋暴露量；K_e 为地质灾害发生概率。

将评估区地质灾害危险性分区图归一化处理后作为地质灾害发生概率，基于评估区房屋暴露量，本研究利用地质灾害房屋倒塌风险应用模型进行计算，并将风险结果通过 ArcGIS 软件制图得到评估区的地质灾害房屋倒塌风险图。

2）地质灾害人口死亡风险评估

针对地质灾害造成的人口损失的特点，基于地质灾害风险评估模型，建立相应的应用模型。地质灾害人口死亡风险应用模型为

$$R_P = P_t \times K_e \tag{6-3}$$

式中，R_P 为人口死亡风险；P_t 为人口暴露量；K_e 为地质灾害发生概率。

利用地质灾害人口死亡风险应用模型来进行风险评估，并将风险结果通过 ArcGIS 软件制图得到评估区的地质灾害人口死亡风险图。

3）地质灾害经济损失风险评估

基于地质灾害风险评估模型，建立相应的应用模型。在此基础上对地质灾害经济损失风险进行评估并进行空间格局分析。地质灾害经济损失风险应用模型具体公式为

$$R_E = E_t \times K_e \tag{6-4}$$

式中，R_E 为经济损失风险；E_t 为经济暴露量；K_e 为地质灾害发生概率。

基于评估区域的经济暴露量——GDP 总量，利用地质灾害经济损失风险应用模型来进行风险评估，并将风险结果通过 ArcGIS 软件制图得到评估区的地质灾害经济损失风险图。

4）地质灾害农作物受灾风险评估

基于地质灾害风险评估模型，建立相应的应用模型。在此基础上对地质灾害农作物受灾风险进行评估并进行空间格局分析。地质灾害农作物受灾风险应用模型具体公式为

$$R_C = C_t \times K_e \tag{6-5}$$

式中，R_C 为农作物受灾风险；C_t 为农作物暴露量；K_e 为地质灾害发生概率。

基于评估区的耕地分布，利用地质灾害农作物受灾风险应用模型来进行风险评估，并将风险结果通过 ArcGIS 软件制图得到评估区的地质灾害农作物受灾风险图。

6.3.3 地质灾害综合风险

在分别计算了房屋、人口、经济、农作物的损失风险之后，可以分等级统计房屋倒塌、人口死亡、经济损失和农作物受灾的风险情况。然而在地质灾害风险防范与管理过程中，不仅需要了解不同强度等级地质灾害各承灾体的具体损失风险值，还需要从总体上把握风险等级的高低状况。只有这样，才能区分不同区域的风险高低，从而可以采取相应的风险防范对策。因此，本研究将根据上述地质灾害损失风险的大小，划分地质灾害综合风险等级。在此基础上绘制地质灾害综合风险分布图，从而确定不同等级地质灾害的综合风险空间分布状况。本研究对不同的地质灾害风险进行归一化处理，然后再进行叠加分析，得出评估区地质灾害综合风险分布图。

第7章 气候变化风险评估技术

7.1 气候变化风险

7.1.1 气候变化风险构成

气候变化风险来自气候相关危害与人类和自然系统的暴露度和脆弱性的相互作用,其构成包括三个方面,即可能性或危险性、脆弱性和暴露度(图7-1)(吴绍洪,2011;IPCC,2014b)。单独气候变化与极端气候事件并不必然导致灾害,必须与脆弱性和暴露度交集之后才产生风险。

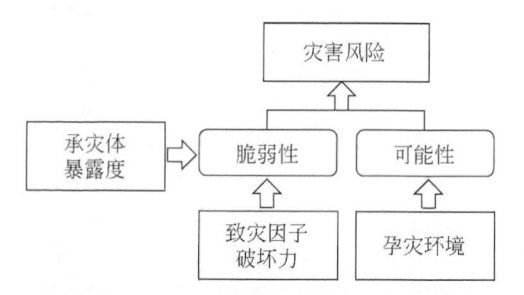

图 7-1 气候变化风险定量评估概念框架

承灾体的发展规模和模式不仅决定着暴露度和脆弱性,即承受极端事件的能力,还对人为气候的变化幅度与速率有直接作用(Cotton and Pielke, 2007; Lamb and Rao, 2015; Schaller et al., 2016)。基于此风险构成理念,从调整承灾体的发展规模和模式入手,通过减缓人为气候变化来降低过高增温、降水异动和极端气候事件发生的可能性,同时增强承灾体的气候变化适应能力和恢复能力,这是降低气候变化风险的有效途径。

7.1.2 气候变化危险性

研究表明,全球变暖及其引发的气候系统的其他变化在几十年乃至上千年时间里都是前所未有的。气候系统的变化导致渐变性事件的不利影响凸显,极端气候事件(突发性事件)频发(Li K et al., 2012),已经对所有大陆和海洋的自然系统和人类系统造成了影响,带来了重大的风险(Patz et al., 2005; van Aalst, 2006; Pecl et al., 2017; Bonan and Doney, 2018)。

典型浓度路径 RCP 是耦合模式比较计划第五阶段 CMIP5 采用的最新情景(van Vuuren et al., 2011),其根据辐射强迫由低到高分为 4 种:RCP2.6、RCP4.5、RCP6.0 和 RCP8.5,对应 21 世纪末的辐射强迫值,分别约为 2.6W/m^2、4.5W/m^2、6.0W/m^2 和 8.5W/m^2。除 RCP2.6 情景外,其他 3 个情景中 21 世纪末全球增温可能超过 1.5℃,多半可能超过 2℃,2100 年之后气候变暖可能会持续(IPCC, 2013)。2015 年 12 月通过的《巴黎协定》提出把全球增温控制在 2℃ 以内,并向 1.5℃ 努力(UNFCCC, 2015)。1.5℃ 和 2℃ 的增温阈值成了研究的热点(Hulme, 2016; Rogelj et al., 2016)。张莉等(2013)使用 29 个参加 CMIP5 的全球气候模式的集合平均分析了全球和中国 2℃ 阈值出现的时间,发现中国明显早于全球,北半球同纬度地区早于南半球;Karmalkar 和 Bradley(2017)也发现美国 2℃ 阈值出现的时间早于全球约 20 年,当全球平均增温 2℃ 时,美国平均增温将达到 3℃;Huang 等(2017)研究干旱半干旱区增温发现,未来全球平均增温达 2℃ 时,湿润区大约增温 2.4~2.6℃,干旱半干旱区可能增温 3.2~4℃,比湿润区多约 44%。近期也有研究表明,即使《巴黎协定》中承诺的"国家自主贡献"(Nationally Determined Contributions, NDCs)完全实现,2100 年全球平均气温仍比工业化前水平高出 2.8℃(2.84℃),随着美国退出《巴黎协定》,增温幅度将变为 3.2℃(3.16℃),当前实施的政策转化增温幅度为 3.4℃(3.1~3.7℃),比《巴黎协定》的 1.5℃ 升温上限高出近 2℃(Climate Action Tracker, 2018; Höhne et al., 2017; UNEP, 2017),气温升高导致的风险将会更加严重,增温超过某一阈值,地球将进入"热室状态",气候系统将受到不可逆的影响(Sévellec and Drijfhout, 2018; Steffen et al., 2018)。

随着全球平均气温上升,大部分陆地区域的极端暖事件将增多,高温热浪将更加频繁地发生,持续时间将更长(Meehl and Tebaldi, 2004; Shi C et al., 2018)。Fischer 和 Knutti(2015)使用 25 个 CMIP5 模式发现 RCP8.5 情景下增温 2℃ 时全球极端暖事件发生的概率大约是增温 1.5℃ 时的两倍,大约是当前的 5 倍;而到 21 世纪末,南欧、北美洲、南美洲、非洲等地的严重极端高温热浪将变为两年一遇(Russo et al., 2014)。Sun 等(2014)认为,即使在中等排放情景(RCP4.5)下,中国东部未来二十年 50% 的夏天会比 2013 年夏天炎热,如果不开展适应气候变化的行动,中国东部夏季极端高温风险将迅速增加。

21 世纪全球水循环对气候变暖的响应不均一,大部分地区洪水事件的持续时间和影响随着全球变暖而增加（Donnelly et al., 2017；Betts et al., 2018），洪水事件很可能强度加大、频率增高（Oki and Kanae, 2006；Wang et al., 2017），但是当前对其强度和频率变化的模拟精度还比较低（Kundzewicz et al., 2014）。Hirabayashi 等（2013）采用洪水淹没方案计算河流流量和淹没面积，发现到 21 世纪末，东南亚、印度半岛、东非和安第斯山脉北部的洪水频率将会大幅增加。Arnell 和 Gosling（2016）基于全球水文模型发现 SRES A1b 情景下 2050 年全球 40% 地区百年一遇的洪水频率将会翻倍，全球洪水风险将增加 187%，且大多出现在亚洲。徐影等（2014）分析了 RCP8.5 情景下近中远期中国洪涝灾害风险，发现未来洪涝灾害危险等级较高的地区集中在东南地区，承灾体易损度高值区位于东部地区。随着海洋变暖，以及冰川融化，未来海平面上升加速，风暴潮灾害对沿海地区的影响也在不断加重（Shi et al., 2015；Lloyd et al., 2016；Garner et al., 2017）。

由于降水减少或蒸发增加，21 世纪许多陆地地区将出现严重且普遍的干旱（Dai, 2013；Trenberth et al., 2014；van Loon et al., 2016），尤其是在中纬度和亚热带干旱半干旱地区（Polade et al., 2014）。研究发现，相对于增温 2℃，全球增温 1.5℃时，大部分区域干旱事件的持续时间、强度，以及影响是降低的（Liu et al., 2018）。Cook 等（2014）使用 PDSI 和 SPEI 预估了 21 世纪干旱的频率和强度，发现未来干旱主要出现在北美洲西部、中美洲、地中海、南部非洲，以及亚马孙地区，干旱区域的扩大主要是因为潜在蒸散变大，北美洲、欧洲和中国东南地区尤其明显。Roudier 等（2016）使用"协调区域气候降尺度试验"（Coordinated Regional Climate Downscaling Experiment，CORDEX）计划欧洲区域的偏差修正气候模式模拟了全球增温 2℃对欧洲极端干旱的影响，发现西班牙、法国、意大利、希腊、巴尔干半岛、英国南部和爱尔兰的干旱程度和持续时间可能会增加。Chen 等（2013）使用 22 个全球气候模式模拟 SRES A1B 情景下 21 世纪末中国的干旱分布，结果显示中国北方大部分地区的干旱频率减少，而南方部分地区的干旱频率略有增加。

7.1.3　气候变化承灾体暴露度和脆弱性

联合国政府间气候变化专门委员会（Intergovernmental Panel on Climate Change，IPCC）《管理极端事件和灾害风险推进气候变化适应特别报告》（Managing the Risks of Extreme Events and Disasters to Advance Climate Change Adaptation，SREX）指出，气候变化趋势性和极端事件造成的风险在很大程度上取决于脆弱性和暴露度水平（IPCC，2012）。暴露度增加是社会经济风险增加的主要原因。在相同暴露度的情况下,脆弱性是不利影响程度和类型的主要决定因素(Bouwer, 2013; Hsiang et al., 2017)。

共享社会经济路径(Shared Socio-economic Pathways, SSPs)是 IPCC 的社会经济发展情景,涵盖了已有气候情景中的各种社会经济假设,并且考虑了多种社会因素对气候变化的影响,确立了 5 个基础路径(SSP1~SSP5),其中 SSP1 表征可持续发展,SSP3 表征局部或不一致发展(van Vuuren et al., 2012; O'Neill et al., 2014)。其对社会经济发展的合理设定是气候变化影响评估和气候变化风险及适应研究的基础。SSPs 已经在全球范围得到广泛应用,日本国立环境研究所模拟得到了空间分辨率为 0.5°×0.5°的人口与 GDP 情景降尺度资料(Murakami and Yamagata, 2016)。

受全球气候变化影响,灾害事件越来越频繁,暴露范围不断扩大,对人类生活、社会经济发展和生态环境均造成严重威胁(Blaikie et al., 2014)。张蕾等(2016)基于 CMIP5 的逐日最高温度模拟资料、GGI 情景数据库逐年代人口数据发现,RCP4.5 情景下未来高温的暴露范围扩大到除青藏高原及周边地区以外的全国大部分地区。未来洪水灾害重现期缩短、频率增加,影响范围也基本覆盖全国大部分地区,灾害暴露范围最大的省份分布在东部地区(Hirabayashi et al., 2013; 王艳君等, 2014)。气候变暖使干旱灾害风险增大,干旱灾害暴露范围主要分布在中国东部和西北部,南方地区暴露范围也呈扩大趋势(Carrao et al., 2016; 姚玉璧等, 2016)。

综合考虑人口现状、不同气候政策和社会经济发展模式,评估不同社会经济发展情景下的人口特征,有利于准确评估不同灾害风险的人口暴露度的时空变化和制定适应气候变化的政策与措施。王艳君等(2017)采用多状态人口-发展-环境分析模型,结合 SSPs 人口情景数据分析了未来中国人口格局,发现中国人口先增后减,老龄化趋势严重,人口结构的变化使得人口暴露度增加,灾害损失加重。基于柯布-道格拉斯(Cobb-Douglas)经济预测模型模拟的未来中国经济状况显示,经济增长模式与未来的社会经济政策息息相关(姜彤等, 2018)。就具体灾种而言,洪水灾害人口暴露度由东南向西北减少,脆弱性高的区域不断扩大,脆弱性低的区域逐渐缩小(王艳君等, 2014);在 RCP8.5 气候和 A2r 人口情景下,强危害性高温热浪人口暴露度从中国的中部和新疆发展至中国的北方和中东部大部地区,其中华北、黄淮、江南和江淮最为显著(黄大鹏等, 2016)。

7.1.4 气候变化风险

气候变化导致全球持续升温,极端气候事件频发,给人口、经济、粮食生产，以及生态系统等带来巨大风险（Milly et al., 2002；Scholze et al., 2006）。1998～2017 年，全球遭受灾害的国家报告的与气候有关的灾害造成的损失为 2.245 万亿美元，其中，洪水是最常发生的灾害类型，占所有记录事件的 43%（Swiss Re Group, 2017；UNISDR and CRED, 2018）。中国气候灾害事件频繁发生，影响严重，是过去二十多年遭受损失第二大的国家（Ding et al., 2006；Huang et al., 2007；UNISDR and CRED, 2018），在所有的气象水文灾害中，洪水灾害呈突发、常发的趋势，造成的直接经济损失占气候灾害经济总损失的比例最大（《第三次气候变化国家评估报告》编写委员会, 2015）；干旱灾害次之，其影响范围基本覆盖全国，经济损失较为严重（赵珊珊等, 2017）。2004 年以来，中国洪水灾害年平均直接经济损失超过 200 亿美元，受影响人口过亿，死亡人口超过 1000 人（宋连春, 2016；冯爱青等, 2018）。

未来极端气候事件频率和强度增强，受影响的区域面积和人口呈非线性增加趋势，而发展中国家和地区人口与经济受到的影响较大（Lim et al., 2018；Zhang et al., 2018）。中国气候灾害事件更加多发，影响范围广，损失严重。为减少气候变化的风险和影响，加强对气候变化威胁的全球应对，《巴黎协定》提出 2℃ 和 1.5℃ 的增温目标（UNFCCC, 2015）。IPCC 发布的《全球 1.5℃ 增暖特别报告》认为，增温 1.5℃ 能有效减少气候变化风险，避免不可逆转的风险和损失的出现（IPCC, 2018）。

气候变化预计将加速全球水文循环（Held and Soden, 2006；Huntington, 2006；Durack et al., 2012；Trenberth et al., 2014），增加极端降雨和强风暴潮事件发生的频率和强度（King et al., 2017；Kharin et al., 2018；Li et al., 2018；Zhang et al., 2018；Wahl et al., 2015；Rahmstorf, 2017），加速海平面上升（Nicholls and Cazenave, 2010；Hallegatte et al., 2013），增大河流洪峰流量（Arnell and Gosling, 2016；Dottori et al., 2018），这将导致影响更加严重的洪水事件的发生，进一步增加社会经济风险（Hirabayashi et al., 2013；Kundzewicz et al., 2014；Winsemius et al., 2016；Lin et al., 2018），尤其是在人口聚居和地势低洼的地区（Hirabayashi et al., 2013；Elshorbagy et al., 2017；Luo et al., 2018）。全球范围内，中高收入国家洪水灾害损失增幅最大，中国也将遭受较严重的直接经济损失（Jevrejeva et al., 2018；Willner et al., 2018）。中国洪水灾害危险性较高的地区主要集中在东南部，全球增温 1.5℃ 和 2℃ 时，类似于 2010 年夏季的极端洪水灾害的发生频率将分别增加 2 倍和 3 倍（徐影等, 2014；Lin et al., 2018），社会经济暴露度增加，主要集中在东部经济发达地区（王艳君等, 2014）。到 21 世纪末，由于气候变化和灌溉农业的发展，华北平原可能因为极端热浪而变得不宜居住（Kang and Eltahir, 2018）；全球增温 2℃ 时，我国干旱灾害

直接经济损失相较增温 1.5℃将会增加数百亿美元（Su et al.，2018）。

农业是对气候变化最敏感的领域之一，气候变化造成的灾害发生频率和强度的增加，给全球粮食生产带来了巨大的风险（Piao et al.，2010；Bebber et al.，2013；谢立勇等，2014）。研究表明，温升每增加 1℃，全球小麦产量下降 6%（Asseng et al.，2015）。中国气候变化显著，主要粮食生产区对气候变化的响应特征也随着气候变化的加剧而更加显著。（《第三次气候变化国家评估报告》编写委员会，2015）。中国农业暴露度由中东部地区向西部地区减小，且总体呈增加趋势，随着气候变化加剧，极端气候事件频率和强度增强，脆弱性随之增大，严重影响我国粮食生产安全（王艳君等，2014；王安乾等，2017）。

气候变化对生态系统的格局、过程和服务功能产生了巨大的影响（Grimm et al.，2013；Brandt et al.，2017）。由于生态系统的复杂性和气候变化的不确定性，生态系统响应气候变化问题变得更加复杂多样。近些年，相关研究逐步开展，生态系统对气候变化的暴露度和脆弱性评估就是其中的重要内容之一（吴绍洪等，2007；Zhao et al.，2013；Gao et al.，2017）。研究表明，气候变化将严重影响我国自然生态系统的脆弱程度，未来气候变化情景下中国东部地区净初级生产力（Net Primary Production，NPP）脆弱程度呈上升趋势，西部地区 NPP 脆弱程度呈下降趋势（赵东升和吴绍洪，2013），西南地区、荒漠边缘 NPP 脆弱程度呈显著增加趋势（Yuan et al.，2017）；在 RCP8.5 情景下，中国大约 30% 的地区会受到生态系统脆弱性的影响（Gao et al.，2018）。

7.1.5 气候变化综合风险

综合风险是风险源的强度及发生概率、风险承灾体的特征、风险源对风险承灾体的危害等信息指标的综合，通常用风险概率和风险损失来度量。气候变化综合风险是指气候变化对各类承灾体造成的综合影响发生的可能性及其影响程度，可以从总体上反映气候变化给系统带来不利影响的可能性及其程度（吴绍洪，2011）。IPCC 第五次评估第二工作组报告列出了与《联合国气候变化框架公约》（United Nations Framework Convention on Climate Change，UNFCCC）第二条中描述的"气候系统危险的人为干扰"相关的潜在严重影响，称之为关键风险，并认为，这些损失可能"对人类，以及社会生态系统产生影响"，其分别是：沿海洪灾带来的死亡与伤害；内陆洪灾导致的伤害与经济损失；极端天气对电力、应急及其他系统的破坏；酷暑对贫困地区的影响；气候变暖、干旱及洪灾威胁粮食安全；缺水造成的农业和经济损失；气候变化对海洋生态系统造成的损失；气候变化对陆地和内陆水域生态系统造成的损失（IPCC，2014b）。吴绍洪等（2017）

基于近中期气候情景（RCP8.5，2021~2050年），提出中国综合气候变化风险区划三级区域系统方案，其结果可以为重点领域或区域应对气候变化提供支持。

7.2 气候变化风险评估

7.2.1 温升时段评估方法

基于《巴黎协定》的目标，本研究选取1.5℃和2℃的全球温升目标。考虑到模式起始时间的不同，选取1861~1890年作为参考时期。选择5年滑动平均首次超过温升目标的年份作为温升实现年份，以该年加之前29年共30年为温升时段（Steffen et al.，2018）。将模式模拟结果统一插值到2.5°×2.5°网格，使用经纬度网格面积加权平均法计算集合平均，使用泰勒图法对比检验模式的模拟能力，采用δ插值法计算不同温升时段中国气温和降水的空间分布（Jones and Hulme，1996；Zhou and Yu，2006），分析气候变化影响下的中国气候趋势和极端气候事件时空格局。

7.2.1.1 经纬度网格面积加权平均法

本研究根据Jones和Hulme（1996）提供的方法来计算某一气候要素的区域平均值。基本思路是首先将研究区域按相同的经纬度划分为 n 个网格，计算每个网格内气候要素的算术平均值；然后根据经纬网格的面积进行加权平均，得到这一气候要素的区域平均值；最后综合不同时段的平均值，建立此气候要素区域平均值的时间序列。计算公式为

$$\overline{X} = \frac{\sum_{i=1}^{n}\left[\cos(a_i) \times \frac{1}{k_i}\sum_{j=1}^{k_i} x_j\right]}{\sum_{i=1}^{n} \cos(a_i)} \tag{7-1}$$

式中，$\overline{X}$ 为某要素 x 的区域平均值；n 为网格数；$a_i(i=1,2,\cdots,n)$ 为网格 i 的中心点纬度；$x_j(j=1,2,\cdots,k_i)$ 为区域中网格 i 内参与计算的 k_i 个点的气候要素值。

7.2.1.2 泰勒图法

泰勒图（Taylor，2001）是评估模式模拟能力的极坐标图，由模拟值与观测值的相关系数及其均方差比值构成。本研究使用这一方法评估GCMs模式和多模式集合平均的模拟能力。具体算法为假设模式为 B，参照对象为观测资料 A。a_n

和 b_n 分别为观测和模式的序列。观测资料 A 的标准差为

$$\sigma_A = \sqrt{\frac{1}{N}\sum_{n=1}^{N}(a_n - \bar{a})^2} \qquad (7\text{-}2)$$

模式 B 的标准差为

$$\sigma_B = \sqrt{\frac{1}{N}\sum_{n=1}^{N}(b_n - \bar{b})^2} \qquad (7\text{-}3)$$

两者的相关系数为

$$R = \frac{\frac{1}{N}\sum_{n=1}^{N}(b_n - \bar{b})(a_n - \bar{a})}{\sigma_A \sigma_B} \qquad (7\text{-}4)$$

式中，$\bar{a}$ 和 $\bar{b}$ 分别为观测和模式数据的平均值，观测和模式数据的均方根误差为

$$E = \sqrt{\frac{1}{N}\sum_{n=1}^{N}[(b_n - \bar{b})(a_n - \bar{a})]^2} \qquad (7\text{-}5)$$

则观测资料 A 与模式 B 的标准差、相关系数和均方根误差满足：

$$E^2 = \sigma_A^2 + \sigma_B^2 - 2\sigma_A \sigma_B R \qquad (7\text{-}6)$$

7.2.1.3 δ 插值法

当前，全球气候模式的模拟结果存在一定的不确定性，在降尺度到区域的过程中，不确定性可能会放大，对区域气候的模拟产生较大的误差，这一误差可以采用 δ 插值法减小（Hay et al., 2000）。具体算法为首先得到模拟的未来期气候要素与模拟的基准期气候要素的差值序列，然后将该序列叠加在基准期实测序列上得到的新序列作为未来气候变化情景序列，如式（7-7）所示。

$$X_s = X_o + (\overline{X_s} - \overline{X_o}) \qquad (7\text{-}7)$$

式中，X_s 为推求的未来期气候变化情景序列；X_o 为基准期实测序列；$\overline{X_s}$ 为气候模式模拟的未来期气候序列多年平均值；$\overline{X_o}$ 为气候模式模拟的基准期实测序列多年平均值。

7.2.2 气候变化风险定量评估方法

1992 年通过的《联合国气候变化框架公约》的最终目标是"将大气中温室气体的浓度稳定在防止气候系统受到危险的人为干扰的水平上。这一水平应当在足以使生态系统能够自然地适应气候变化、确保粮食生产免受威胁并使经济发展能够可持续地进行的时间范围内实现"。为了响应《联合国气候变化框架公约》

的最终目标，本研究选择人口、经济、粮食生产和生态4个承灾体作为气候变化综合风险评估的对象。基于气候变化风险定量评估理论，根据决定气候变化风险发生的致灾因子的分类，分别采用突发事件风险评估方法评估人口和经济承灾体风险，采用渐变事件风险评估方法评估粮食生产和生态承灾体风险，最后采用叠置分析方法评估综合气候变化风险。

气候变化风险来自气候变化相关危险（包括极端事件和趋势性事件）与人类和自然系统的暴露度和脆弱性的相互作用，风险构成包括两个维度（即致灾因子和承灾体）、三个方面（即可能性、脆弱性和暴露度）（图 7-2）（IPCC，2014a）。其中，在气候变化风险研究中，致灾因子，即自然气候与人为气候的变化，决定着风险发生的可能性，表现为突发事件和渐变事件两类（IPCC，2007）。承灾体即为遭受负面影响的社会经济和资源环境，包括人口、生计、环境服务和各种资源、基础设施，以及经济、社会或文化资产等（Jones，2004）。暴露度和脆弱性是承灾体的两个属性，前者指处在有可能受到不利影响位置的承灾体数量，后者指受到不利影响的倾向或趋势，常以敏感度和易损性为表征指标（IPCC，2012；吴绍洪等，2018）。

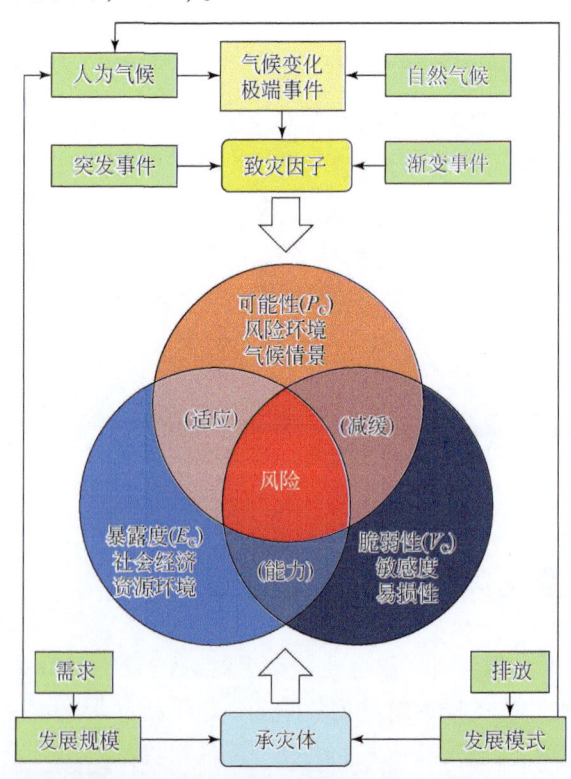

图 7-2 气候变化风险的基本要素与构成形式

气候变化事件类型包括：①突发事件，即极端天气/气候事件，一旦发生即在短时间显现出危害和不利后果，气候变化要素相当于自然灾害中的致灾因子（Li Z et al.，2012；Liu et al.，2018）；②渐变事件，当系统的指标超过某个阈值时，发生突变，产生不利影响，出现风险（Rosenzweig et al.，2014；Yin et al.，2018）。气候变化风险评估的基准时段选取1961~1990年。

7.2.2.1 突发事件风险评估

灾害学研究将自然变异一旦发生后在短时间显现出危害和不利后果的事件作为突发性灾害事件。本研究中气候因子的短时变化可能造成损失的事件，相当于突发性自然灾害事件，称为"突发性致灾事件"。而其致灾过程的损失按照自然灾害损失评估的方法论进行预估。

本研究将气候变化要素当作自然灾害中的致灾因子看待。按照自然灾害风险评估的机制，气候变化风险是致灾因子（极端事件发生的可能性，P）、承灾体暴露度（E）及脆弱性（V）三者的函数。相应地，突发事件风险评估模型可表述为

$$R = P \times E \times V \tag{7-8}$$

这一模型用于评估气候变化背景下干旱、高温热浪、洪水等极端气候事件的社会经济风险。

1) 干旱灾害经济风险

(1) 危险性评估。

干旱灾害的危险性评估主要是研究干旱过程发生的概率。干旱过程根据国家标准《气象干旱等级》（GB/T 20481—2006）中的综合气象干旱指数（CI）确定。综合气象干旱指数是综合月尺度、季节尺度标准化降水指数（Standardized Precipitation Index，SPI）和近30天相对湿润指数（Moisture Index，MI）得到的，可以反映不同时间尺度的降水量异常情况和较短时间尺度（影响农作物）水分亏欠情况，适合实时气象干旱监测和历史同期气象干旱评估。综合气象干旱指数的计算公式为

$$CI = aSPI_{30} + bSPI_{90} + cMI_{30} \tag{7-9}$$

式中，CI为综合气象干旱指数；SPI_{30}和SPI_{90}分别为近30天和近90天标准化降水指数；MI_{30}为近30天相对湿润度指数；a、b和c分别为SPI_{30}、SPI_{90}和MI_{30}的系数，平均取0.4、0.4和0.8。

根据综合气象干旱指数值的大小，将气象干旱划分为三个等级，轻度干旱（$-1.8<CI\leqslant-1.2$）、中度干旱（$2.4<CI\leqslant-1.8$）和重度干旱（$CI\leqslant-2.4$），用于表示各干旱级别及其影响程度。

干旱过程的确定：气象干旱连续 10 天为轻度干旱（中度干旱或重度干旱）以上等级，记为一次轻度干旱（中度干旱或重度干旱）过程，计算不同等级干旱事件的发生频次，进而得到不同等级干旱事件的发生频率：

$$H_{C,i} = \begin{cases} 1 & f_{C,i} \geq T \\ \dfrac{f_{C,i}}{T} & f_{C,i} < T \end{cases} \tag{7-10}$$

式中，$H_{C,i}$ 为 i 等级干旱事件的发生概率；$f_{C,i}$ 为 i 等级干旱事件的发生频次；i 为干旱等级；T 为研究时段的年数。

以研究时段内不同等级干旱事件发生的频率表征极端气候事件的危险性，最后使用叠置分析法得到干旱事件的综合危险性。

（2）暴露度评估。

干旱灾害主要对农业产生影响，假设未来时段我国各区域的农业生产总值占 GDP 的比例保持不变，预估干旱农业灾损造成的经济风险。为准确预估干旱经济风险，基于土地利用现状遥感监测数据，依据主导性原则，对 0.5°×0.5° 网格的土地利用类型进行重分类，选取耕地为主要土地利用类型的区域作为干旱事件的暴露范围。

（3）脆弱性评估。

历史干旱灾情数据可利用中国干旱灾害数据集（http://data.cma.cn/data/cdcdetail/dataCode/DISA_DRO_DIS_CHN.html），时间可选择 1949~1999 年或上一年度，基于灾损拟合方法评估不同等级干旱情形下的农业损失率（Xu et al., 2013）。

干旱灾害农业损失的脆弱性可以表示为

$$V_C = \sum_{0}^{j} \text{GDP}_j \times p_j \times r_i \tag{7-11}$$

式中，V_C 为干旱灾害农业损失的脆弱性；GDP 为国内生产总值；p 为农业生产总值占 GDP 的比例；r 为干旱灾害损失率；i 为干旱等级，包括轻度干旱、中度干旱、重度干旱；j 为遭受相应等级干旱灾害的区域。

（4）干旱灾害风险评估。

综合极端气候事件危险性、承灾体的暴露度和脆弱性，干旱灾害风险表达式为

$$R_C = H_C \times V_C \tag{7-12}$$

式中，R_C 为干旱灾害风险；H_C 为干旱灾害危险性；V_C 为干旱灾害脆弱性。

（5）干旱灾害风险等级划分。

干旱灾害风险等级的划分方法是基于干旱灾害风险的结果，采用距标准差倍数法对其进行分级。除干旱灾害综合风险外，对洪水灾害风险和高温热浪灾害风险的等级划分也采用距标准差倍数法。

2) 高温热浪灾害人口风险评估

(1) 危险性评估。

根据《高温热浪等级》(GB/T 29457—2012)，高温热浪是指通常情况下气温高、湿度大且持续时间较长，使人体感觉不舒适，并可能威胁公众健康和生命安全、增加能源消耗、影响社会生产活动的天气过程。高温热浪指数（Heat Wave Index，HI）为表征高温热浪程度的指标。其计算过程为

$$HI = 1.2 \times (TI - TI') + 0.35 \sum_{i=1}^{N-1} 1/nd_i (TI_i - TI') + 0.15 \sum_{i=1}^{N-1} 1/nd_i + 1 \tag{7-13}$$

式中，TI 为当日的炎热指数；TI′ 为炎热临界值；TI_i 为当日之前第 i 日的炎热指数；nd_i 为当日之前第 i 日距当日的日数；N 为炎热天气过程的持续时间（天）。

根据高温热浪指数值的大小，将其划分为三个等级，轻度热浪（2.8≤HI<6.5）、中度热浪（6.5≤HI<10.5）和重度热浪（HI≥10.5），表示不同高温热浪的等级及其影响。

将高温热浪指数达到一定范围的时间持续 10 天及以上的天气过程定义为一次热浪事件。平均一年内发生热浪事件的次数为 1 次及以上时，则称发生热浪事件的概率为 100%，即通过平均每年内发生热浪事件的次数来计算热浪发生概率，以轻度热浪、中度热浪和重度热浪的发生概率来反映热浪危险性的高低：

$$H_{H,i} = \begin{cases} 1 & f_{H,i} \geqslant T \\ \dfrac{f_{H,i}}{T} & f_{H,i} < T \end{cases} \tag{7-14}$$

式中，$H_{H,i}$ 为 i 等级高温热浪事件的发生概率；$f_{H,i}$ 为 i 等级高温热浪事件的发生频次；i 为高温热浪等级；T 为研究时段的年数。

最后，采用叠置分析法得到高温热浪事件的综合危险性。

(2) 暴露度评估。

高温热浪灾害主要对人口造成一定的影响，气候变化影响下的人口暴露度数据来自 SSPs，选择 SSP1 和 SSP3 社会经济情景，分别对应于 RCP4.5 和 RCP8.5 情景。

(3) 脆弱性评估。

当高温热浪灾害发生时，几乎所有人群都将暴露于高温热浪环境中，因此人口受灾率设为 100%，为体现不同等级高温热浪事件影响的程度差异，经过专家咨询和宏观判断，分别赋予轻度热浪、中度热浪和重度热浪事件一定的比例系

数,本研究设置的比例系数为 0.5、0.6 和 1。

（4）高温热浪灾害人口风险评估。

综合极端气候事件危险性、承灾体的暴露度和脆弱性,高温热浪灾害风险的表达式为

$$R_H = H_H \times POP_H \times V_H \tag{7-15}$$

式中, R_H 为高温热浪灾害风险; H_H 为高温热浪灾害危险性; POP_H 为人口数量; V_H 为高温热浪影响的比例系数。

3）洪水灾害人口和经济风险评估

（1）危险性评估。

对于暴雨洪水,降雨是触发因子,经产流、汇流过程形成洪水;对于溃坝洪水,溃坝是触发因子,水量急速增加则是主要的重塑过程。我国洪水绝大多数由降雨引发,高程、坡度等主要控制其发展过程和分布范围。一般而言,降雨多、地势比较低平的地区,洪水发生的可能性高;而降雨少、地势也比较高、陡的地区,洪水发生的可能性就低。本研究选用降雨、高程和坡度等因子来评估我国洪水的危险性（Li K et al., 2012）。

本研究首先统计连续降雨过程（连续降雨过程是指时间间隔≤2 天且日降水量≥5mm 的连续降雨过程）,以连续降雨过程中最大 3 日降水量达到 30（35）~150mm、150~250mm 和≥250mm 的次数作为轻度、中度、重度洪水的最大发生频次,然后将其转化为发生概率（概率=频次/时间尺度×100%,若发生概率大于 100%则置为 1）,公式为

$$H_{F,i} = \begin{cases} 1 & f_{F,i} \geq T \\ \dfrac{f_{F,i}}{T} & f_{F,i} < T \end{cases} \tag{7-16}$$

式中, $H_{F,i}$ 为 i 等级洪水的发生概率; $f_{F,i}$ 为 i 等级洪水的发生频次; i 为洪水等级; T 为研究时段的年数。

最后再用高程和坡度等因子形成的下垫面环境修正参数来对其进行修正,从而得到轻度、中度、重度洪水的危险性,采用叠置分析法得到洪水的综合危险性。

（2）暴露度评估。

洪水灾害对经济及人口造成严重的影响,气候变化影响下的人口和经济暴露度数据来自 SSPs,选择社会经济情景 SSP1 和 SSP3,分别对应于 RCP4.5 和 RCP8.5 情景。

(3) 脆弱性评估。

为探究洪水灾害与降水量的关系，Li K 等（2012）从国家减灾委员会收集了中国 1990~2008 年 1001 次洪水灾害的灾情统计数据，以中心区最大 3 日降水量为划分标准，建立不同等级洪水灾害与其相应损失（受灾人口、经济损失等）间的数量关系，即洪水灾害脆弱性曲线（图 7-3），进而构建不同等级洪水灾害的损失标准。

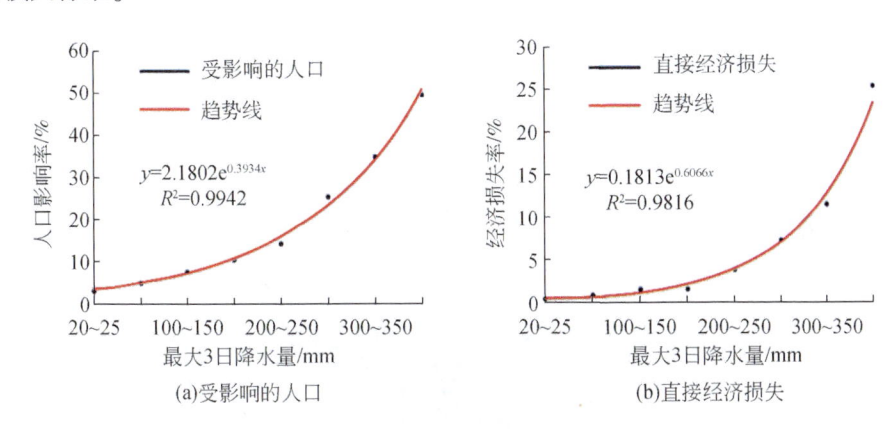

图 7-3 中国洪水灾害脆弱性曲线

(a) 受影响的人口：$y = 2.1802 e^{0.3934x}$，$R^2 = 0.9942$

(b) 直接经济损失：$y = 0.1813 e^{0.6066x}$，$R^2 = 0.9816$

以中国为例，不同等级洪水灾害的经济损失率和人口影响率的空间分布如图 7-4 和图 7-5 所示。全国共划分五个区域：①西北地区西部和青藏高原区，包括新疆、甘肃、宁夏、青海和西藏，该区域轻度、中度、重度洪水灾害的经济损失率和人口影响率分别为 0.50% 和 5.00%、2.10% 和 10.00%、9.00% 和 20.00%；②华北和东北区，包括黑龙江、吉林、辽宁、河北、北京、天津、山东、河南、山西、陕西和内蒙古，该区域轻度、中度、重度洪水灾害的经济损失率和人口影响率分别为 0.85% 和 5.42%、2.00% 和 10.16%、11.83% 和 30.73%；③华中地区和华东区，包括江苏、上海、浙江、安徽、江西、湖南和湖北，该区域轻度、中度、重度洪水灾害的经济损失率和人口影响率分别为 0.51% 和 6.64%、2.11% 和 16.07%、5.83% 和 30.27%；④华南区，包括福建、台湾、广东、香港、澳门和广西，该区域轻度、中度、重度洪水灾害的经济损失率和人口影响率分别为 0.54% 和 7.01%、1.24% 和 10.69%、6.68% 和 26.31%；⑤西南区，包括四川、重庆、云南和贵州，该区域轻度、中度、重度洪水灾害的经济损失率和人口影响率分别为 0.50% 和 6.88%、2.04% 和 14.83%、8.35% 和 32.08%。

(a)轻度　　　　　　　　　　　　(b)中度

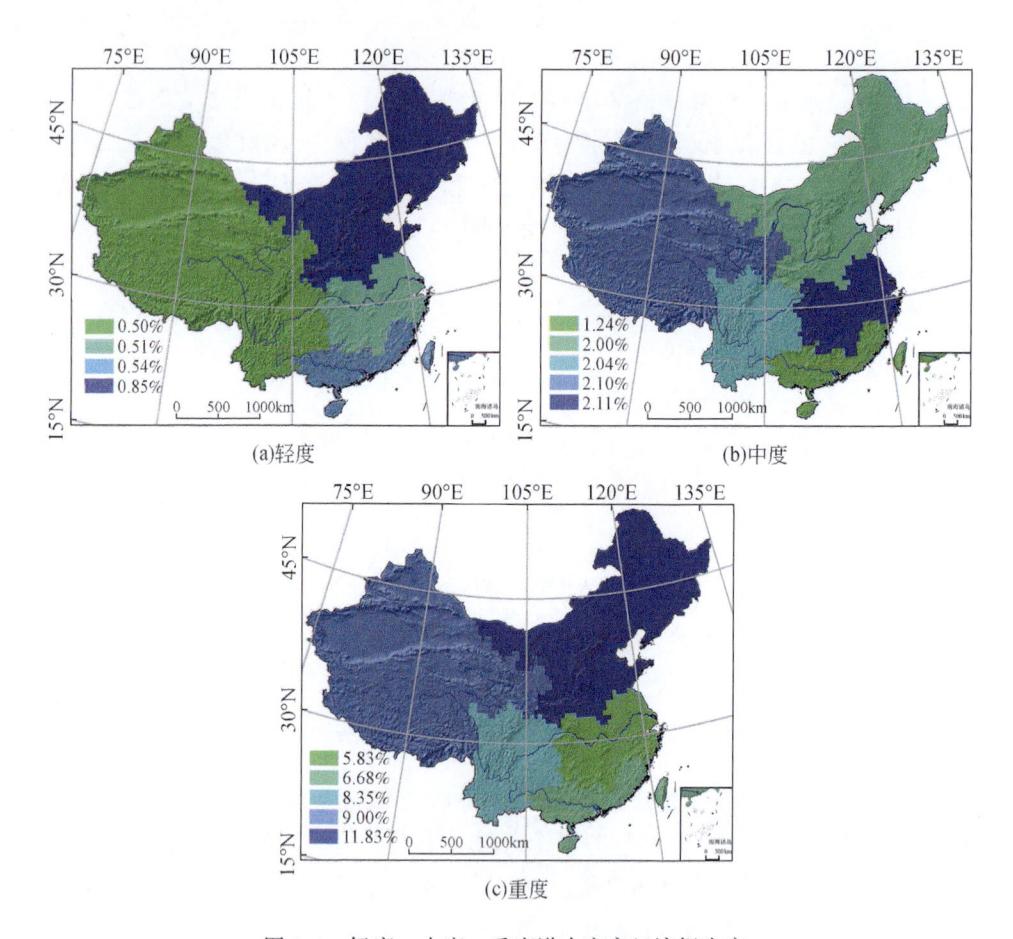

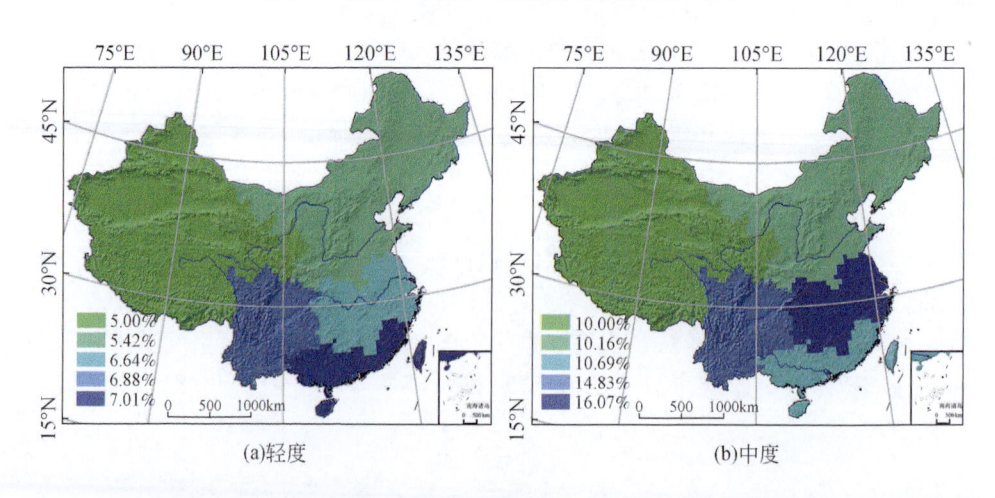

(c)重度

图7-4　轻度、中度、重度洪水灾害经济损失率

(a)轻度　　　　　　　　　　　　(b)中度

第 7 章 | 气候变化风险评估技术

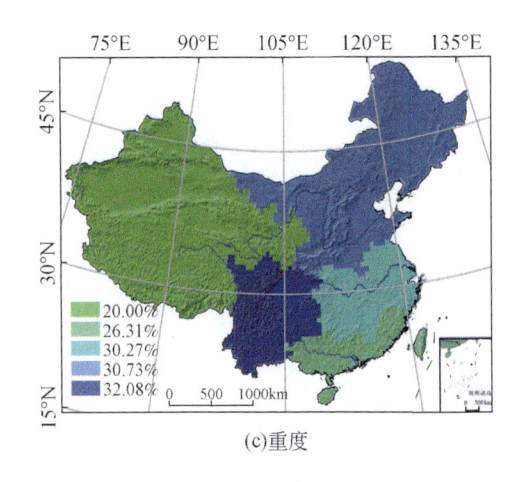

(c) 重度

图 7-5 轻度、中度、重度洪水灾害人口影响率

由此，根据 GDP 和人口数据，以及不同等级洪水灾害的经济损失率及人口影响率，可以得到洪水灾害的经济脆弱性和人口脆弱性：

$$V_{\text{FGDP}} = \text{GDP} \times r_{\text{GDP}} \tag{7-17}$$

式中，V_{FGDP} 为洪水灾害下的经济脆弱性；GDP 为国内生产总值；r_{GDP} 为各区域经济损失率。

$$V_{\text{FPOP}} = \text{POP} \times r_{\text{POP}} \tag{7-18}$$

式中，V_{FPOP} 为洪水灾害下的人口脆弱性；POP 为中国人口分布；r_{POP} 为各区域人口影响率。

（4）洪水风险评估。

综合极端气候事件危险性、承灾体的暴露度和脆弱性，洪水灾害风险的表达式为

$$R_{\text{F}} = H_{\text{F}} \times V_{\text{F}} \tag{7-19}$$

式中，R_{F} 为洪水灾害风险；H_{F} 为洪水灾害危险性；V_{F} 为洪水灾害承灾体脆弱性。

7.2.2.2 渐变事件风险评估

渐变事件是指某些风险发生于驱动力对承灾体作用的长时间积累，当积累超过某个阈值时，发生突变，产生不利影响。这一类风险往往出现于生态系统过程，其特征是，气候变化因素既是致灾因子，同时又是生态系统的动力。此类风险的评估，首先是应用生态机理模型对生态系统进行模拟，然后结合生态受损阈值和碳源汇发展趋势，估算生态系统风险的程度。

| 87 |

未来气候变化会对生态系统产生诸如生态区域的转移、生物物种与生境的损失，以及生态系统功能和结构的破坏等风险。除了灾害内容（如极端气候事件、林火、病虫害等）外，生态系统生产力相关风险无法按照自然灾害的方法论来评估。将生态系统的脆弱性（生态系统功能和结构破坏的程度）作为非愿望事件发生的后果程度，按照风险管理的定义，气候变化为致灾危险性因子，生态系统为承灾体，而气候情景即是气候发生变化的可能性，三者构成了气候变化的风险。由此，生态系统风险评估仍可沿用灾害风险评估的主要因素：致灾因子危险性、承灾体脆弱性、承灾体暴露量等。但是，由于气候因子既是生态系统生产的动力，同时又是生态系统的致灾因子，以及考虑到生态系统的弹性恢复力，因而引入阈值的概念来评估其风险。

当生态系统受到环境的胁迫时，其结构、功能、生境均可能发生变化。生态系统响应与环境胁迫的幅度和速率有关，还与生态系统生物因子本身的稳定性有关，生态系统所承受的压力与环境胁迫的幅度和速率呈正相关关系（图7-6）。另外，生态系统自身具有抗干扰的弹性恢复力，可对外来胁迫进行调节，经过一定过程，系统可能适应或恢复。但如果环境胁迫的幅度或速率超过生态系统的调节能力，则系统将变得脆弱甚至发生逆向演替。

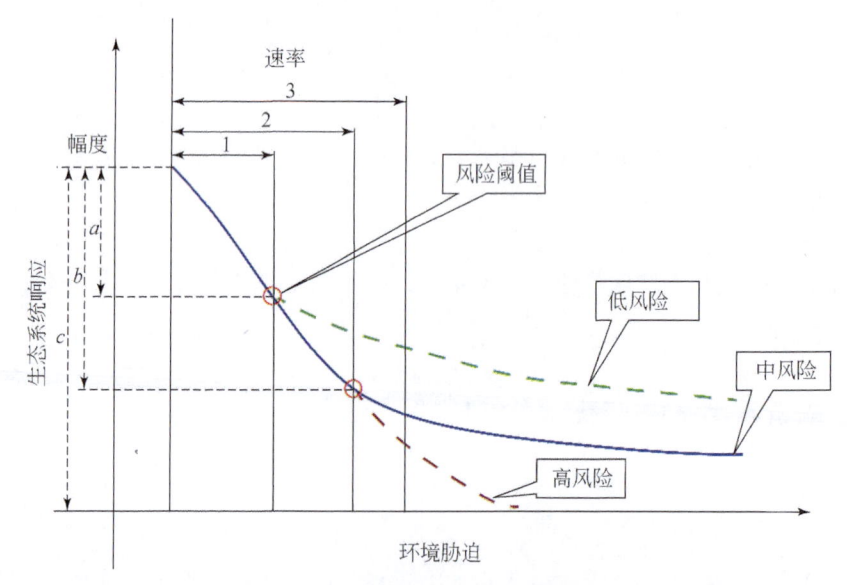

图7-6 生态系统响应环境胁迫

1）气候变化对生态系统风险评估方法

NPP是表征生态系统生产功能，即生产力和系统的稳定性的一个重要参数。本研究以NPP的未来变化趋势来表征生态系统的风险等级。

第 7 章 | 气候变化风险评估技术

隆德-波茨坦-耶拿动态全球植被模型（Lund-Potsdam-Jena Dynamic Global Vegetation Model，LPJ-DGVM）是由瑞典隆德大学、德国波茨坦气候影响研究所和耶拿马普生物地球化学研究所合作研制的全球动态植被模型（Sitch et al.，2003）。LPJ-DGVM 是描述大尺度陆地生态动力过程和陆气相互作用的生物化学模型，其基本流程如图 7-7 所示。模型输入参数包括纬度、气候、土壤质地、CO_2，基于物候学的动力过程，考虑生态系统和环境干扰等要素，模拟计算 NPP 和植被-土壤-大气之间的碳循环过程。

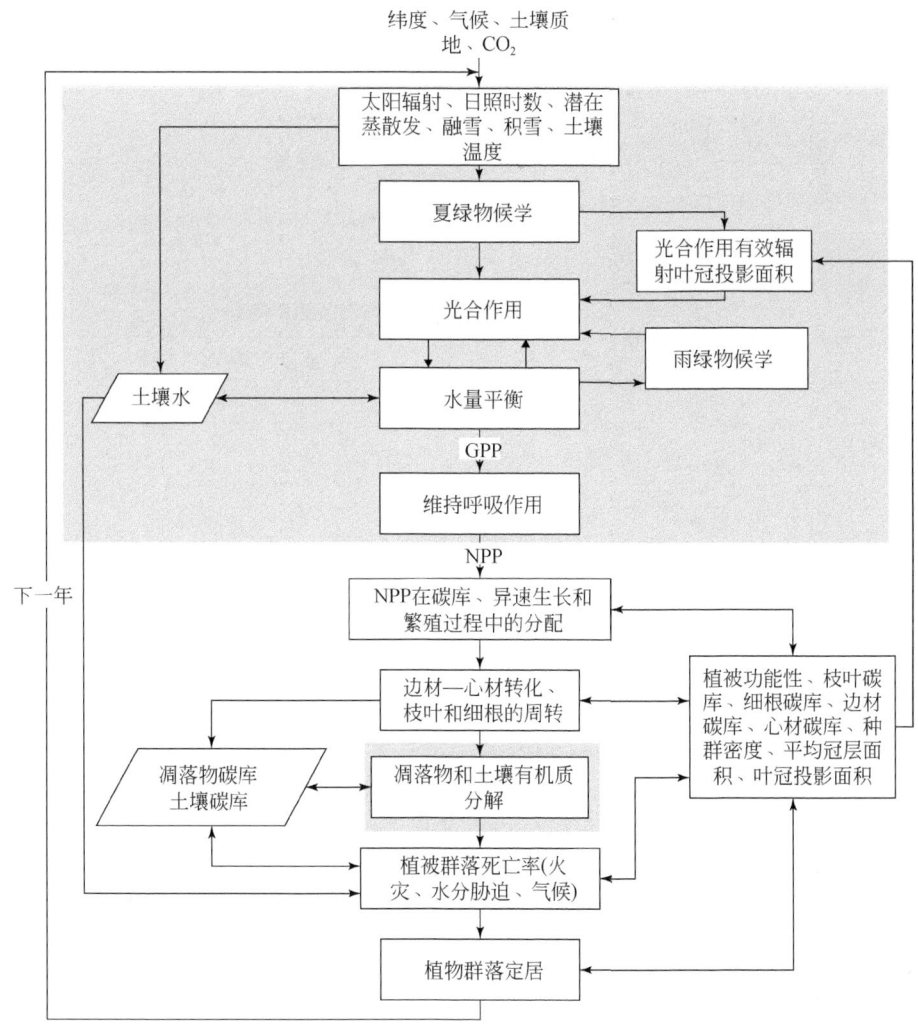

图 7-7 LPJ-DGVM 流程图（Sitch et al.，2003）
GPP 为 Gross Primary Production，即总初级生产量

本研究使用来自中国气象局国家气候中心空间分辨率为 0.5°×0.5°的 1981～2010 年模拟试验数据和 2011～2099 年未来气候情景（RCP4.5 和 RCP8.5）预估数据，驱动 LPJ-DGVM 模拟计算 NPP 的变化趋势。将未来时段多年 NPP 均值减去基准期的多年 NPP 均值得到差值大于等于 0 的栅格，定为无风险，并求差值小于 0 的栅格的标准差和平均值，标准差的计算公式为

$$\delta = \sqrt{\frac{\sum_{i=1}^{n}(x_i - \bar{x})^2}{n-1}} \quad (7-20)$$

式中，δ 为差值小于 0 的栅格的标准差；x_i 为差值小于 0 的 i 栅格的 NPP 值；$\bar{x}$ 为差值小于 0 的栅格的平均值。

未来时段与基准期 NPP 差值距标准差倍数 α 的计算公式为

$$\alpha = \frac{x_i - \bar{x}}{\delta} \quad (7-21)$$

最后，依据距标准差倍数确定生态系统风险等级（表 7-1）。

表 7-1　距标准差倍数对应的生态系统风险等级

距标准差倍数	生态系统风险等级
<-0.25	高风险
-0.25～0.25	中风险
0.25～0.75	低风险
≥0.75	无风险

2）气候变化对粮食安全风险评估

作物环境资源综合系统（Crop Environment Resource Synthesis，CERES）是美国农业技术转移国际基准网络（International Benchmark Sites Network for Agrotechnology Transfer，IBSNAT）开发的嵌入农业技术转移决策支持系统（Decision Support System for Agrotechnology Transfer，DSSAT）的一个动态力学模型，它根据环境要素（土壤和气候）和农业管理（作物品种、种植条件、肥料和灌溉）计算每天的发育和生长，已在世界范围内得到广泛的应用。本研究使用 Xiong 等（2008）应用 CERES 模型模拟的未来气候变化情景下的粮食生产数据，以水稻、小麦、玉米、大豆产量之和代表粮食产量，以未来时段粮食产量相对于基准时段的变化程度作为粮食安全风险的评价指标。具体算法可以表述为

$$Q = Y_t / Y_0 \quad (7-22)$$

式中，Q 为未来时段粮食产量相对于基准时段的变化程度；Y_t 为未来 t 时段的粮食产量；Y_0 为基准时段的粮食产量。

结合农业部门和民政部门减灾活动要求，本研究采用如下定义：未来粮食产量减产2%的年份定义为歉年，减产5%的年份定义为灾年，并以此作为粮食产量变化程度评价的临界值（邓国等，2002），具体表达为

$$\begin{cases} Q \geqslant 1 & \text{无风险} \\ 0.98 \leqslant Q < 1 & \text{低风险} \\ 0.95 \leqslant Q < 0.98 & \text{中风险} \\ Q < 0.95 & \text{高风险} \end{cases} \tag{7-23}$$

此外，未来粮食产量增长的部分（即 $Q \geqslant 1$），亦可应用距标准差倍数法进行分级：使用无风险产量的平均值，加/减无风险产量标准差的1/4，将产量增长部分同样划分为三个等级。具体划分标准为

$$\begin{cases} Q \geqslant \bar{Q}_1 + \frac{1}{4}\sigma_1 & \text{显著增加} \\ \bar{Q}_1 - \frac{1}{4}\sigma_1 \leqslant Q < \bar{Q}_1 + \frac{1}{4}\sigma_1 & \text{无明显变化} \\ Q < \bar{Q}_1 - \frac{1}{4}\sigma_1 & \text{显著减少} \end{cases} \tag{7-24}$$

式中，$\bar{Q}_1$ 为粮食产量增长部分的平均产量；σ_1 为粮食产量增长部分的标准差。

7.2.3　气候变化综合风险评估

本研究依据《联合国气候变化框架公约》的最终目标，确定了人口、经济、粮食生产和生态四个承灾体，进而基于气候变化风险定量评估理论，采用突发事件风险评估方法评估了干旱、高温热浪、洪水等极端气候事件造成的人口和经济风险，采用渐变事件风险评估方法评估了粮食生产和生态风险。气候变化综合风险由人口、经济、粮食生产和生态四个承灾体综合得到。具体方法如下。首先，给承灾体不同等级风险赋值，高风险赋值为3，中风险赋值为2，低风险赋值为1，无风险赋值为0；然后，采用等权重叠置分析方法得到气候变化综合风险；最后，采用距标准差倍数方法划分气候变化综合风险等级。

第 8 章　自然灾害风险评估案例

8.1　苍南县台风灾害风险评估

8.1.1　台风灾害风险评估模型

2000~2017 年，苍南县共记录 41 次自然灾害，其中台风成灾 28 次，可见台风为苍南县最主要的自然灾害。

台风灾害风险评估采用如下模型进行计算：

$$R_{ij} = (D_i \times E_j) \times P_{ij} \tag{8-1}$$

$$R_{ij} = V_{ij} \times P_{ij} \tag{8-2}$$

式中，R_{ij} 为 j 县 i 等级台风灾害风险；D_i 为 i 等级台风灾害破坏程度；E_j 为 j 县承灾体暴露量；P_{ij} 为 j 县 i 等级台风发生可能性；V_{ij} 为 j 县 i 等级台风灾害承灾体脆弱性。台风强度等级与热带气旋类型相对应，即 3 级为强热带风暴、4 级为台风、5 级为强台风、6 级为超强台风。

8.1.2　台风灾害危险性评估

分析苍南县台风路径及自然条件，建立台风灾害风险评估指标体系（表 8-1），采用层次分析法，确定各指标权重系数，采用加权平均方法，得到苍南县台风灾害危险性等级。

表 8-1　苍南台风灾害风险评估指标体系及其权重

目标层	准则层	权重	指标层	权重	综合权重
台风灾害风险	危险性	0.2500	路径长度（m）	0.4667	0.2333
			路径密度（m/km²）	0.4667	0.2333
			河网密度（m/km²）	0.0666	0.0333

第8章 | 自然灾害风险评估案例

计算 2000~2017 年苍南县台风路径长度和路径密度（图 8-1 和图 8-2），结果呈现西部高、中东部低的格局，莒溪镇危险性最高，桥墩镇、矾山镇、马站镇较高。河网密度呈现中部河网密集、东部和西部河网稀疏的空间格局，宜山镇最高，为 631.25m/m²，灵溪镇其次，为 518.65m/m²，炎亭镇、大渔镇无河流穿过（图 8-3）。

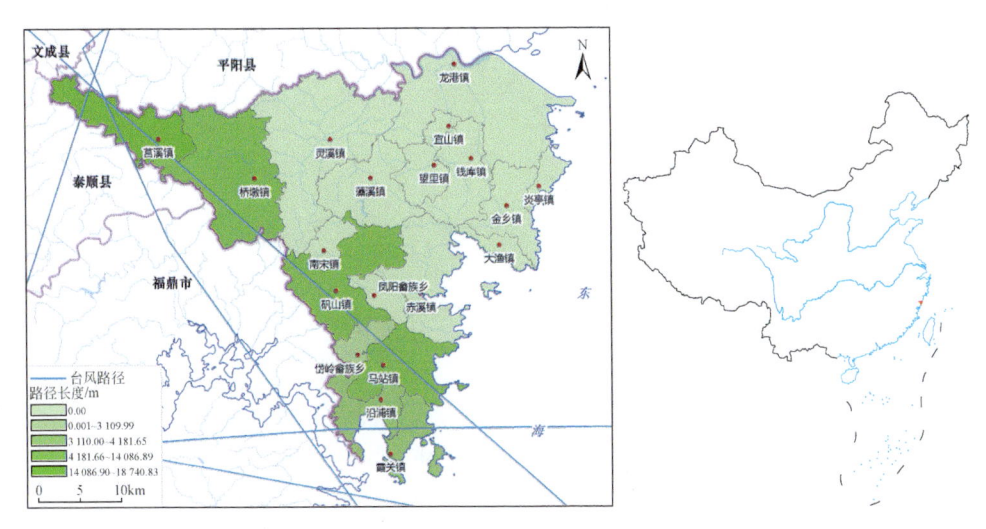

图 8-1 苍南县台风路径长度

2019 年龙港镇撤销，龙港市挂牌成立，因研究需要，本书采用 2018 年苍南县行政区划

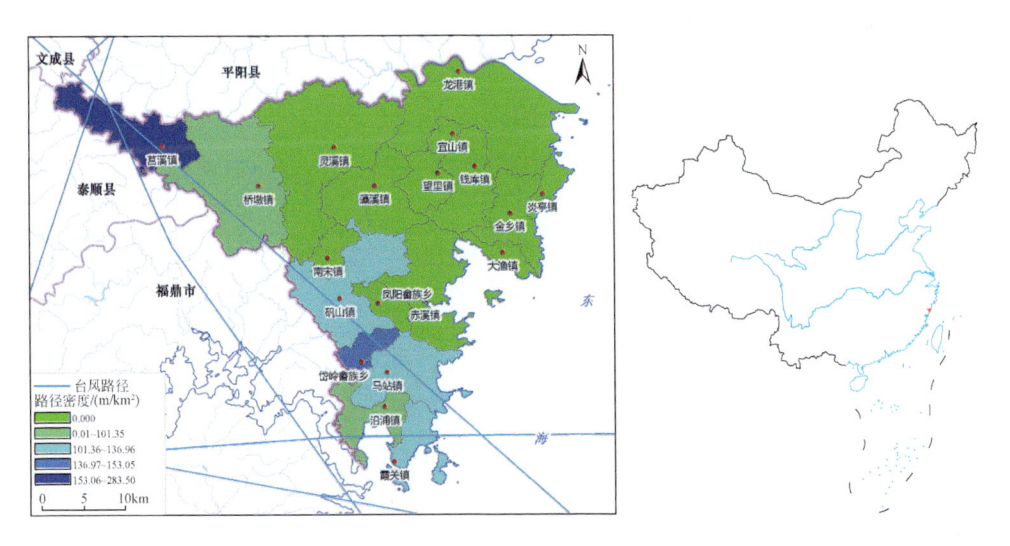

图 8-2 苍南县台风路径密度

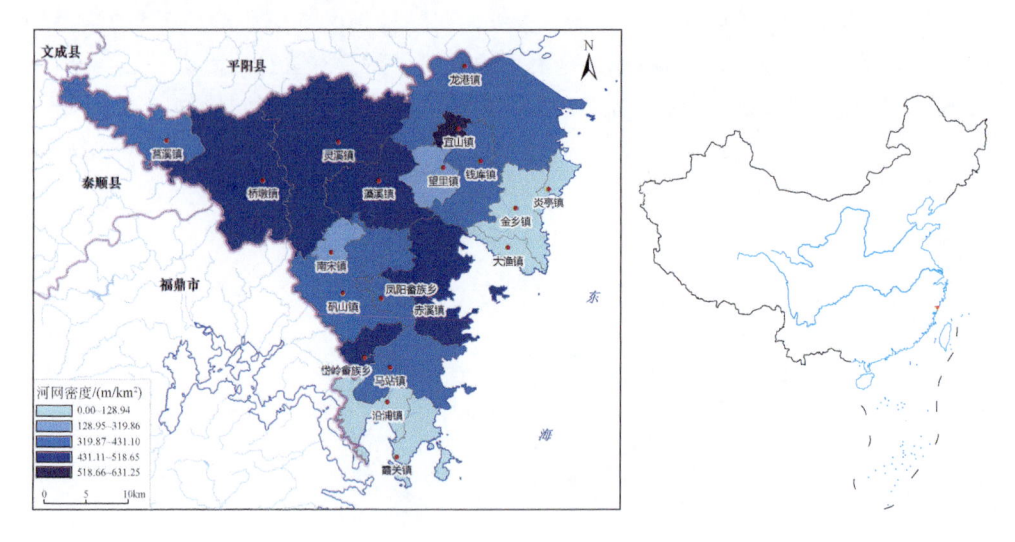

图 8-3　苍南县台河网密度分布

综上上述三个因子，苍南县强热带风暴灾害危险性自西向东逐渐降低，莒溪镇危险性最高，炎亭镇、金乡镇和大渔镇危险性最低（图 8-4）；台风灾害危险性内低外高，莒溪镇和龙港镇危险性最高，沿浦镇和霞关镇次之（图 8-5）；强台风灾害危险性全县基本一致，霞关镇危险性较低（图 8-6）；超强台风灾害危险性南高北低，马站镇危险性最高，灵溪镇、南宋镇、藻溪镇、望里镇和宜山镇危险性最低（图 8-7）。

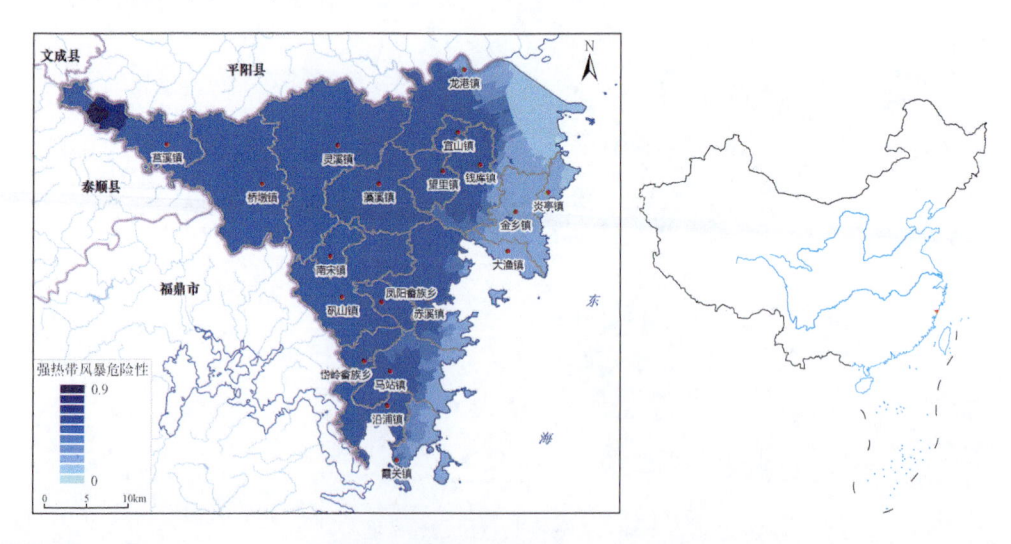

图 8-4　苍南县强热带风暴灾害危险性分布

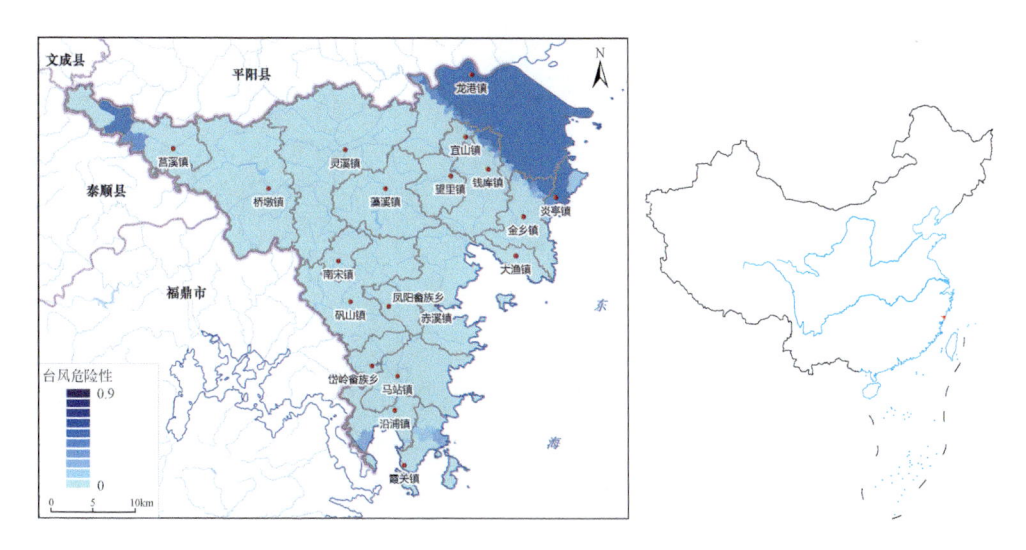

图 8-5　苍南县台风灾害危险性分布

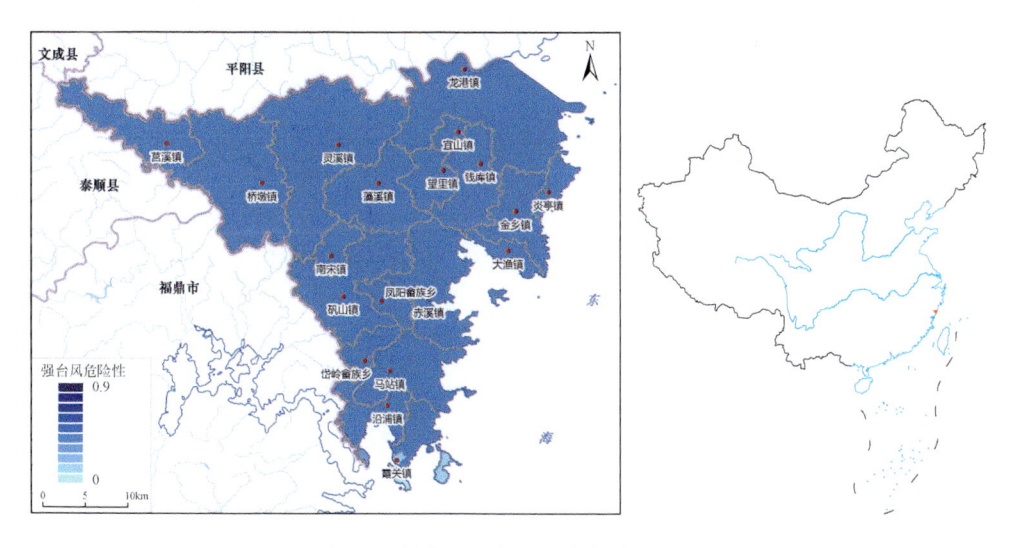

图 8-6　苍南县强台风灾害危险性分布

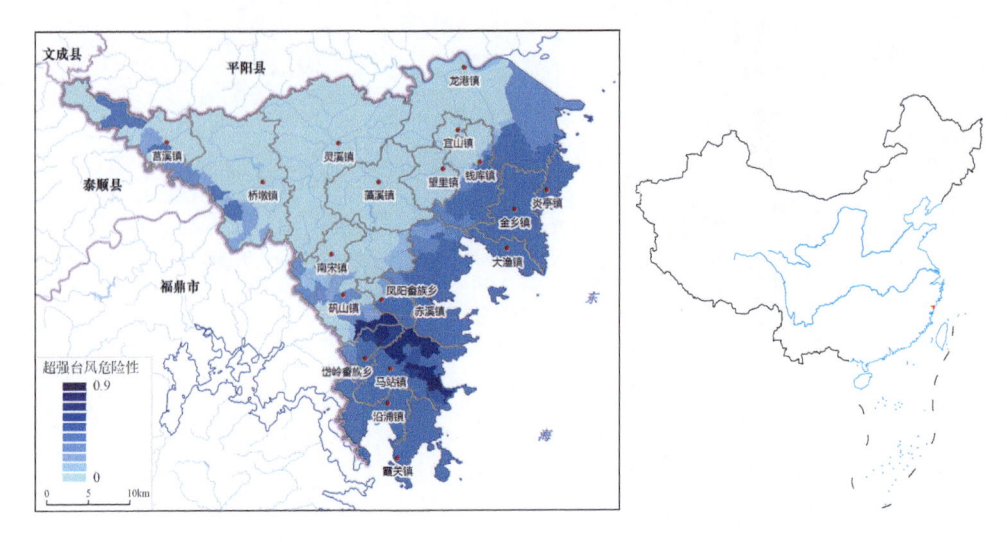

图 8-7　苍南县超强台风灾害危险性分布

8.1.3　台风灾害承灾体暴露度评估

依据中国气象行业标准《台风灾害影响评估技术规范》，台风灾害影响的评估因子为死亡人数（Death Toll）、农作物受灾面积（Crop Area Affected）、倒塌房屋数（Number of Collapsed Houses）和直接经济损失（Direct Economic Loss），这表明中国气象局的台风灾害损失数据主要为这四大类，同时中国气象局拥有完整的台风气象要素数据。

台风灾害影响的4个评估因子定义如下。

死亡人数：以台风灾害为直接原因导致死亡和失踪（下落不明）人口的数量（单位为人）。

农作物受灾面积：因台风灾害减产1成（含1成）以上的农作物播种面积（单位为千公顷，反映农作物受到灾害影响的范围，如果同一地块的当季农作物多次因同一台风受灾，只计算其中受灾最重的一次）。

倒塌房屋数：指因台风灾害导致房屋两面以上墙壁坍塌，或房顶坍塌，或房屋结构濒于崩溃、倒毁，必须进行拆除重建的房屋数量（单位为万间）。

直接经济损失：台风灾害造成的全社会各种直接经济损失的总和（因灾停产、停运等造成的间接经济损失不统计在内）（单位为亿元）。

苍南县人口密度最高的区域位于宜山镇（3943.66人/m²），灵溪镇、龙港镇、金乡镇和钱库镇人口密度较高，呈中间集聚的态势（图8-8）。台风引起的狂风暴雨极易导致房屋倒塌，钢混结构、砖混结构相对而言抗灾能力较强，倒塌可能性低，重点关注砖木结构、土木结构、石砌结构在苍南县的分布比例，凤阳畲族乡（简称凤阳乡）、霞关镇砖木及以下结构房屋比例高达68%，为全县最高，岱岭畲族乡（简称岱岭乡）、赤溪镇砖木及以下结构房屋比例介于53.01%~60.00%，藻溪镇、大渔镇砖木及以下结构房屋比例较低，为38%（图8-9）。

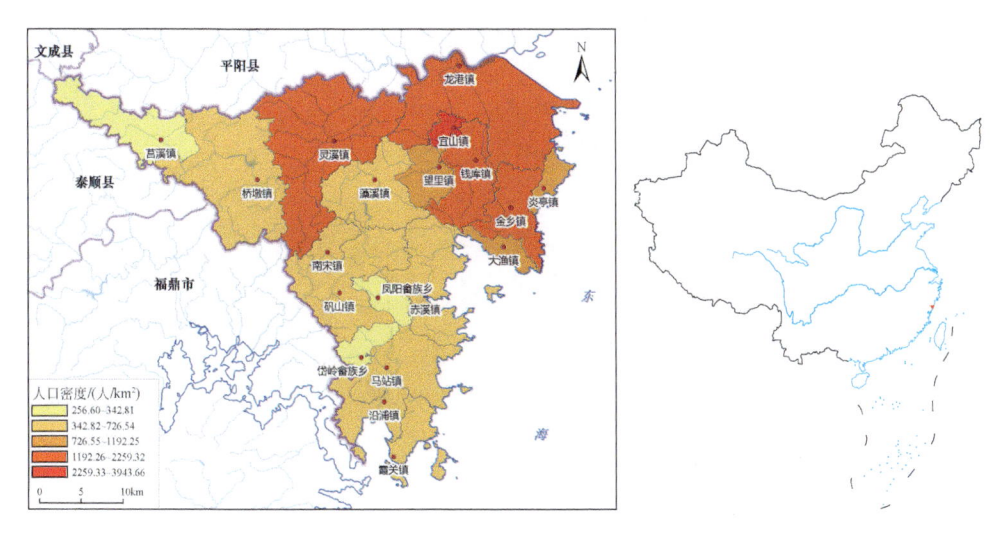

图 8-8　苍南县人口密度分布

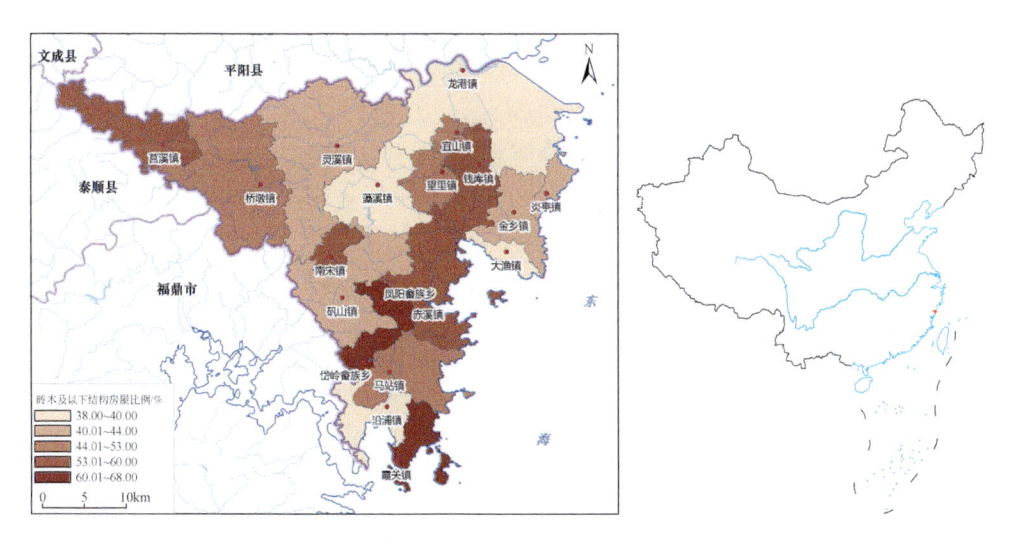

图 8-9　苍南县房屋结构分布

苍南县共有各类学校161所（初等、中等学校各80所、高等学校1所），主要集中分布在灵溪镇、龙港镇（图8-10）。以钢混结构房屋为主的学校有103所，约占学校总数的63.98%；以砖混结构房屋为主的学校有56所，约占学校总数的34.78%；仅2所学校房屋主体结构以其他结构为主。苍南县共有医院23所，其中三级医院1所、二级医院3所、乡镇卫生所19所。其中，灵溪镇有3所(图8-11)。苍南县规模以上工业企业共有305家，集中分布在龙港镇（159

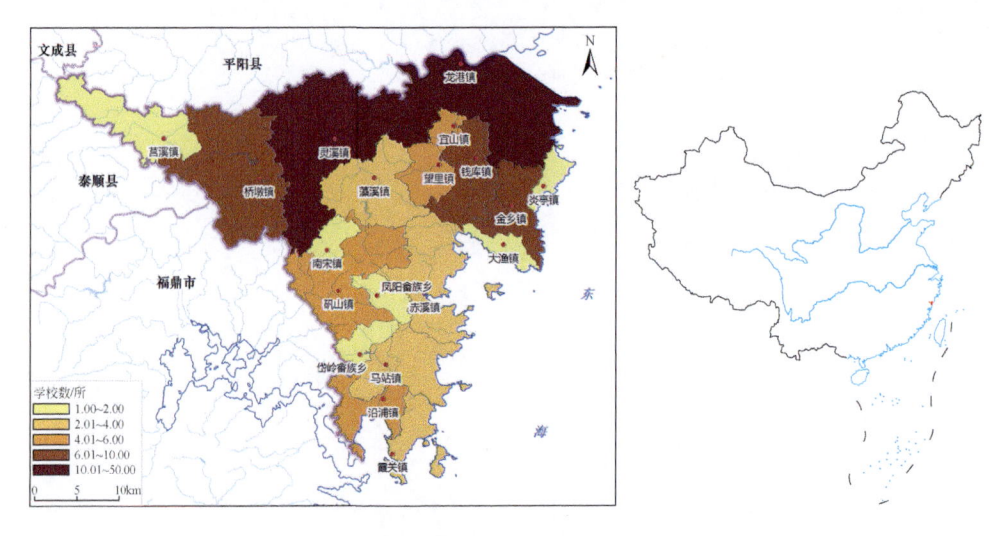

图8-10 苍南县学校分布

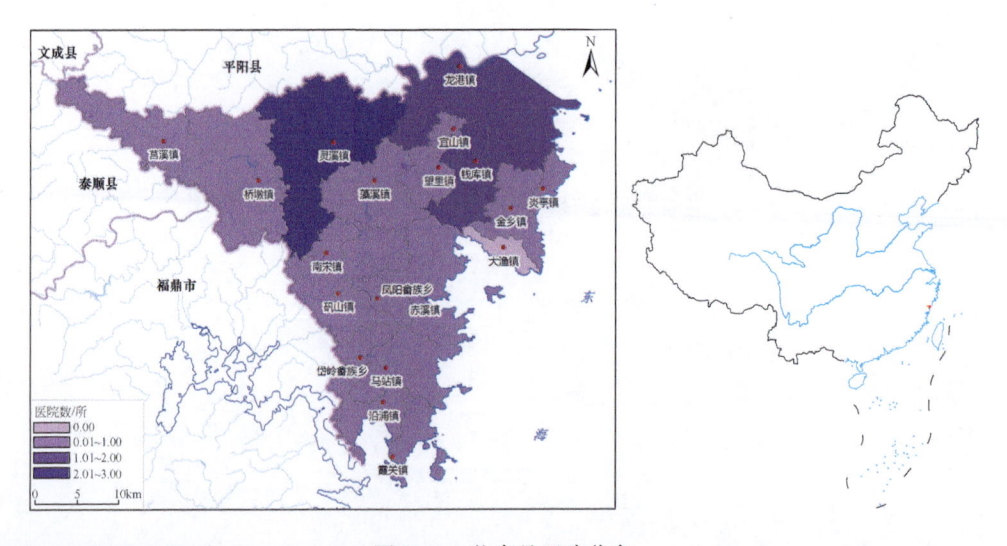

图8-11 苍南县医院分布

家）和灵溪镇（66家），其他分布在钱库镇、金乡镇和宜山镇，其余乡镇无规模以上工业企业分布（图8-12）。苍南县大型商场共有6家，分别位于灵溪镇（3家）、龙港镇（2家）和宜山镇（1家）（图8-13）。苍南县4处旅游景点分别位于西部的桥墩镇、南部的马站镇和东部的炎亭镇（图8-14）。紧急避难场所分乡镇级、村级和社区级，灵溪镇紧急避难场所面积最大，达58 388.65m², 龙港镇次之，为35 202.00m², 紧急避难场所面积最小的为凤阳乡，为518.00m², 其次为岱岭乡，为1350.27m², 空间上呈现防灾能力北强南弱的格局（图8-15）。

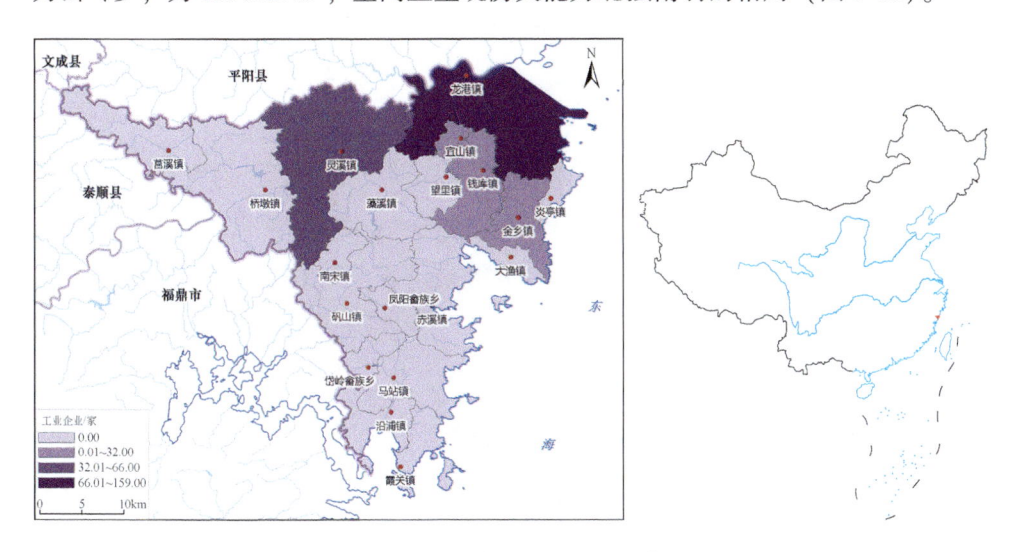

图 8-12 苍南县工业企业分布

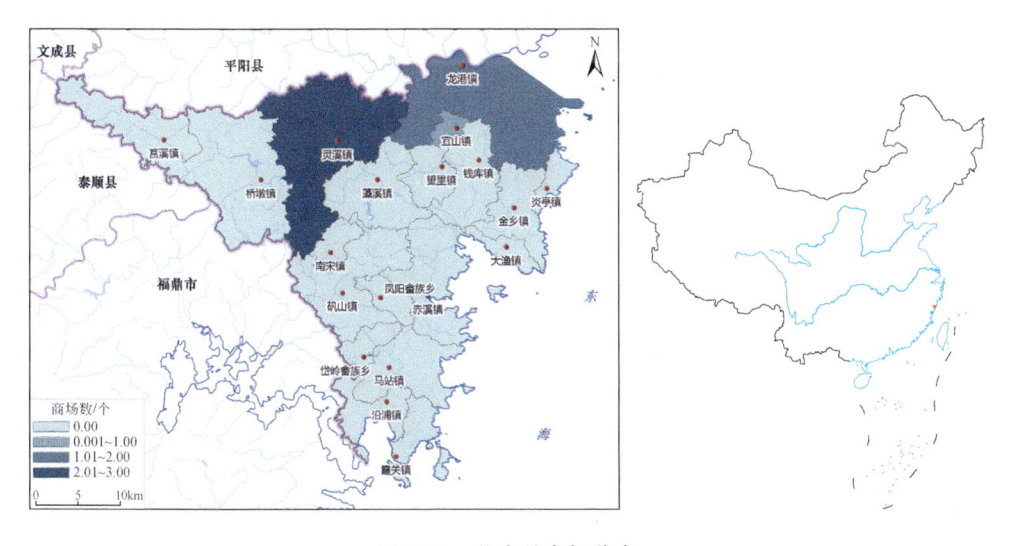

图 8-13 苍南县商场分布

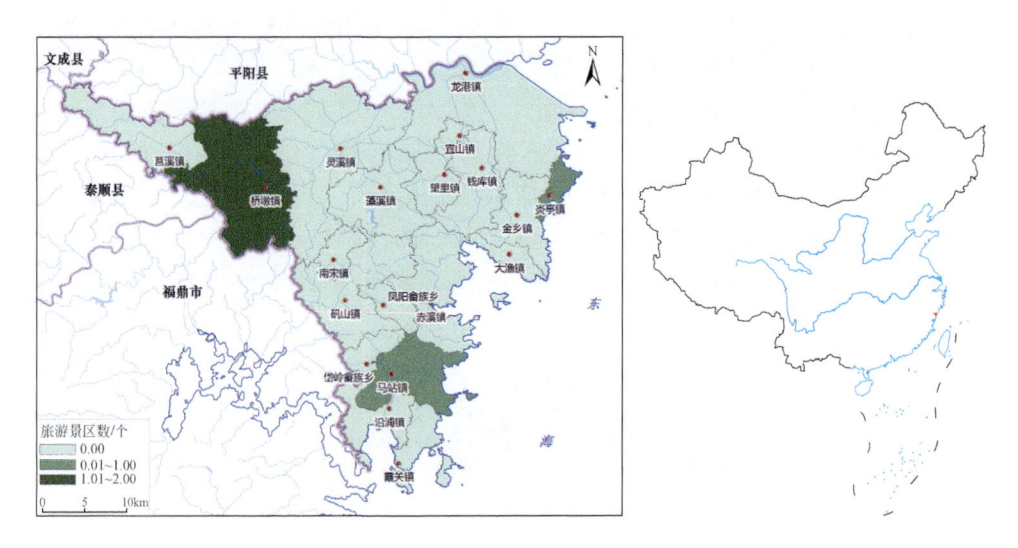

图 8-14　苍南县旅游景区分布

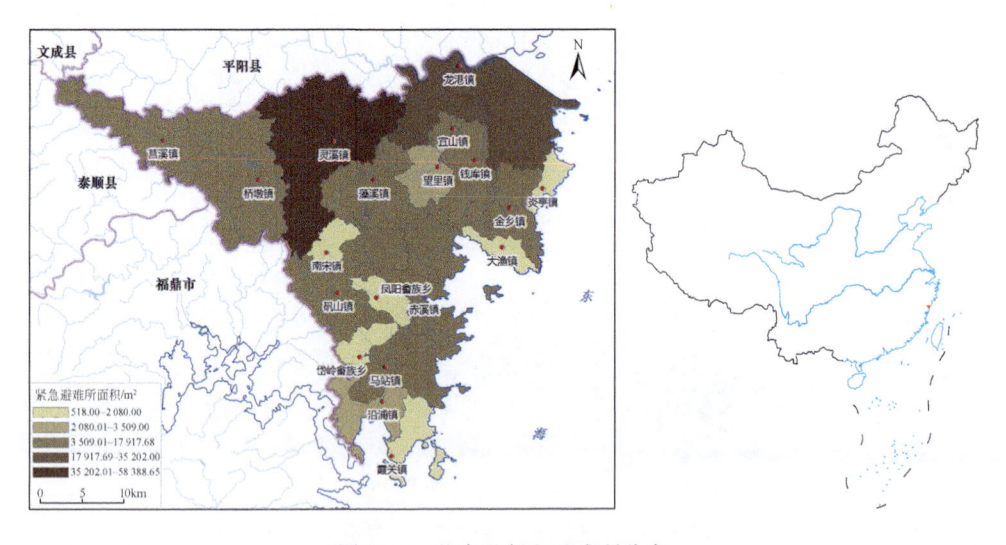

图 8-15　苍南县紧急避难所分布

8.1.4　台风灾害脆弱性评估

分析灾情数据，根据不同强度等级台风灾害造成的损失，构建台风灾害脆弱性曲线，随着台风强度增强，台风灾害造成的损失也呈明显的上升趋势，不同的承灾体表现出的脆弱性曲线略有差异（图 8-16 和表 8-2）。

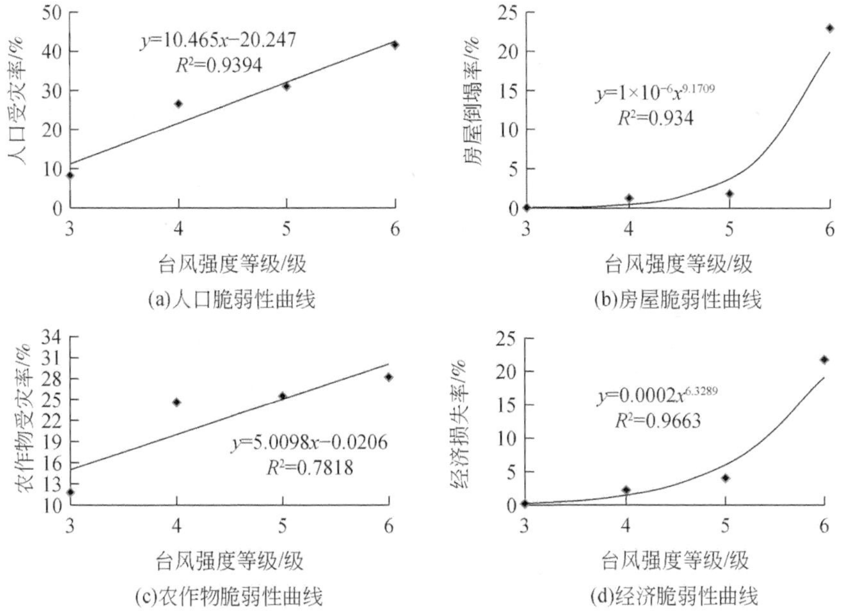
人口受灾率/%
y=10.465x−20.247
R²=0.9394
台风强度等级/级
(a)人口脆弱性曲线
房屋倒塌率/%
y=1×10⁻⁶x^9.1709
R²=0.934
台风强度等级/级
(b)房屋脆弱性曲线
农作物受灾率/%
y=5.0098x−0.0206
R²=0.7818
台风强度等级/级
(c)农作物脆弱性曲线
经济损失率/%
y=0.0002x^6.3289
R²=0.9663
台风强度等级/级
(d)经济脆弱性曲线

图 8-16　苍南县台风灾害脆弱性曲线

表 8-2　苍南县台风灾害脆弱性　（单位：%）

台风等级	人口受灾率	经济损失率	房屋倒塌率	农作物受灾率
3 级（强热带风暴）	8. 202	0. 208	0. 024	11. 792
4 级（台风）	26. 570	2. 227	1. 253	24. 606
5 级（强台风）	30. 995	4. 012	1. 806	25. 504
6 级（超强台风）	41. 609	21. 776	22. 972	28. 192

8. 1. 5　台风灾害风险评估结果

不同强度等级台风灾害造成的损失风险如下。

8. 1. 5. 1　强热带风暴灾害风险

强热带风暴灾害人口受灾风险分布呈北高南低的格局，灵溪镇受灾人口最多，超过 1 万人，其次是龙港镇和钱库镇，东部和南部的炎亭镇、大渔镇、凤阳乡和霞关镇受灾人口最少（图 8-17）；经济高风险区主要集中在人口和经济活动密集的灵溪镇、龙港镇和钱库镇，南部各乡镇风险较低（图8-18）；房屋倒塌风险和经济损失风险分布基本一致，均灵溪镇危险性最高，龙港镇和钱库镇次之（图8-19）；农作物风险较高的区域与其他几项相比，呈西移的态势（图8-20）。强热带风暴灾害综合风险呈现南低北高的格局，高风险区为灵溪镇、龙港镇、钱库镇和藻溪镇，中风险区为莒溪镇、桥墩镇、宜山镇、望里镇和马站镇（图8-21）。

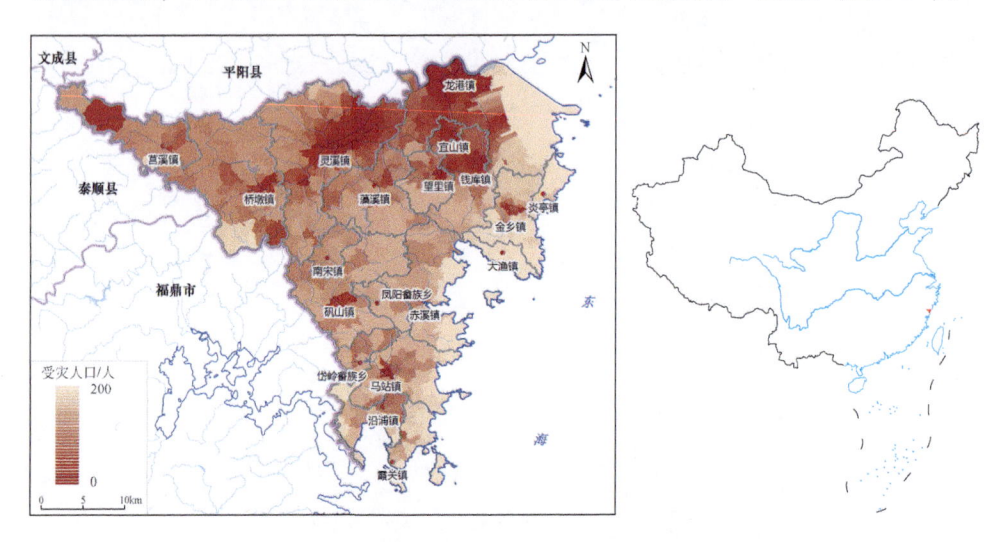

图8-17 苍南县强热带风暴灾害人口受灾风险空间格局

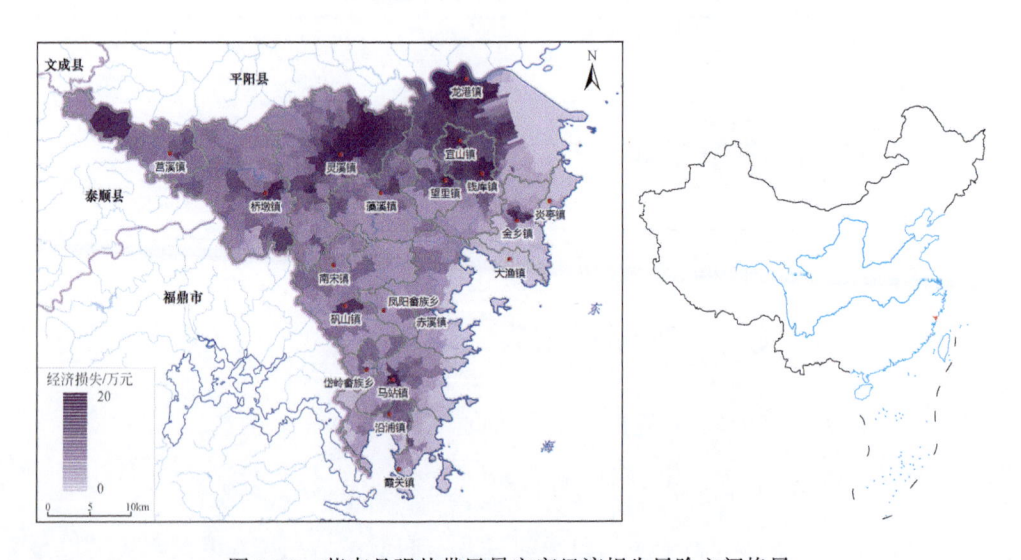

图8-18 苍南县强热带风暴灾害经济损失风险空间格局

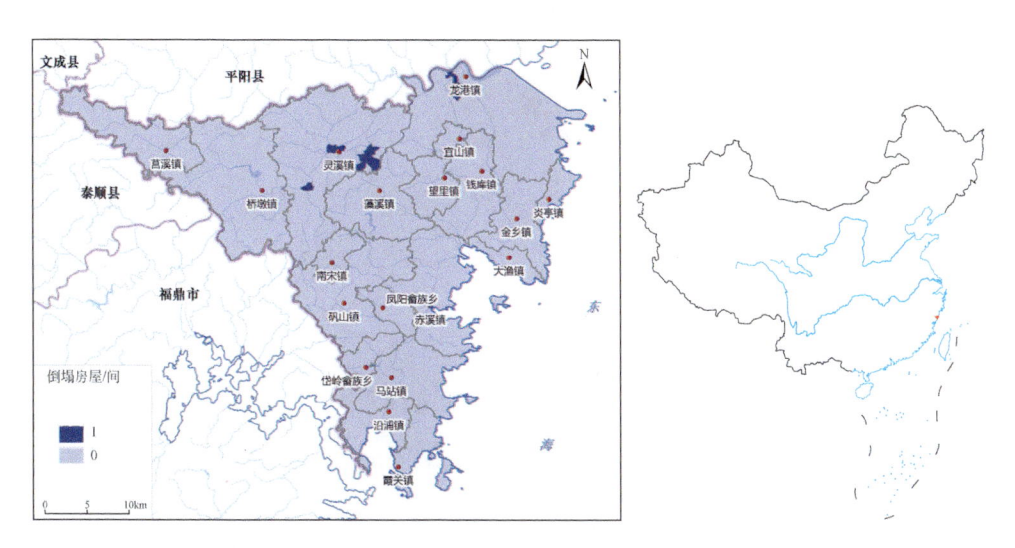

图 8-19　苍南县强热带风暴灾害房屋倒塌风险空间格局

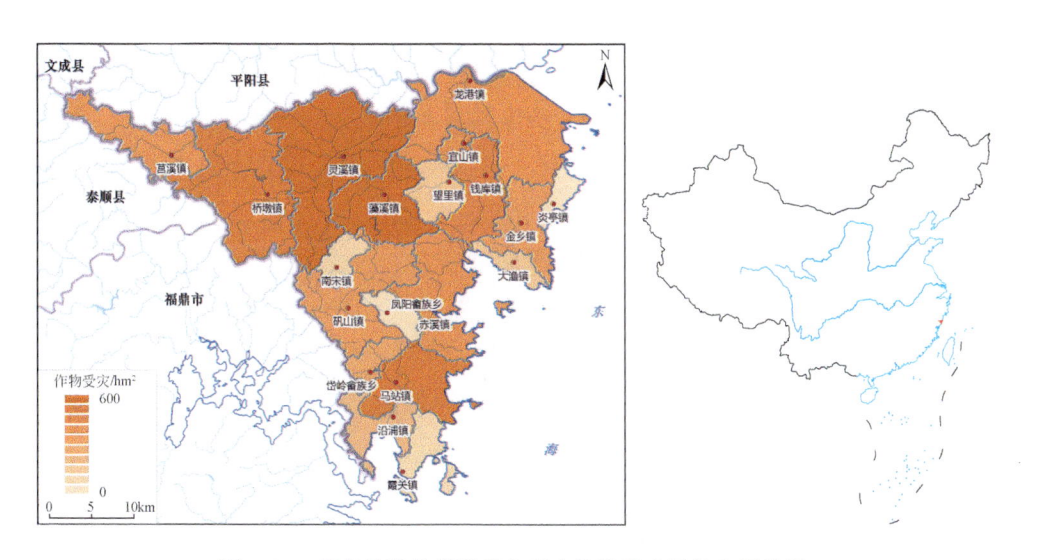

图 8-20　苍南县强热带风暴灾害农作物受灾风险空间格局

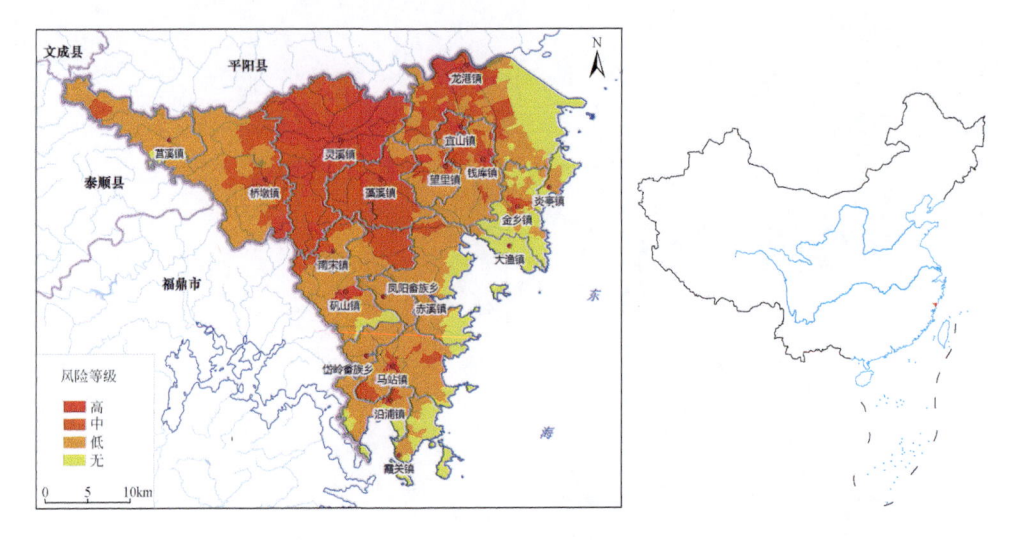

图 8-21　苍南县强热带风暴灾害综合风险空间格局

8.1.5.2　台风灾害风险

热带气旋增强为台风后，其人口、经济、房屋和农作物受灾风险总体呈南低北高、西低东高的布局，龙港镇风险最高，其次是灵溪镇，钱库镇人口和经济风险较高，藻溪镇、灵溪镇农作物受灾面积较大（图 8-22～图 8-25）。台风灾害综合风险呈现南低北高的格局，高风险区为灵溪镇、龙港镇、藻溪镇和金乡镇，中风险区为莒溪镇、桥墩镇、宜山镇、钱库镇和马站镇（图 8-26）。

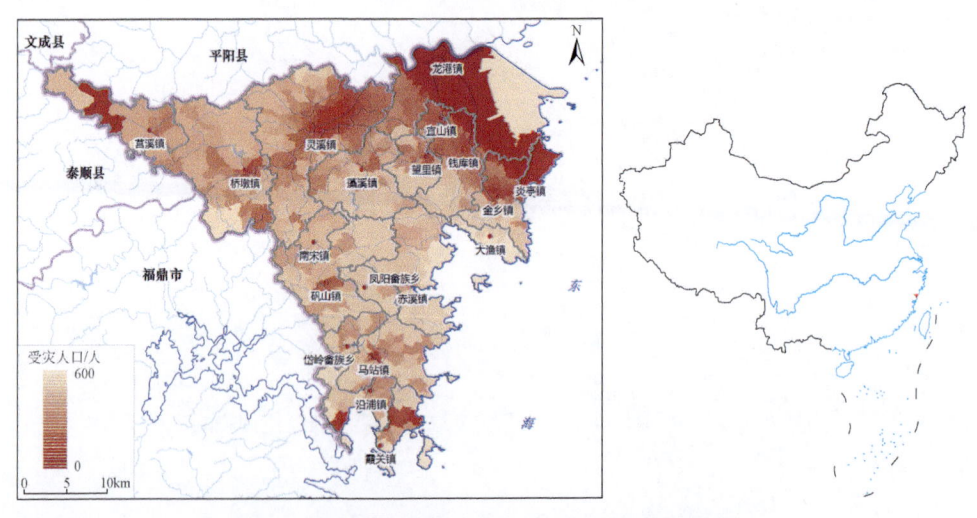

图 8-22　苍南县台风灾害人口受灾风险空间格局

第 8 章 | 自然灾害风险评估案例

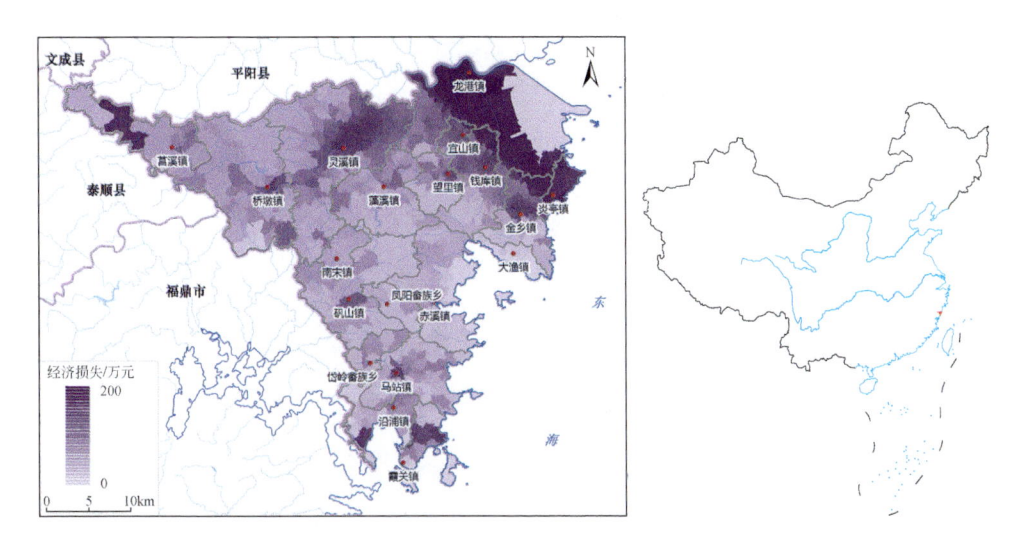

图 8-23　苍南县台风灾害经济损失风险空间格局

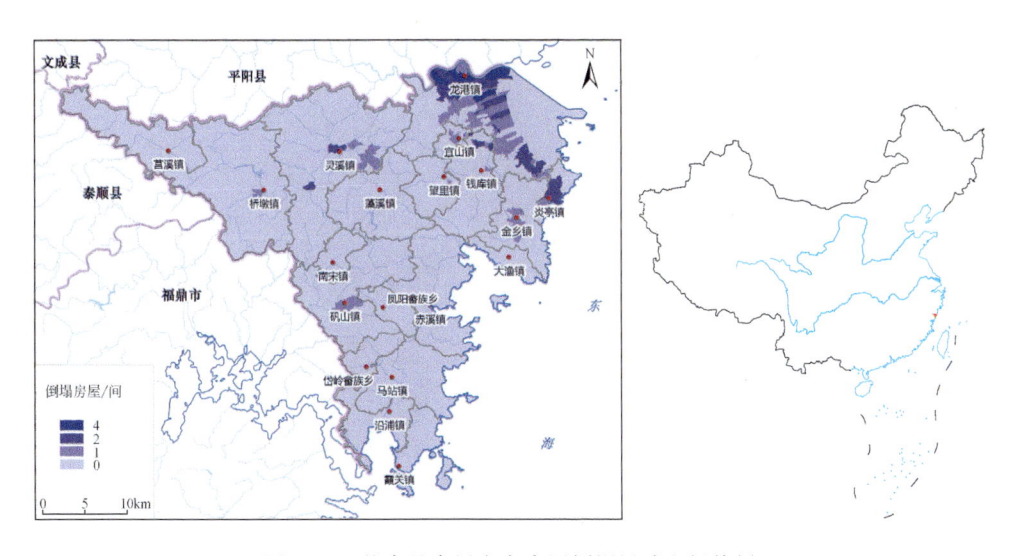

图 8-24　苍南县台风灾害房屋倒塌风险空间格局

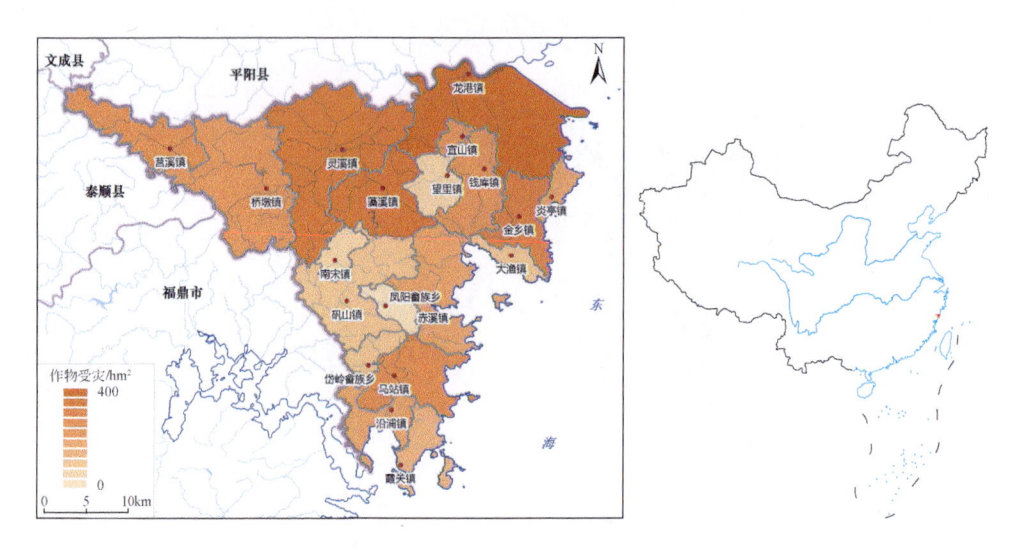

图 8-25　苍南县台风灾害农作物受灾风险空间格局

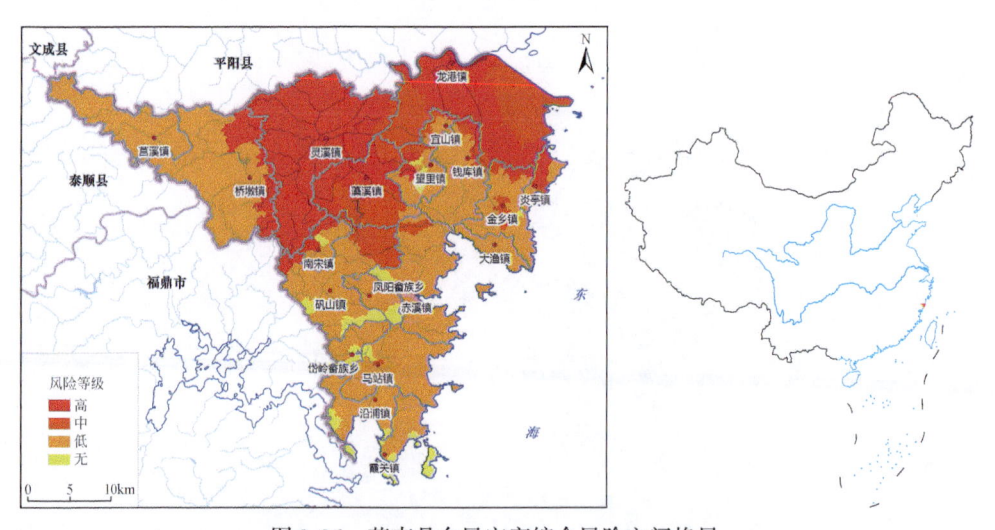

图 8-26　苍南县台风灾害综合风险空间格局

8.1.5.3　强台风灾害风险

受强台风影响的风险区域呈扩大态势,人口、经济、房屋和农作物受灾风险总体呈南低北高的格局,高风险仍然集中在人口、经济、住房密集的北部;人口、经济、房屋受灾高风险区为灵溪镇和龙港镇，其次为钱库镇和金乡镇（图8-27～图8-29）；农作物受灾高风险区为灵溪镇和藻溪镇，其次为龙港镇、桥墩镇、金乡镇和马站镇（图8-30）。强台风灾害综合风险呈现南低北高、西低东高的格局，高风险区为灵溪镇、龙港镇、藻溪镇和钱库镇，中风险区为桥墩镇、宜山镇、金乡镇、赤溪镇和马站镇（图8-31）。

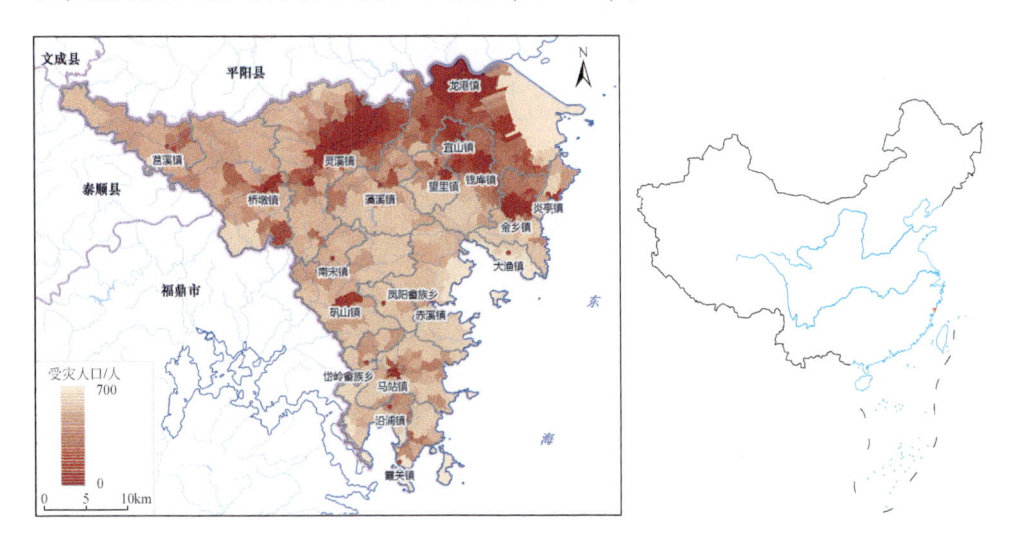

图8-27 苍南县强台风灾害人口受灾风险空间格局

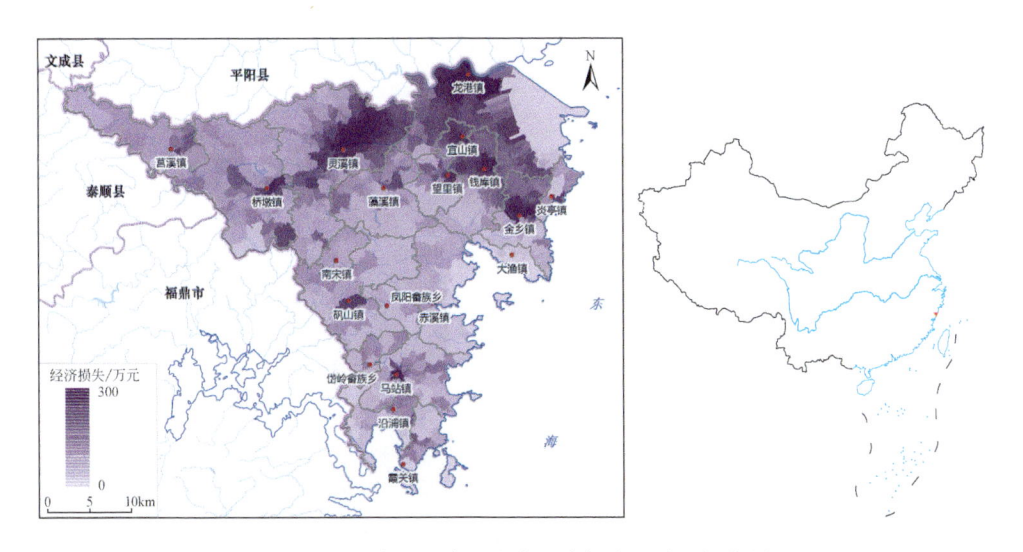

图8-28 苍南县强台风灾害经济损失风险空间格局

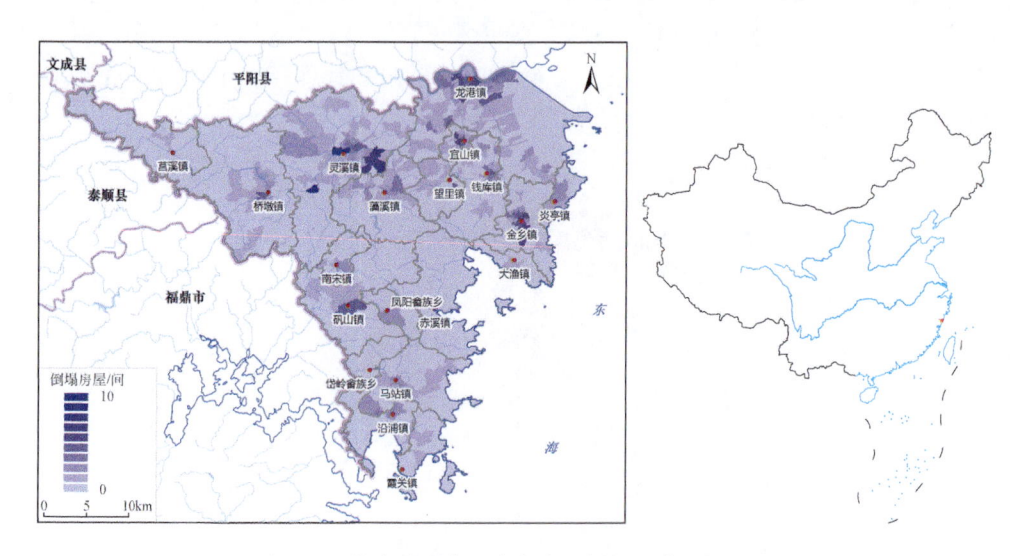

图 8-29　苍南县强台风灾害房屋倒塌风险空间格局

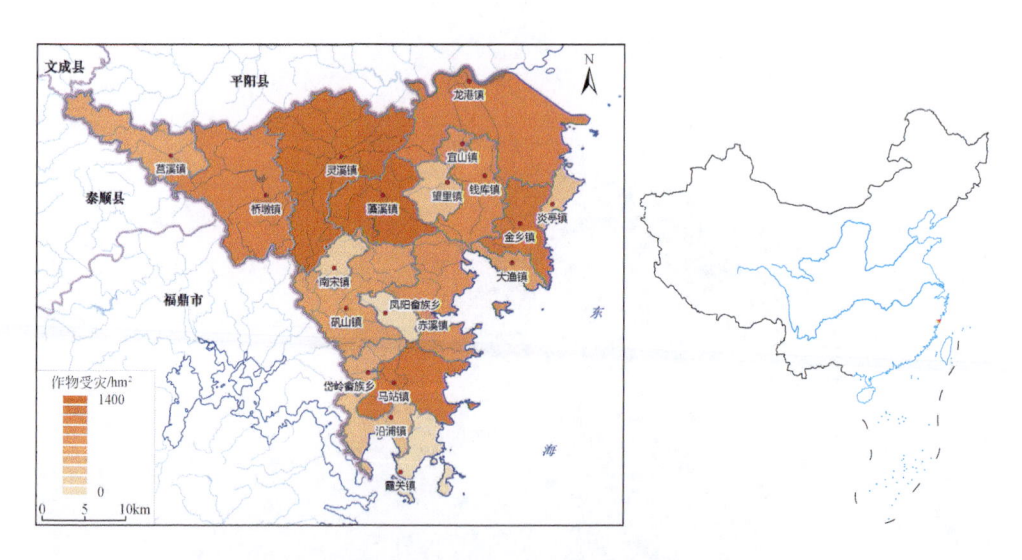

图 8-30　苍南县强台风灾害农作物受灾风险空间格局

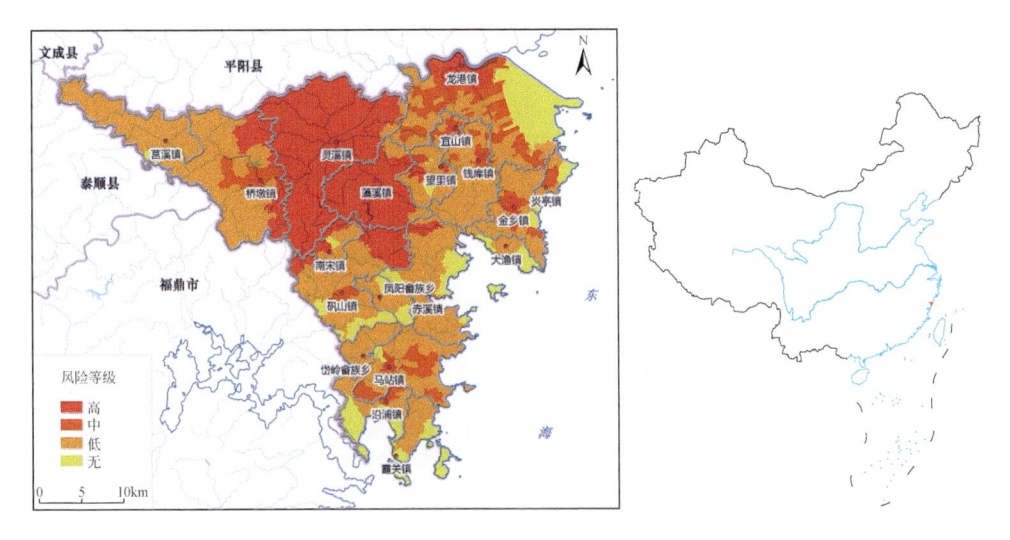

图 8-31　苍南县强台风灾害综合风险空间格局

8.1.5.4　超强台风灾害风险

超强台风造成的人口、经济、房屋和农作物受灾风险空间格局，正在改变之前的南低北高的态势，表现为在整个区域上的分布更为均衡，意味着巨大的能量带来全区的重大损失。人口和经济受灾风险呈南北高、中间低的分布格局，龙港镇风险最高，灵溪镇、桥墩镇、钱库镇、金乡镇和马站镇次之（图 8-32 和

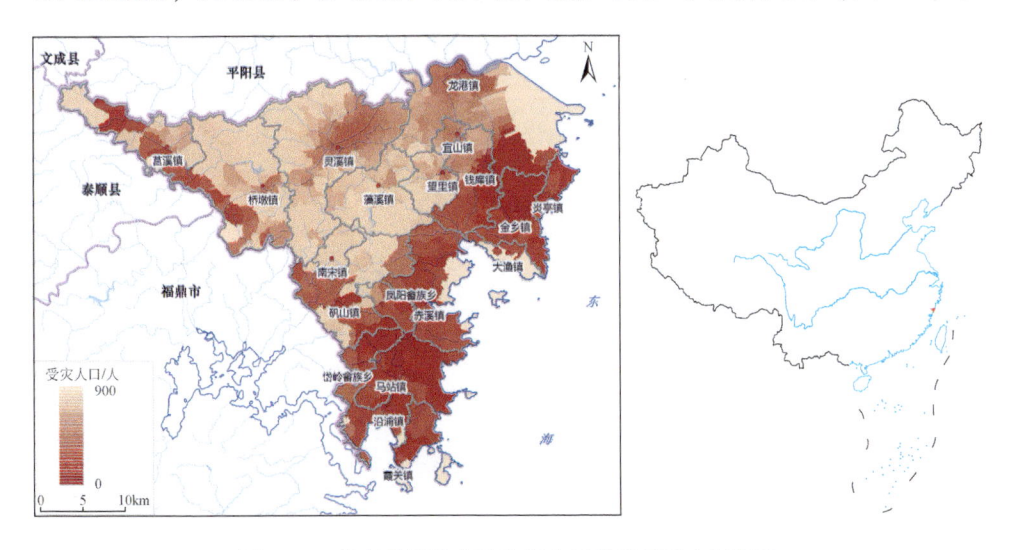

图 8-32　苍南县超强台风灾害人口受灾风险空间格局

图 8-33）；龙港镇房屋倒塌风险最高，金乡镇和马站镇次之（图 8-34）；马站镇农作物受灾面积最大，风险最高，其次是桥墩镇和金乡镇（图 8-35）。超强台风灾害综合风险呈现西低东高的格局，高风险区为龙港镇、钱库镇、金乡镇和马站镇，中风险区为灵溪镇、桥墩镇、矾山镇、赤溪镇和沿浦镇（图 8-36）。

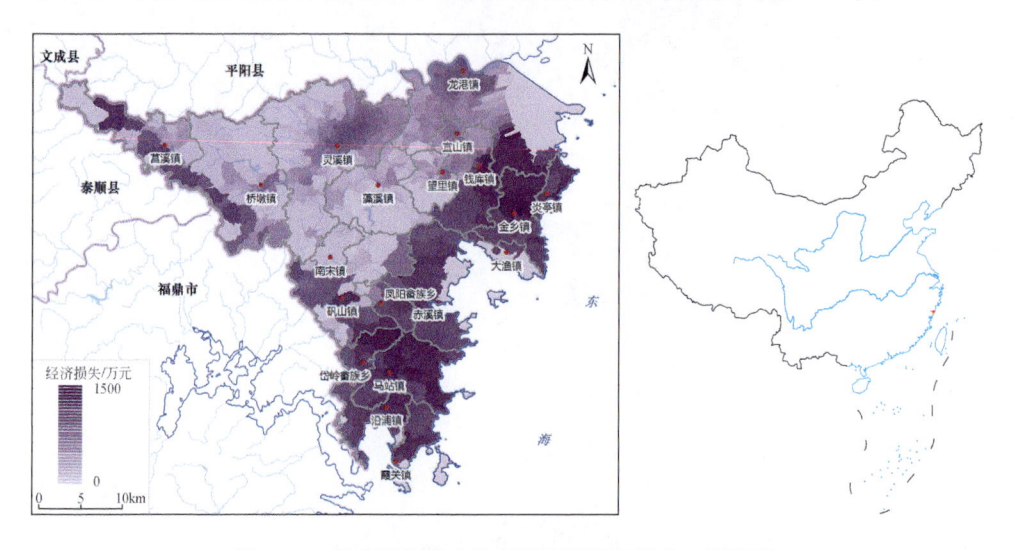

图 8-33　苍南县超强台风灾害经济损失风险空间格局

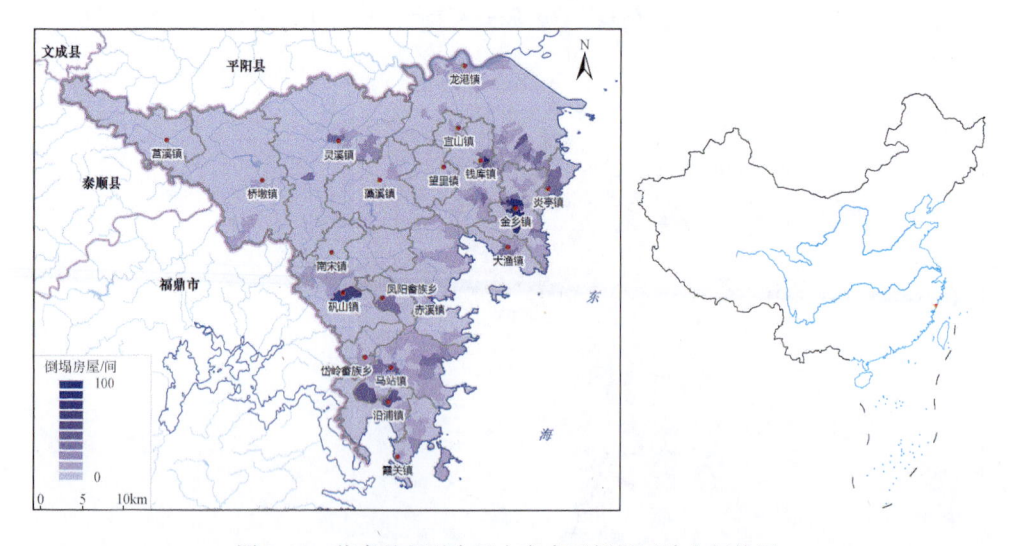

图 8-34　苍南县超强台风灾害房屋倒塌风险空间格局

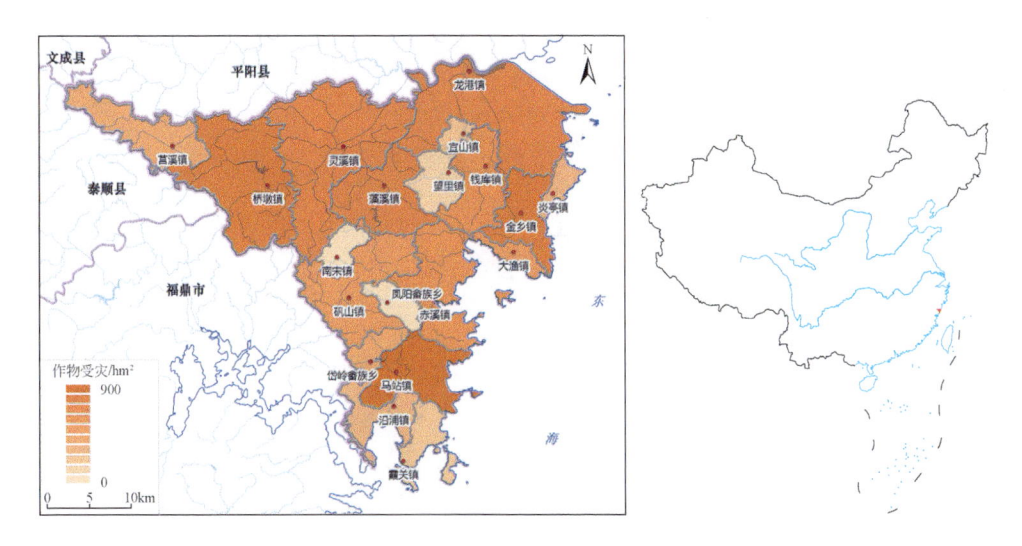

图 8-35　苍南县超强台风灾害农作物受灾风险空间格局

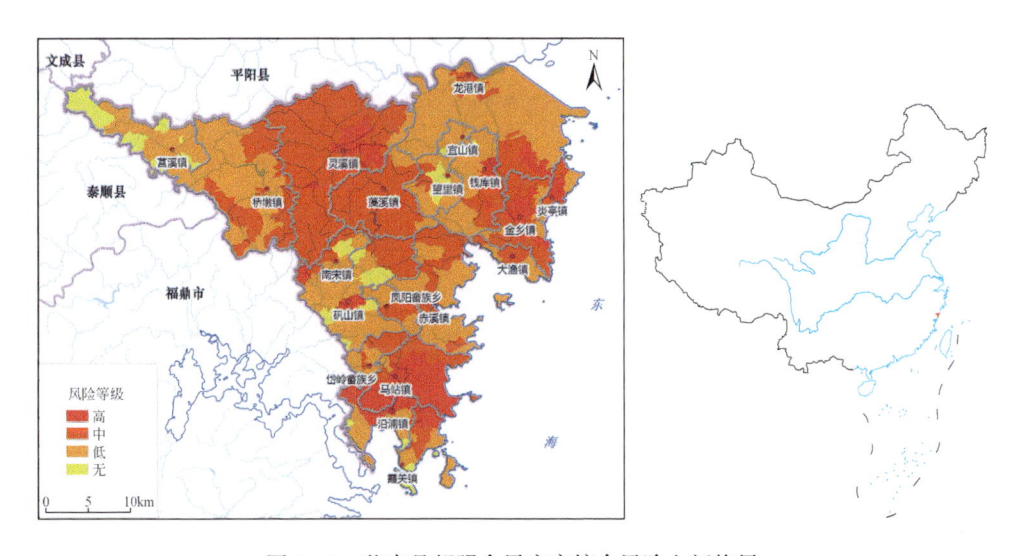

图 8-36　苍南县超强台风灾害综合风险空间格局

8.1.5.5　台风灾害综合风险

综合强热带风暴、台风、强台风、超强台风造成的人口、经济、房屋和农作物受灾风险，基于从重原则，采用叠置分析的整合方法，得到苍南县台风灾害综合风险空间格局。苍南县台风灾害综合风险呈南低北高、西低东高的格局，高风险区为灵溪镇、龙港镇、钱库镇和金乡镇，中风险区为莒溪镇、桥墩镇、宜山镇、藻溪镇和马站镇（图 8-37）。

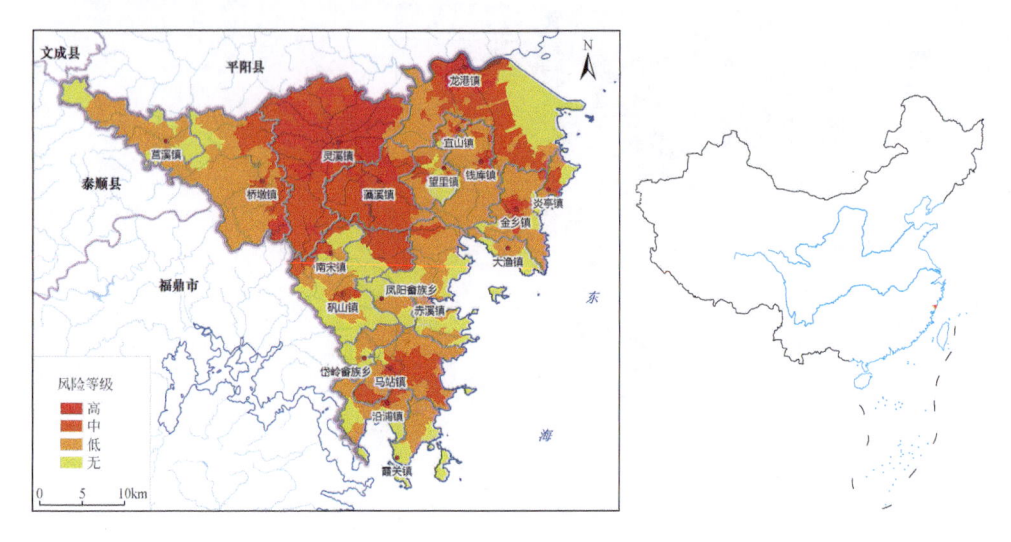

图 8-37　苍南县台风灾害综合风险等级

8.2　苍南县干旱灾害风险评估

8.2.1　干旱灾害风险评估模型

综合极端气候事件危险性、承灾体的暴露度和脆弱性，干旱灾害风险表达式可以表述为

$$R_C = H_C \times V_C \tag{8-3}$$

式中，R_C 为干旱灾害风险；H_C 为干旱灾害危险性，使用综合气象干旱指数（CI）表征，根据综合气象干旱指数值的大小，将其划分为三个等级，轻度干旱（$-1.8<CI \leqslant -1.2$）、中度干旱（$-2.4<CI \leqslant -1.8$）和重度干旱（$CI \leqslant -2.4$），表示各干旱级别及其影响程度；V_C 为干旱灾害脆弱性，可以表示为

$$V_C = \sum_{0}^{j} E_j \times r_i \tag{8-4}$$

式中，E 为承灾体暴露度；r 为干旱灾害损失率；i 为干旱等级，包括轻度干旱、中度干旱、重度干旱；j 为遭受相应等级干旱灾害的区域。

8.2.2 干旱灾害脆弱性评估

2000～2017 年，苍南县共发生干旱灾害 3 次。基于灾损拟合方法构建干旱灾害脆弱性曲线，评估不同等级干旱情形下的人口影响率（图 8-38）、农业经济损失率（图 8-39）和农作物受损率（图 8-40）。

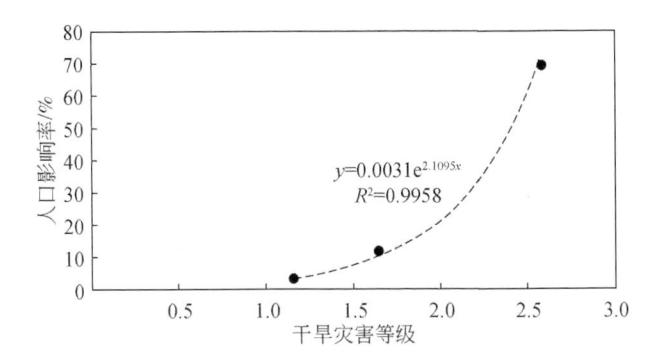

图 8-38 苍南县干旱灾害人口脆弱性曲线

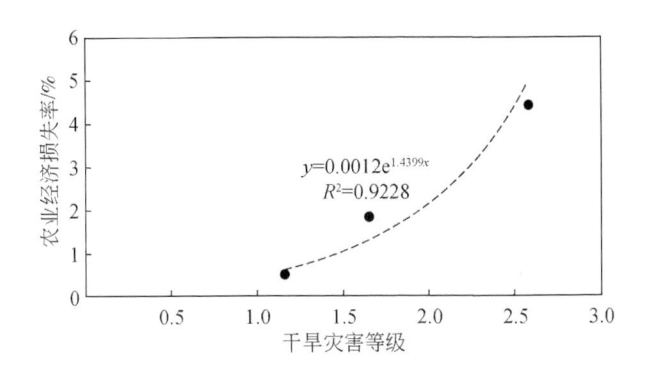

图 8-39 苍南县干旱灾害经济脆弱性曲线

根据干旱灾害脆弱性曲线量化苍南县不同等级干旱灾害的人口影响率、农业经济损失率和农作物受损率（表 8-3）。可以看出，干旱灾害损失随干旱等级的升高呈指数增长。具体来看，重度、中度和轻度干旱的人口影响率分别为 74.70%、21.07% 和 2.56%，重度、中度和轻度干旱的农业经济损失率分别为 5.07%、2.14% 和 0.51%，重度、中度和轻度干旱的农作物受损率分别为 31.67%、13.31% 和 5.59%。

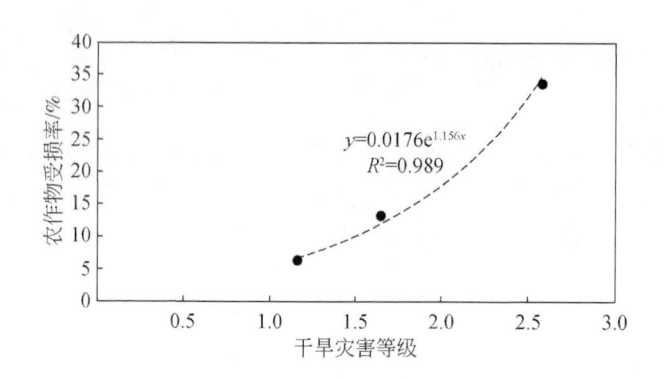

图 8-40　苍南县干旱灾害农作物脆弱性曲线

表 8-3　苍南县干旱灾害的脆弱性

干旱等级	CI	人口影响率/%	农业经济损失率/%	农作物受损率/%
重	CI≤-2.4	74.70	5.07	31.67
中	-2.4<CI≤-1.8	21.07	2.14	13.31
轻	-1.8<CI≤-1.2	2.56	0.51	5.59

8.2.3　干旱灾害风险评估

苍南县农业总产值180 699万元，占苍南县GDP的3.93%，略高于温州市平均水平。苍南县发生一次重度干旱灾害，将影响100.25万人，导致14 000hm²农作物受灾，造成经济损失9163万元；发生一次中度干旱灾害，将影响28.28万人，导致6000hm²农作物受灾，造成经济损失3862万元；发生一次轻度干旱灾害，将影响3.44万人，导致2500hm²农作物受灾，造成经济损失915万元。干旱灾害的人口风险、经济风险和农作物风险空间格局如图8-41～图8-43所示。从空间上看，苍南县干旱灾害综合风险高风险区主要集中在北部的龙港镇北部、灵溪镇、钱库镇北部、金乡镇中部、桥墩镇东部、藻溪镇北部、南宋镇北部和马站镇中部，中风险区主要分布在龙港镇中部和南部、灵溪镇西部和南部、藻溪镇大部、宜山镇北部、钱库镇中部、金乡镇北部、桥墩镇东中部、马站镇中部和沿浦镇（图8-44）。

第 8 章 自然灾害风险评估案例

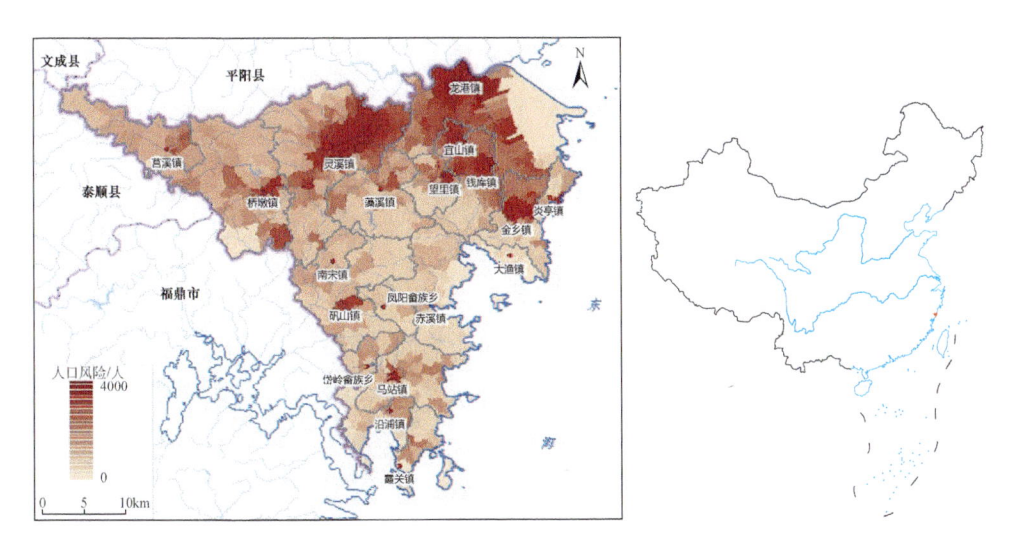

图 8-41　苍南县干旱灾害人口风险空间格局

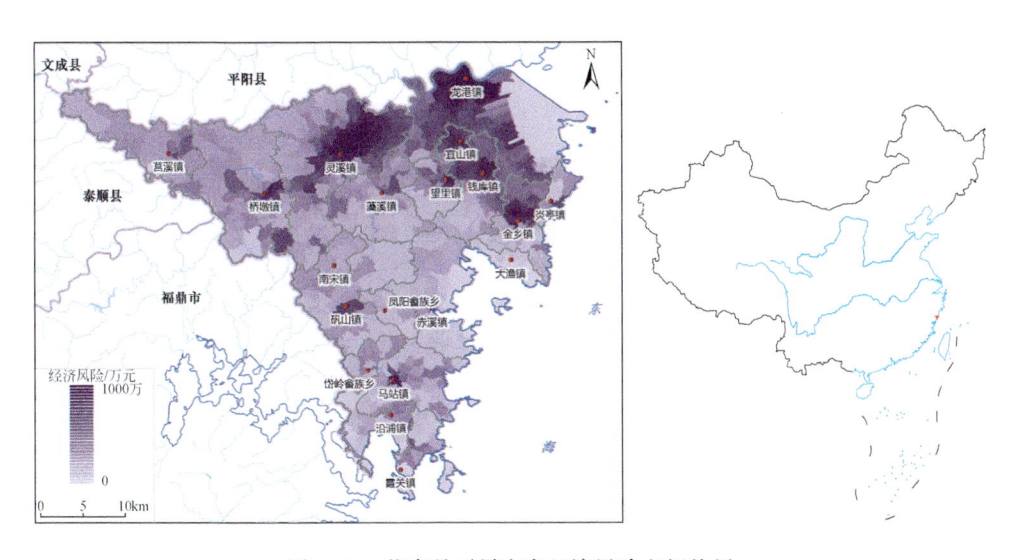

图 8-42　苍南县干旱灾害经济风险空间格局

| 115 |

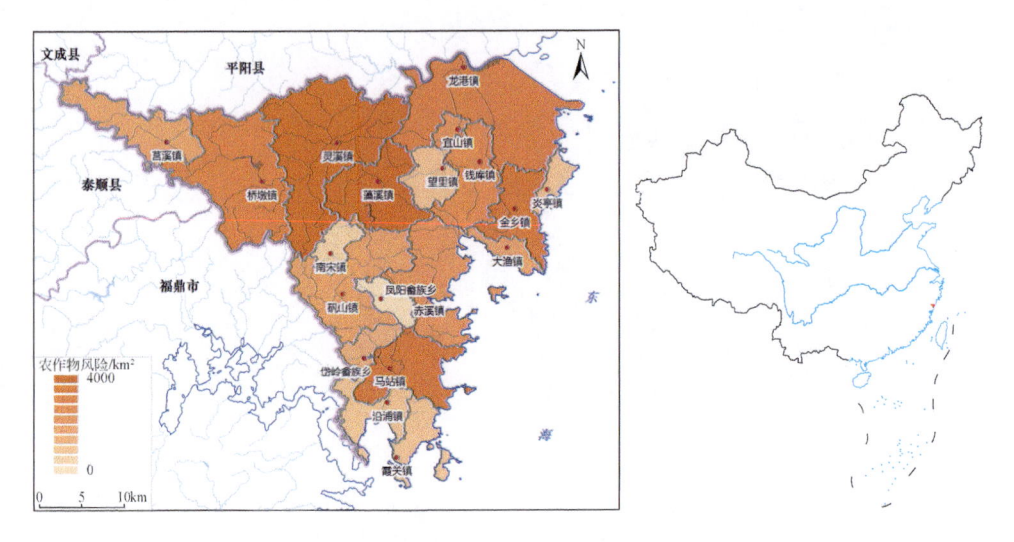

图 8-43　苍南县干旱灾害农作物风险空间格局

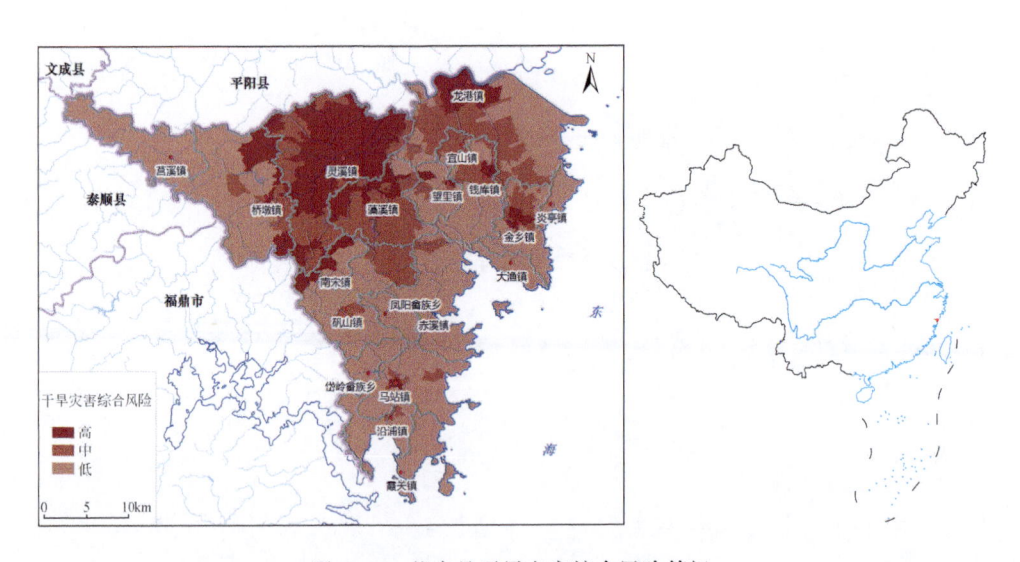

图 8-44　苍南县干旱灾害综合风险等级

8.3 苍南县洪水灾害风险评估

8.3.1 洪水灾害风险评估模型

突发性极端气候事件的风险定量评估模型可表述为

$$R=(D\times E)\times P \tag{8-5}$$

即风险=[(致灾因子,即气候变化)破坏力×(承灾体)暴露度]×发生可能性或孕灾环境。基于对灾害风险上述三要素（D、E、P）的剖析，按照过去灾情拟合结果，洪水发生可能性与最大3日降水量关系密切，同时考虑到区域自然地理环境的差异性，借助高程和坡度等因子形成的下垫面环境修正参数来对其进行修正，从而得到各地区的洪水灾害危险性；对于承灾体，洪水灾害可对人口、经济、房屋和农作物等造成严重影响，其脆弱性曲线的构建由不同程度洪水破坏力构成，根据洪水灾害灾情数据拟合获得。最终，洪水风险定量评估模型可以描述为

$$R=(D\times E)\times(F\times I) \tag{8-6}$$

式中，D 为不同程度洪水破坏力，由洪水灾害灾情数据拟合获得；E 为承灾体暴露度；F 为暴雨发生的可能程度；I 为地表修正参数，包括高程、坡度、河网密度、平均受灾面积等。

8.3.2 洪水灾害危险性评估

气候变化背景下洪水发生可能性的计算是基于连续降雨过程中最大3日降水量达到30（35）~150mm、150~250mm 和 ≥250mm 的次数，以此作为轻度、中度、重度洪水灾害的最大发生频次，然后将其转化为发生概率（概率=频次/时间尺度×100%，若发生概率大于100%则置为1），进而用下垫面环境修正参数来对其进行修正。考虑到苍南县洪水发生次数较少，本研究将不同程度洪水发生的可能性均设置为1。通过分析苍南县自然环境状况，结合历史洪水发生状况，得到苍南县洪水下垫面环境修正参数（图8-45），其呈西南低东北高的分布格局，东北部的龙港镇、灵溪镇、宜山镇、钱库镇、金乡镇，以及南部的沿浦镇降水引发洪水的可能性大，中部和西部大部分地区降水引发洪水的可能性小。

8.3.3 洪水灾害脆弱性评估

2000~2017年，苍南县共发生洪水灾害5次。以中心区最大3日降水量为划

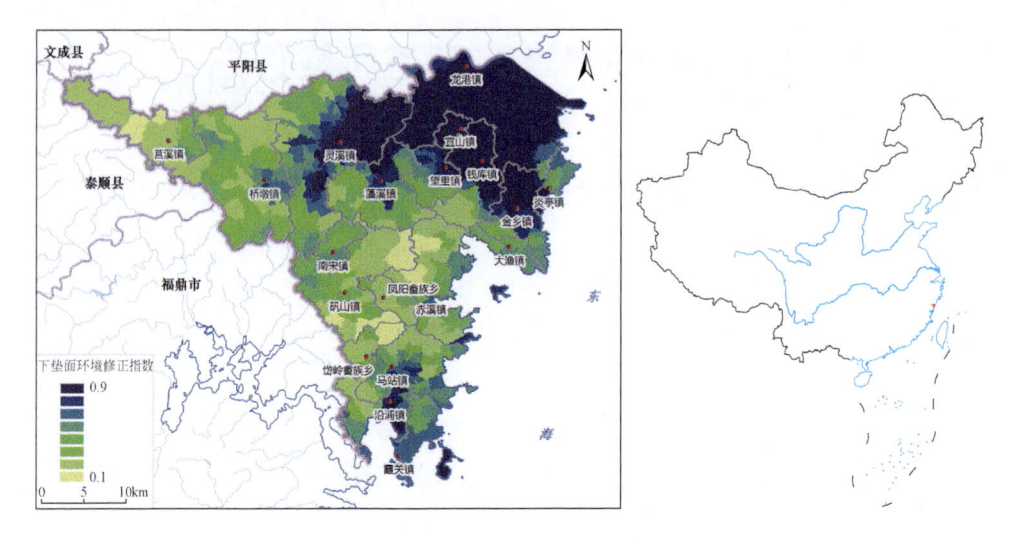

图 8-45　苍南县洪水下垫面环境修正参数

分标准，建立洪水灾害与其相应损失（受灾人口、经济损失、倒塌房屋数量和农作物受灾面积等）间的数量关系，即洪水灾害脆弱性曲线，构建苍南县不同等级洪水灾害损失标准（图 8-46～图 8-49）。

苍南县不同等级洪水灾害的人口影响率、经济损失率、房屋损毁率和农作物受损率如表 8-4 所示。重度、中度和轻度洪水的人口影响率分别为 57.84%、47.10% 和 29.84%，高于华东地区平均水平；重度、中度和轻度洪水的经济损失率分别为 2.47%、0.94% 和 0.43%；重度、中度和轻度洪水的房屋损毁率分别为 6.98%、2.35% 和 0.80%；重度、中度和轻度洪水的农作物受损率分别为 46.73%、20.79% 和 9.25%。

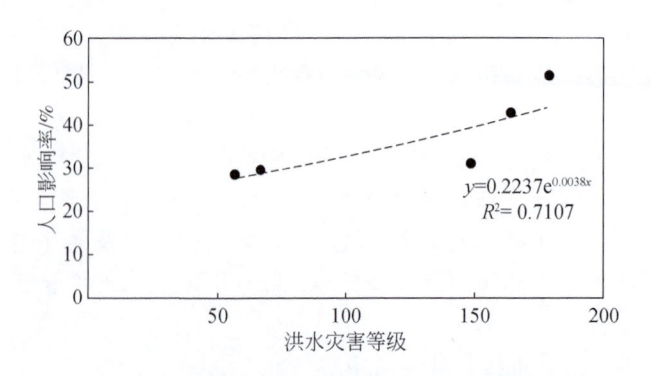

$y=0.2237e^{0.0038x}$
$R^2=0.7107$

图 8-46　苍南县洪水灾害人口脆弱性曲线

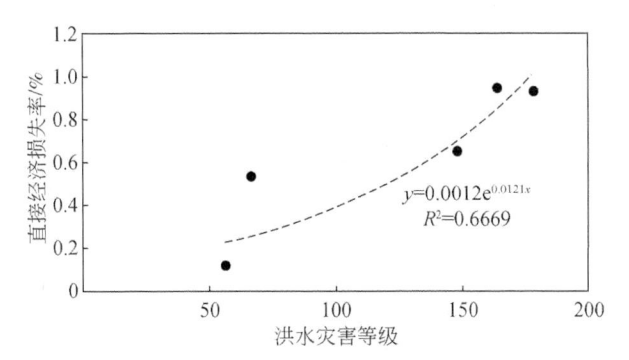

图 8-47　苍南县洪水灾害经济脆弱性曲线

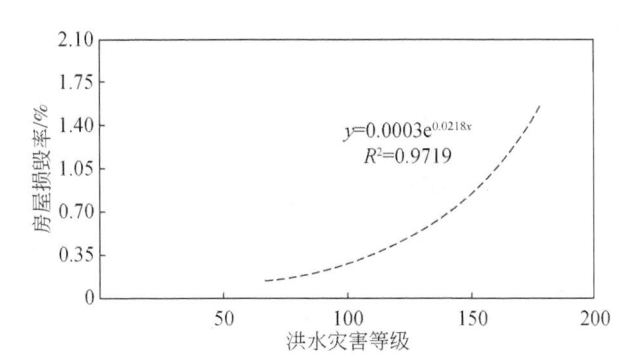

图 8-48　苍南县洪水灾害房屋脆弱性曲线

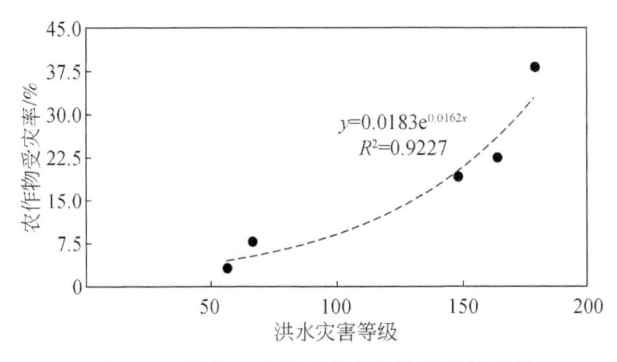

图 8-49　苍南县洪水灾害农作物脆弱性曲线

表 8-4　苍南县洪水灾害脆弱性

洪水等级	降水量/mm	人口影响率/%	经济损失率/%	房屋损毁率/%	农作物受损率/%
重	35~150	57.84	2.47	6.98	46.73
中	150~250	47.10	0.94	2.35	20.79
轻	≥250	29.84	0.43	0.80	9.25

8.3.4 洪水灾害风险评估

据统计，苍南县总人口数为 1 342 048 人，GDP 约 460.17 亿元，人口和经济主要集中在北部，综合极端气候事件危险性、承灾体的暴露度和脆弱性，苍南县发生一次重度洪水灾害，将影响 57.65 万人，造成经济损失 8.43 亿元，房屋损毁 5600 间，农作物受损约 20 000hm^2；发生一次中度洪水灾害，将影响 46.95 万人，造成经济损失 3.21 亿元，房屋损毁 1900 栋，农作物受损约 9000hm^2；发生一次轻度洪水灾害，将影响 29.74 万人，造成经济损失 1.47 亿元，房屋损毁 650 栋，农作物受损约 4000hm^2。洪水灾害的人口风险、经济风险、房屋风险和农作物风险如图 8-50 ~ 图 8-53 所示。从空间上看，苍南县洪水灾害综合风险高风险

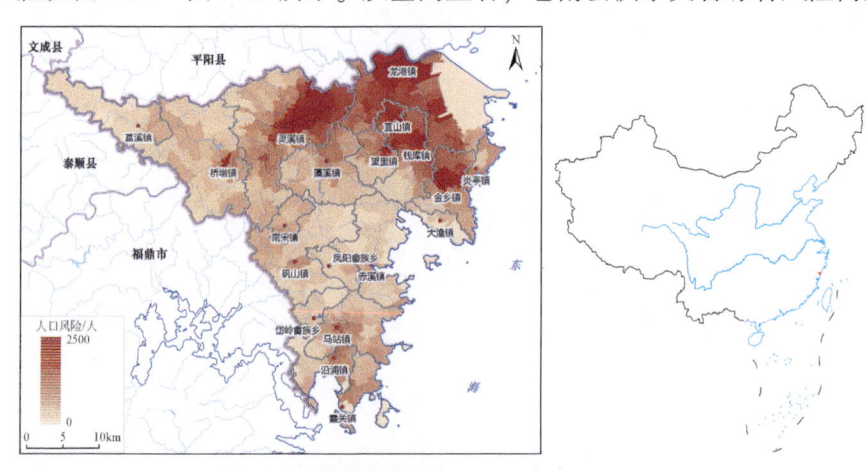

图 8-50 苍南县洪水灾害人口风险空间格局

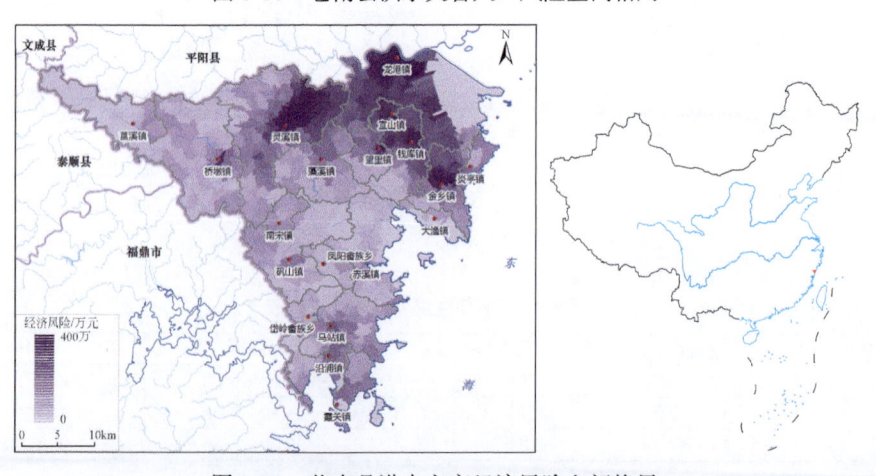

图 8-51 苍南县洪水灾害经济风险空间格局

区主要集中在龙港镇北部、灵溪镇大部、藻溪镇北部、宜山镇北部、钱库镇北部和金乡镇中部，中风险区主要分布在龙港镇中部和南部、灵溪镇北部和南部、宜山镇、金乡镇北部、南宋镇北部、桥墩镇东部、藻溪镇中部、矾山镇中部、马站镇中部和沿浦镇北部（图8-54）。

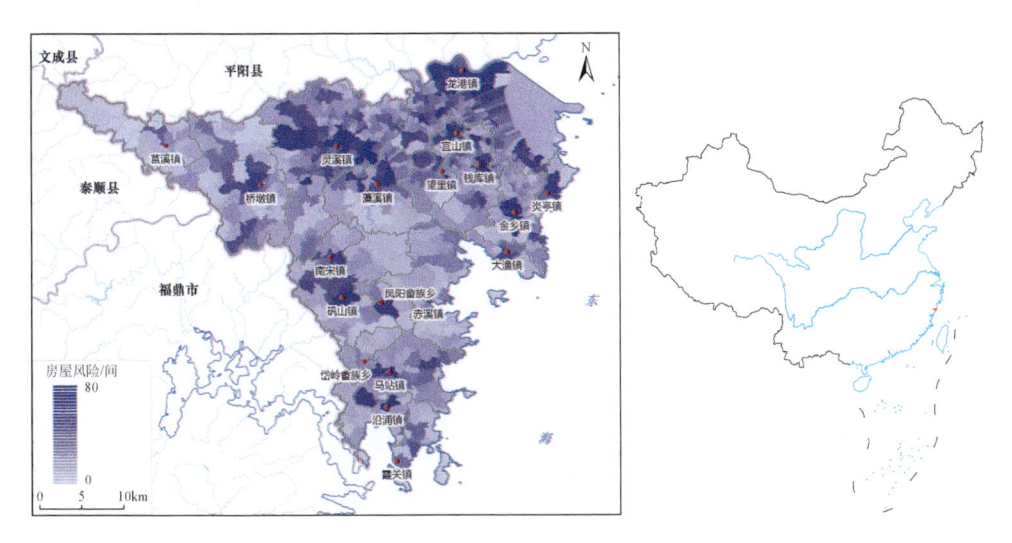

图 8-52　苍南县洪水灾害房屋风险空间格局

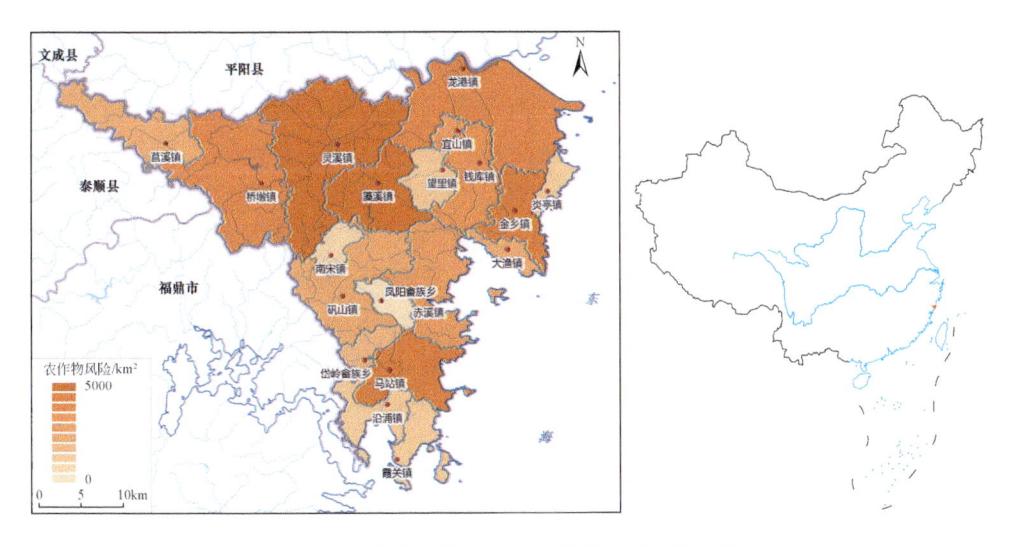

图 8-53　苍南县洪水灾害农作物风险空间格局

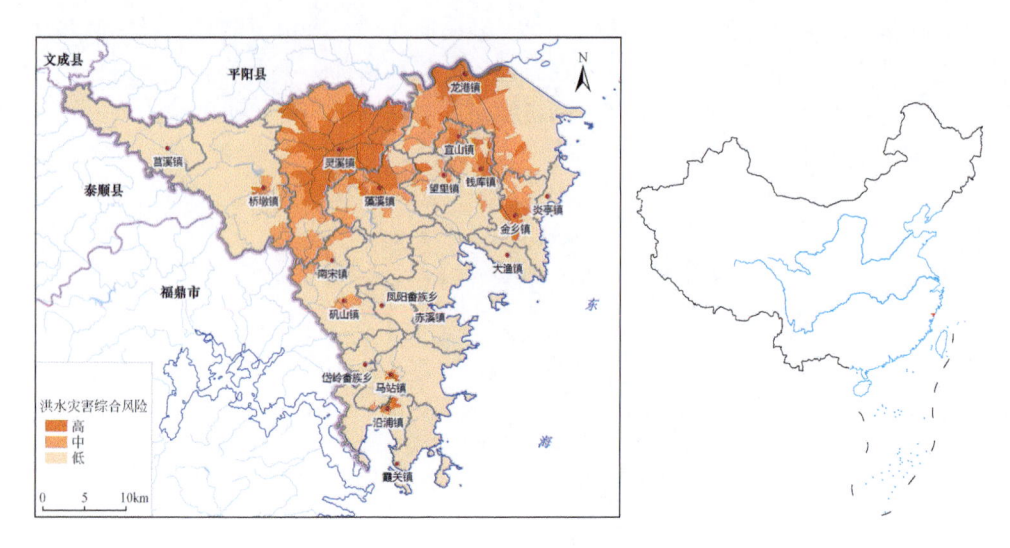

图 8-54　苍南县洪水灾害综合风险空间格局

8.4　苍南县地震灾害风险评估

8.4.1　地震灾害风险评估模型

自然灾害风险评估可以分解为自然灾害的破坏力或承灾体损失标准（D）、承灾体暴露量（E）、灾害发生的可能性或孕灾环境（P）三部分，即

$$R=(D\times E)\times P \tag{8-7}$$

基于此框架，本研究开展了基于情景的苍南县地震灾害风险定量化评估。将地震灾害划分为四个等级，分别为微度、轻度、中度和重度，分析在四个地震灾害等级情景下，承灾体的损失风险。在某一情景下，地震灾害发生的可能性可假设为1，因此承灾体的损失风险可以表示为承灾体暴露量与承灾体损失标准的乘积。

8.4.2　地震灾害承灾体暴露量

8.4.2.1　房屋暴露量

房屋结构类型按住宅外墙墙体材料可分为钢混结构、砖混结构、砖木结构、土木结构等类型。苍南县各村（社区）的房屋总暴露量见图8-55，不同结构类型房屋暴露量见图 8-56～图 8-59。苍南县共有房屋 8 万余间，主要集中在各镇政府驻地。其中，钢混结构房屋约 9000 间，主要分布在灵溪镇、龙港镇、钱库镇、矾山镇和凤阳乡政府驻地；砖混结构房屋约 4 万间，主要分布在灵溪镇、龙港镇、金乡镇和矾山镇政府驻地；砖木结构房屋约 3 万间，主要分布在灵溪镇西北部、龙港镇、宜山镇、矾山镇和马站镇西部；土木结构房屋约 500 间，主要分布在桥墩镇和凤阳乡政府驻地。

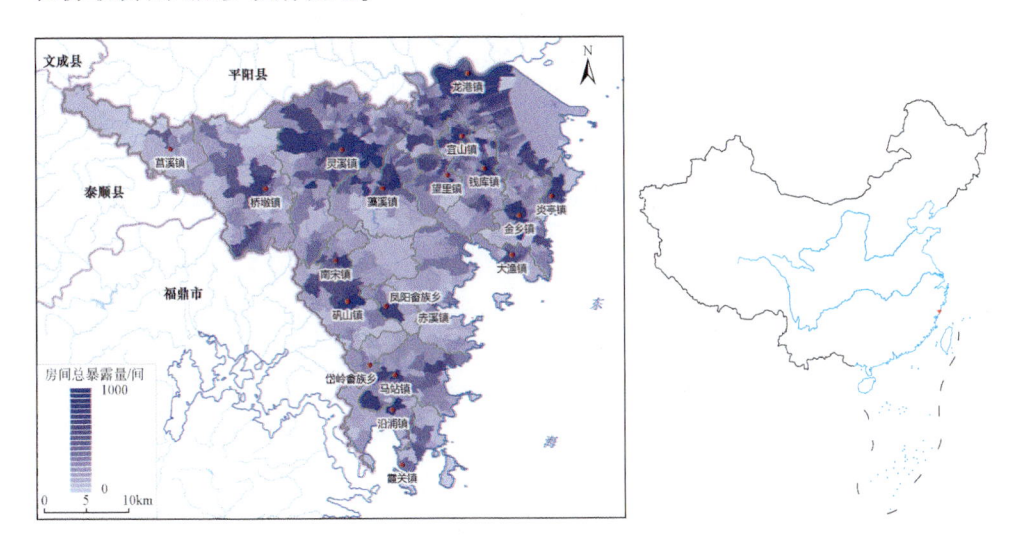

图 8-55　苍南县各村（社区）房屋总暴露量空间格局

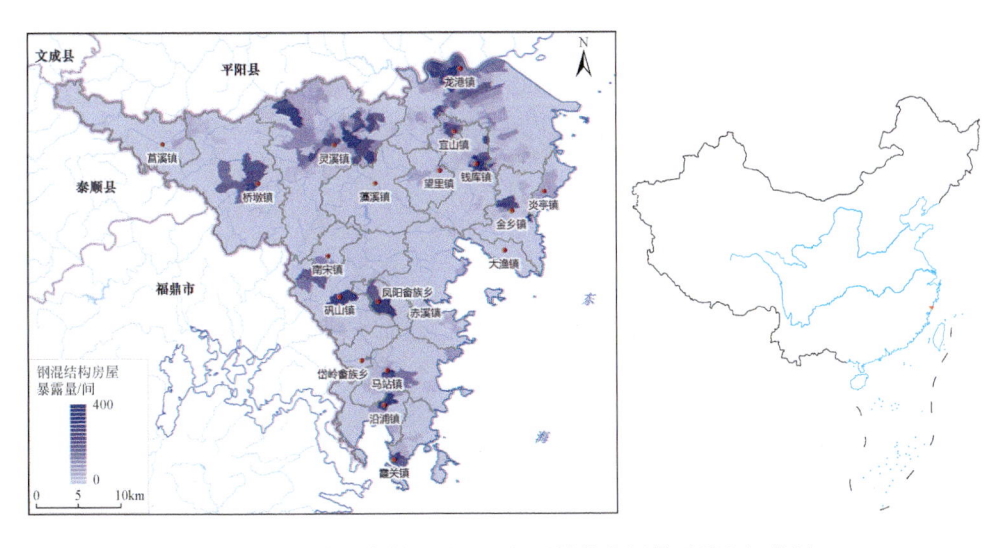

图 8-56　苍南县各村（社区）钢混结构房屋暴露量空间格局

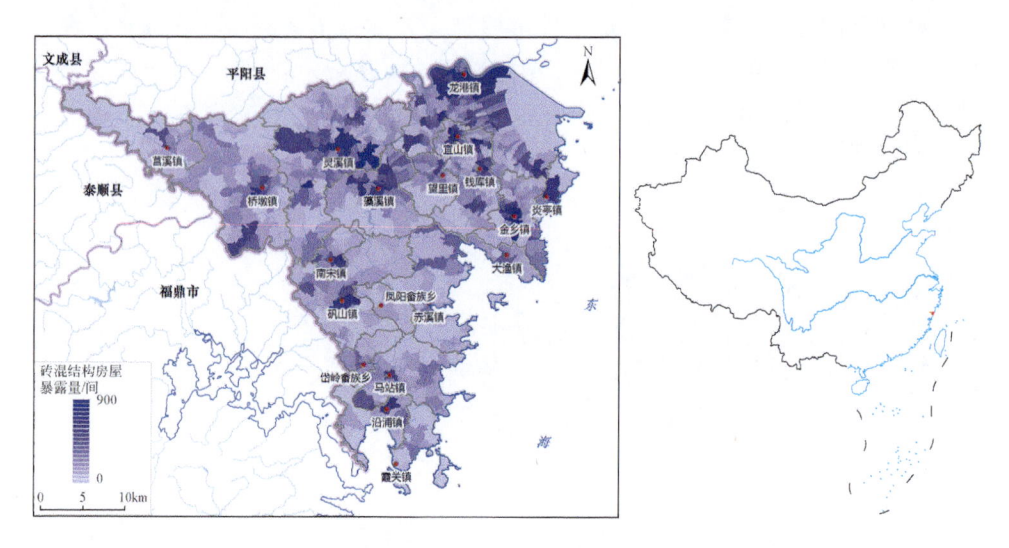

图 8-57 苍南县各村（社区）砖混结构房屋暴露量空间格局

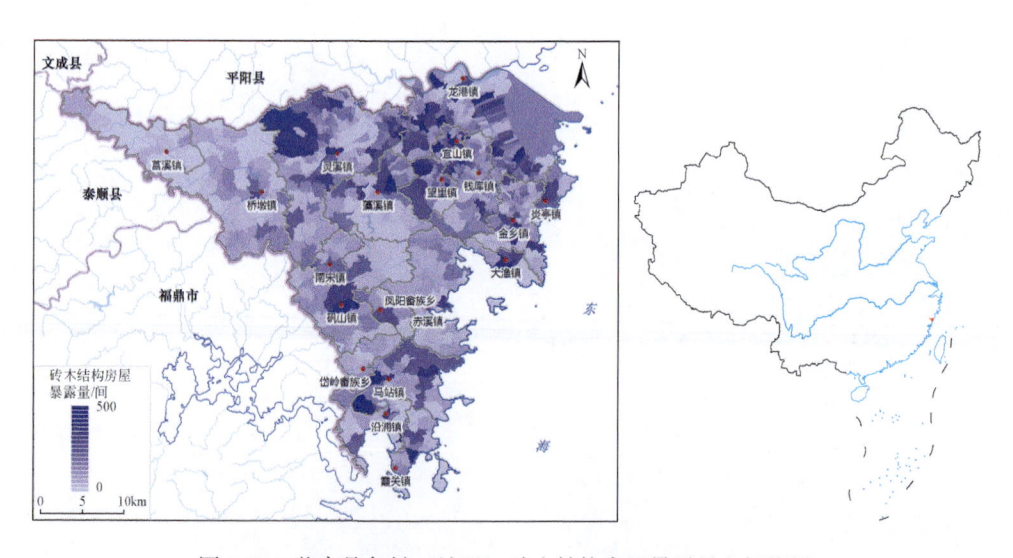

图 8-58 苍南县各村（社区）砖木结构房屋暴露量空间格局

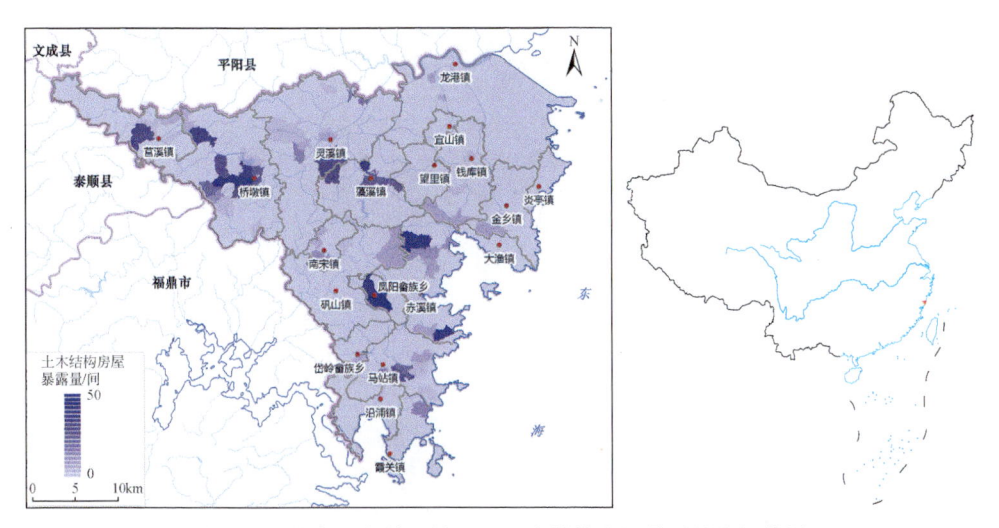

图 8-59　苍南县各村（社区）土木结构房屋暴露量空间格局

8.4.2.2　人口暴露量

苍南县各村（社区）人口暴露量见图 8-60。苍南县人口主要分布在北部的灵溪镇、龙港镇、宜山镇、钱库镇、金乡镇和桥墩镇。

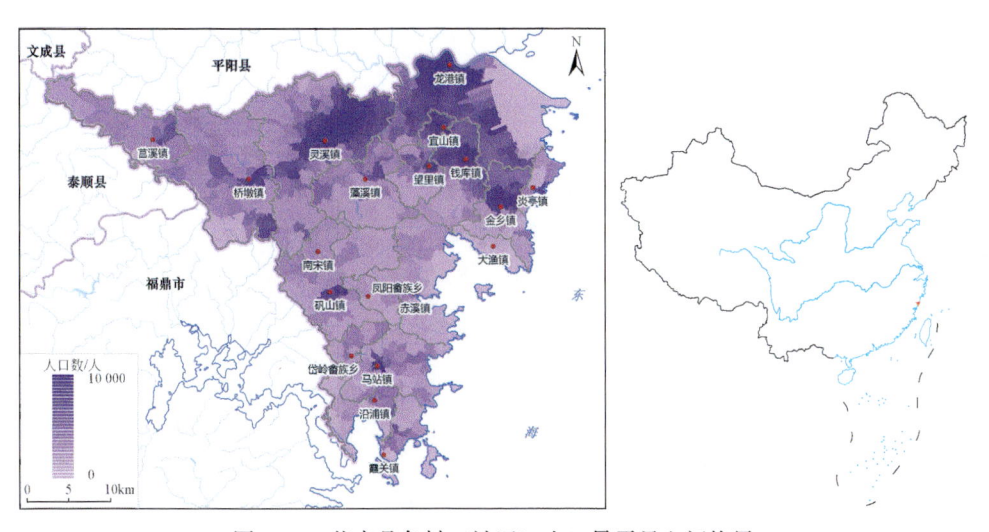

图 8-60　苍南县各村（社区）人口暴露量空间格局

8.4.2.3　经济暴露量

苍南县各村（社区）经济暴露量见图 8-61。苍南县经济分布格局与人口分布格局基本一致。

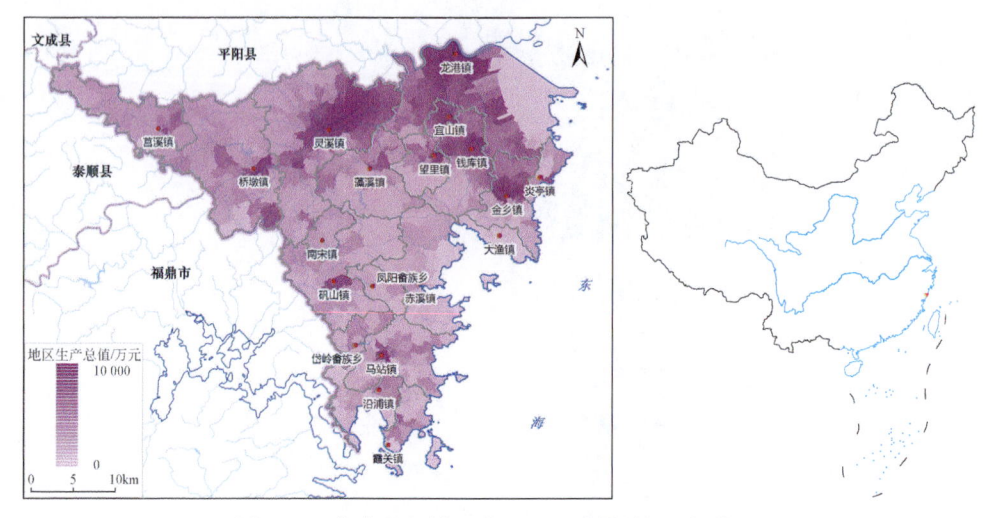

图 8-61　苍南县各村（社区）经济暴露量空间格局

8.4.3　不同等级地震灾害损失风险评估

8.4.3.1　人口损失

不同地震灾害等级情景下的人口损失评估模型为

$$R_p = P_h \times P_t \tag{8-8}$$

式中，R_p 为特定地震灾害等级下的人口损失量；P_h 为地震灾害等级下的人口死亡率；P_t 为特定地震灾害等级下的人口暴露量。

本研究以 1989~2008 年共计 226 次中国破坏性地震的灾情资料为基础，筛选出具有代表性的地震灾情目录数据 100 余条，建立地震烈度与人口死亡率之间的脆弱性曲线，并将其应用于地震灾害人口损失风险定量化评估中。脆弱性曲线计算人口死亡率（P_h）的公式为

$$P_h = \begin{cases} \dfrac{1}{0.01+4.186\times 10^7 \times 0.165^h} & h \leq IX \\ \dfrac{1}{0.01+1.534\times 10^8 \times 0.130^h} & h > IX \end{cases} \tag{8-9}$$

式中，h 为地震烈度。

利用 1989~2008 年近 20 年历史灾情数据，首先计算出每次地震灾害中人口死亡数量占影响区人口总量的比例；然后，按照地震灾害等级分别计算出各等级地震灾害人口死亡率的平均值；最后，结合地震灾害人口脆弱性曲线，分别得到微度、轻度、中度、重度地震灾害情景下的人口死亡率变化范围（表 8-5）。

第 8 章 | 自然灾害风险评估案例

表 8-5　地震灾害人口损失标准　　　　　　　（单位:%）

地震等级	人口死亡率平均值	人口死亡率变化范围
微度地震	0.06	0.01 ~ 0.18
轻度地震	0.67	0.41 ~ 0.92
中度地震	3.42	2.09 ~ 4.75
重度地震	30.15	10.76 ~ 55.30

苍南县不同地震灾害等级情景下的人口损失风险分布如图 8-62 ~ 图 8-65 所

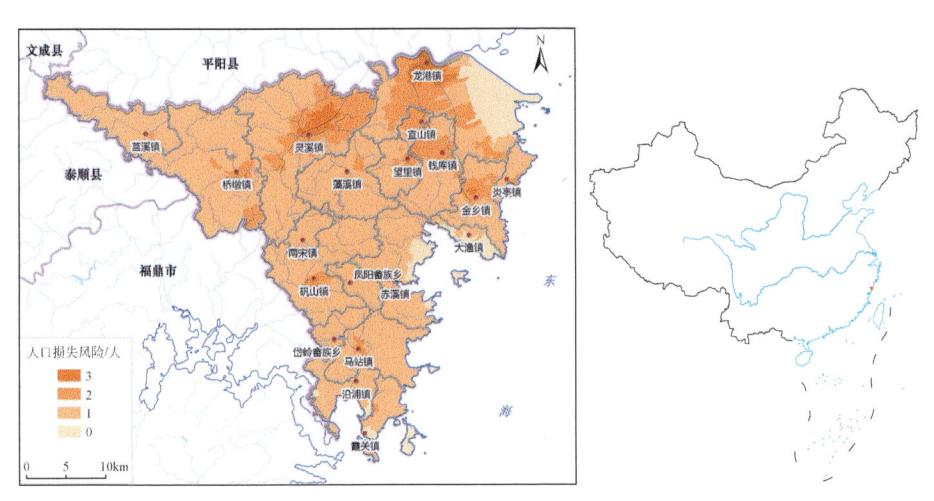

图 8-62　苍南县微度地震灾害情景下人口损失风险分布

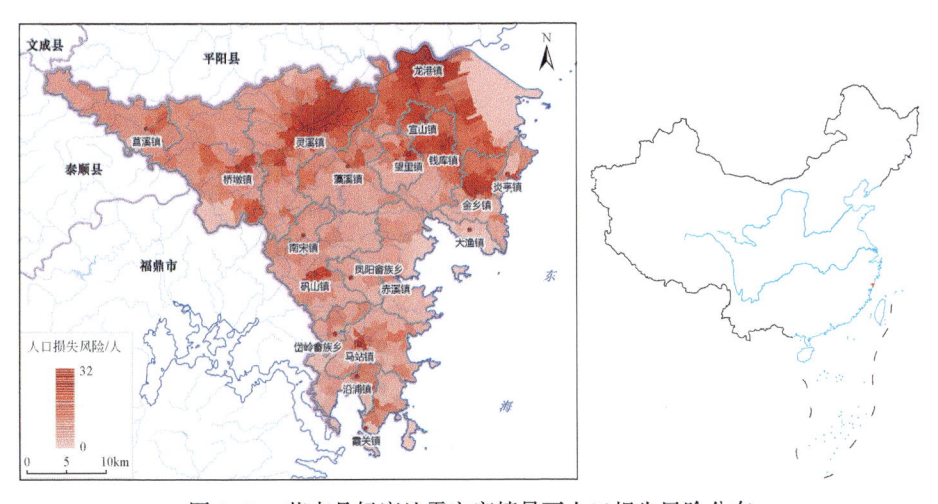

图 8-63　苍南县轻度地震灾害情景下人口损失风险分布

示。苍南县微度、轻度、中度和重度地震灾害等级情景下的死亡人口分别约为800人、9000人、4.5万人和40万人，人口风险较高的地方主要集中在北部和东北部的灵溪镇、龙港镇、宜山镇、钱库镇和金乡镇。

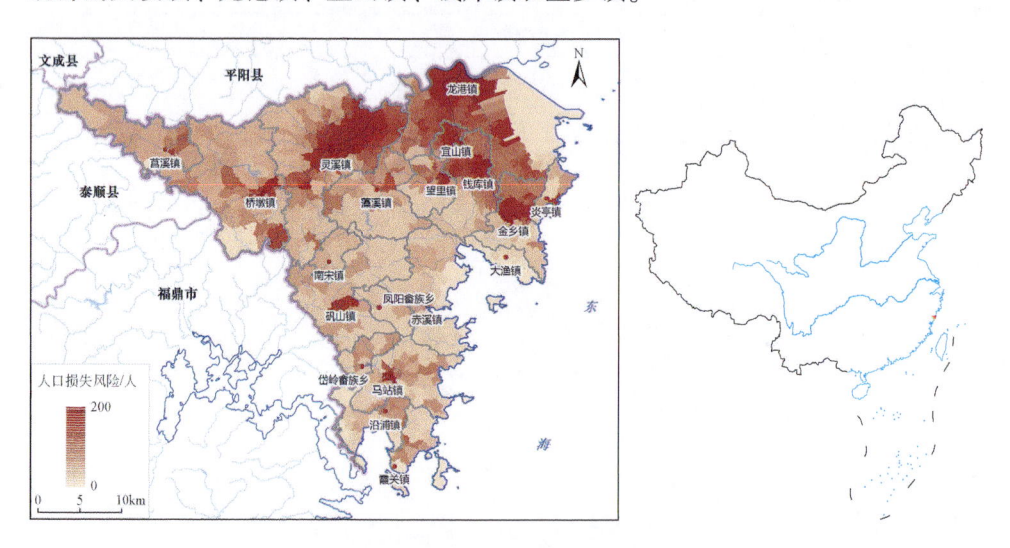

图 8-64　苍南县中度地震灾害情景下人口损失风险分布

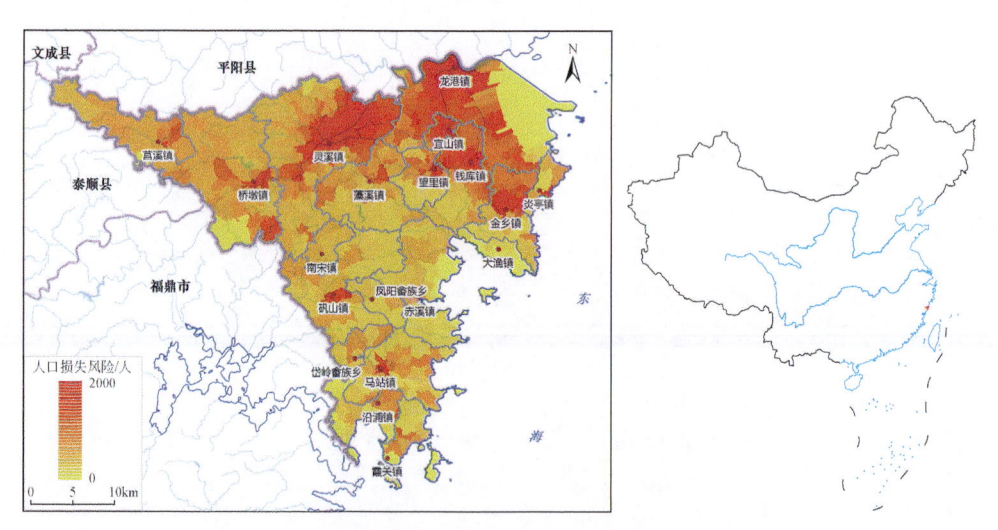

图 8-65　苍南县重度地震灾害情景下人口损失风险分布

8.4.3.2　房屋损毁

房屋震害损毁程度取决于地震烈度与房屋的抗震性能。而房屋的抗震性能与

| 128 |

结构类型、抗震设防标准、施工质量、建筑年代等许多因素有关。本研究主要用结构类型来体现房屋的抗震性能。按照房屋结构类型的划分，分别建立地震损毁标准。在此过程中，采用的基本原则是同一结构类型房屋在同一烈度下的震害是相似的、差别不大的。地震样本的震害经验可以类推到同一类型的群体房屋上。

建立房屋损毁标准的理想途径应该是在历史地震房屋损毁数据整理的基础上完成的。但是在实际灾情统计工作中，只对地震样本中倒塌多少间房屋有统计，而没有按照房屋结构类型分门别类地进行整理。同时，地震发生区原有房屋数量大多也未知。上述种种难题给建立不同房屋结构类型损毁标准带来了困难。

基于以上分析，本研究在参考程家喻和杨喆（1993）对唐山大地震中房屋倒塌率与地震烈度的研究资料，以及国家相关标准基础上，构建了不同结构类型房屋的脆弱性曲线，图 8-66 和图 8-67 显示了土木结构和砖木结构房屋的脆弱性曲

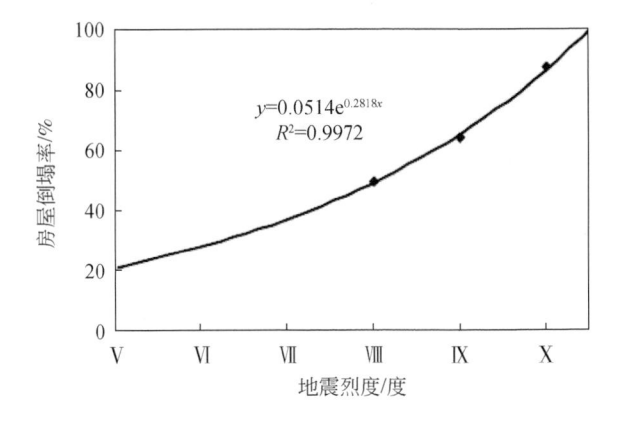

$y=0.0514e^{0.2818x}$
$R^2=0.9972$

图 8-66 苍南县地震灾害土木结构房屋脆弱性曲线

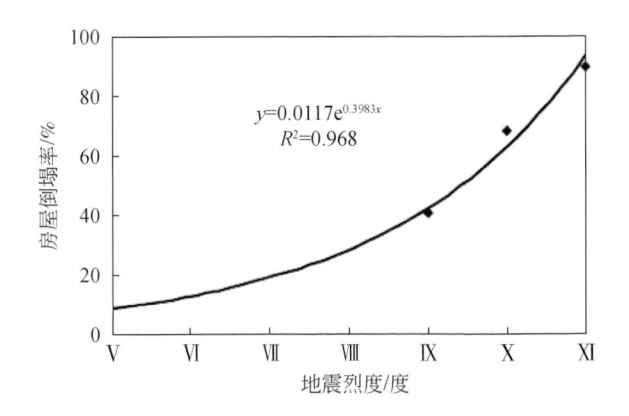

$y=0.0117e^{0.3983x}$
$R^2=0.968$

图 8-67 苍南县地震灾害砖木结构房屋脆弱性曲线

线。其中，房屋倒塌率是指在地震灾害中，损毁的房屋数量（间数或栋数）与房屋总数量（间数或栋数）的比值。

根据地震灾害房屋脆弱性曲线，按照地震灾害等级分别构建土木结构、砖木结构、砖混结构、钢混结构四类房屋的损毁标准（表8-6）。当发生微度地震灾害时，房屋倒塌率为0，所以本研究主要分析轻度、中度和重度地震灾害情景下的房屋损毁情况。

表 8-6　地震灾害房屋损毁标准　　　　　　　　　　（单位：%）

地震等级	房屋倒塌率			
	钢混结构房屋	砖混结构房屋	砖木结构房屋	土木结构房屋
微度地震	0	0	0	0
轻度地震	0.5（0.2~15）	8（4.5~18.5）	15（4.5~19.5）	30（4.5~31）
中度地震	3（3~50）	20（20~57）	35（35~58）	55（39~61）
重度地震	60（60~100）	70（70~100）	85（84~100）	95（86~100）

注：表中给出的房屋倒塌率是参考值，括号内给出的是房屋倒塌率的变动范围

不同结构类型房屋的损毁标准与暴露量不同，因此在研究地震灾害房屋损毁风险时，有必要分别对不同结构房屋的损毁量进行计算，最终进行加和。苍南县房屋总损毁量可以表示为

$$V_\mathrm{B} = \sum_{i=1}^{n} B_{\mathrm{h}i} \times B_{\mathrm{t}i} \tag{8-10}$$

式中，V_B 为特定地震灾害等级下的房屋损毁量；$B_{\mathrm{h}i}$ 为某结构类型房屋的损毁率；$B_{\mathrm{t}i}$ 为某类型房屋的暴露量；n 为房屋结构类型，分别为钢混结构、砖混结构、砖木结构和土木结构四种。

苍南县轻度地震灾害情景下钢混结构、砖混结构、砖木结构和土木结构房屋损毁量分别为 50 栋、3200 栋、4600 栋和 150 栋；中度地震灾害情景下钢混结构、砖混结构、砖木结构和土木结构房屋损毁量分别为 270 栋、8000 栋、10 700 栋和 280 栋；重度灾害地震情景下钢混结构、砖混结构、砖木结构和土木结构房屋损毁量分别为 5430 栋、28 000 栋、26 000 栋和 500 栋。苍南县重度地震灾害情形下不同结构类型房屋风险分布如图 8-68~图 8-71 所示。钢混结构房屋风险较高的地方主要集中在灵溪镇、龙港镇、钱库镇、矾山镇、凤阳乡和沿浦镇政府驻地；砖混结构房屋风险较高的地方主要集中在灵溪镇、龙港镇、金乡镇和矾山镇政府驻地；砖木结构房屋风险较高的地方主要分布在灵溪镇西北部、龙港镇、宜山镇、矾山镇和马站镇西部；土木结构房屋风险较高的地方主要分布在桥墩镇中部、凤阳乡政府驻地、赤溪镇南部和北部。

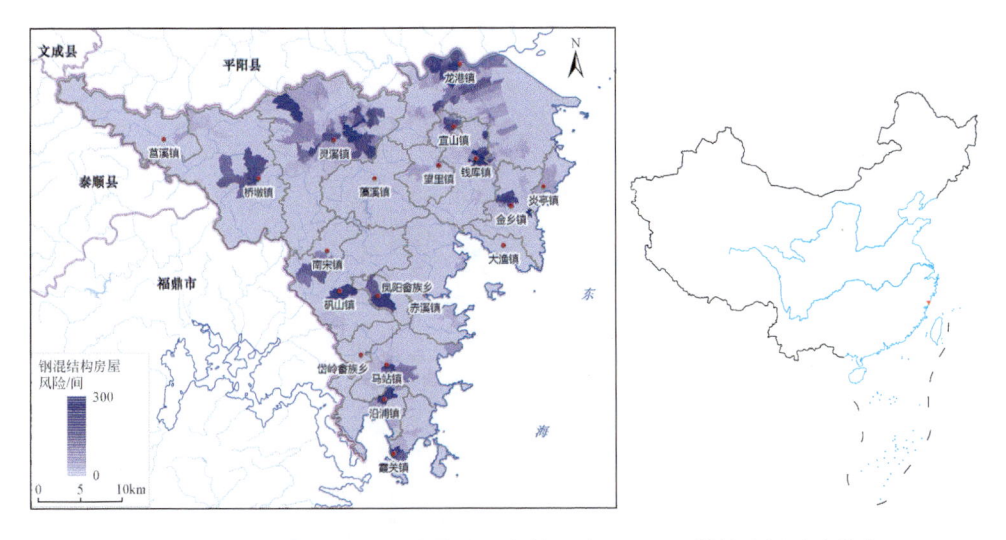

图 8-68　苍南县重度地震灾害情景下各村（社区）钢混结构房屋风险分布

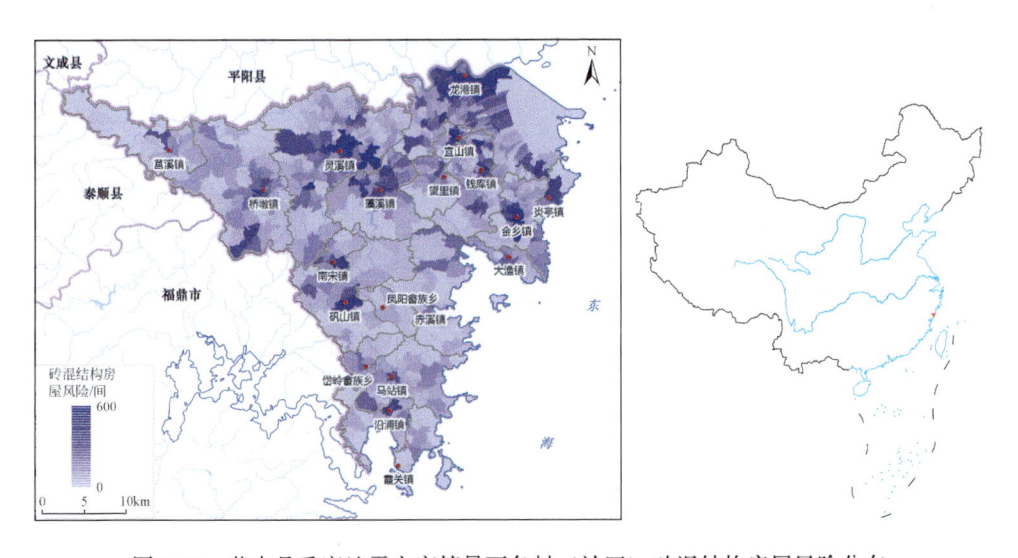

图 8-69　苍南县重度地震灾害情景下各村（社区）砖混结构房屋风险分布

8.4.3.3　经济损失

传统的地震灾害经济损失评估方法通常需要收集详细的房屋建筑、工厂设施等分类资料，而大部分这样的资料很难收集，尤其是针对全国尺度的研究，困难更大。通常而言，地震导致的经济损失状况与该地区的经济生产能力紧密相关。

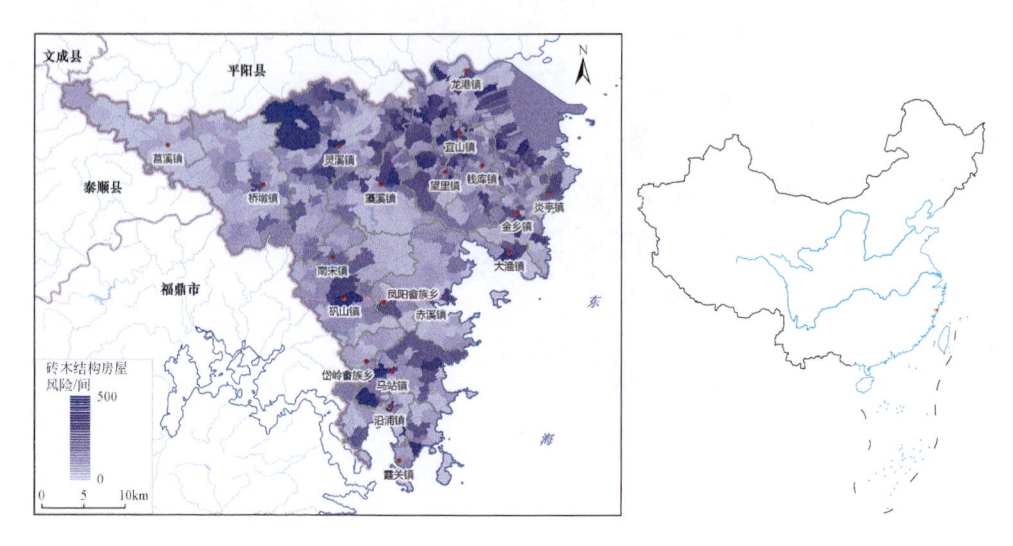

图 8-70　苍南县重度地震灾害情景下各村（社区）砖木结构房屋风险分布

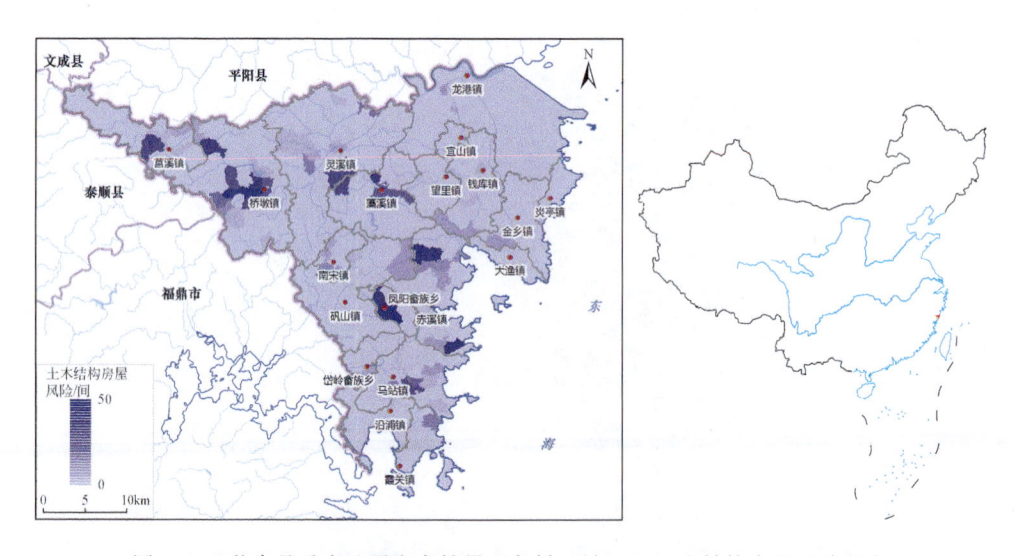

图 8-71　苍南县重度地震灾害情景下各村（社区）土木结构房屋风险分布

本研究采用 GDP 作为社会经济总量的宏观度量。另外，地震灾害经济损失一般包括直接经济损失、间接经济损失和救灾投入费用三部分。这里只考虑直接经济损失，其具体是由地震或地震相关的破坏造成的社会经济财物的损失，包括建筑物自身的破坏损失、室内财产损失和其他工程设施的破坏损失等。

因此，这里的经济损失率是指地震灾害造成的直接经济损失与对应区域当年 GDP 的比值。

基于历史地震灾情数据库，以及刘吉夫（2006）的中国1989~2004年地震分烈度区的经济损失数据，利用282条分烈度经济损失灾情目录数据来建立经济损失标准。具体对地震烈度与GDP损失率进行曲线拟合，得到地震灾害经济脆弱性曲线（图8-72）。

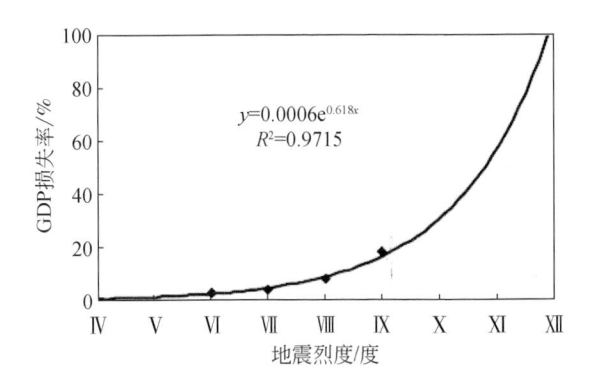

$$y=0.0006e^{0.618x}$$
$$R^2=0.9715$$

图8-72　苍南县地震灾害经济脆弱性曲线

结合地震灾害经济脆弱性曲线，得出微度、轻度、中度、重度四个地震灾害等级的经济损失率及其变化范围（表8-7）。

表8-7　地震灾害经济损失标准　　　　　　　　　（单位:%）

地震等级	经济损失率	经济损失率变化范围
微度地震	0.55	0.11~1.32
轻度地震	3.49	2.45~4.54
中度地震	12.02	8.42~15.62
重度地震	60.83	28.98~99.74

苍南县不同等级地震灾害情景下的经济损失风险分布如图8-73~图8-76所示。苍南县微度、轻度、中度和重度地震灾害情景下经济损失分别约为2.5亿元、16.1亿元、55.3亿元和279.9亿元，风险较高的地方主要集中在北部和东北部的灵溪镇、龙港镇、宜山镇、钱库镇和金乡镇。

8.4.3.4　地震灾害综合风险

综合微度、轻度、中度、重度地震造成的人口、经济和房屋损失风险，基于从重原则，采用叠置分析的整合方法，得到苍南县地震灾害综合风险分布格局。

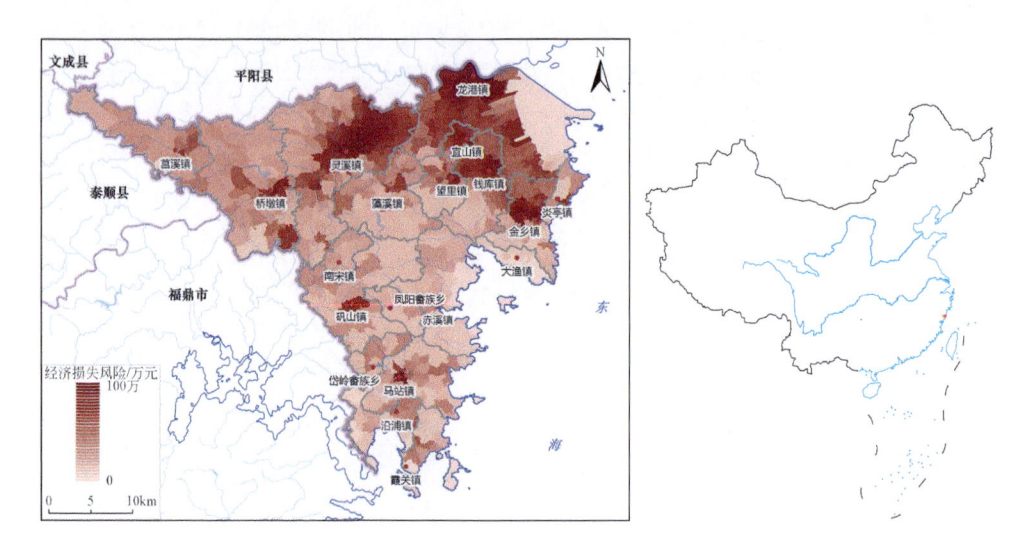

图 8-73　苍南县微度地震灾害情景下经济损失风险分布

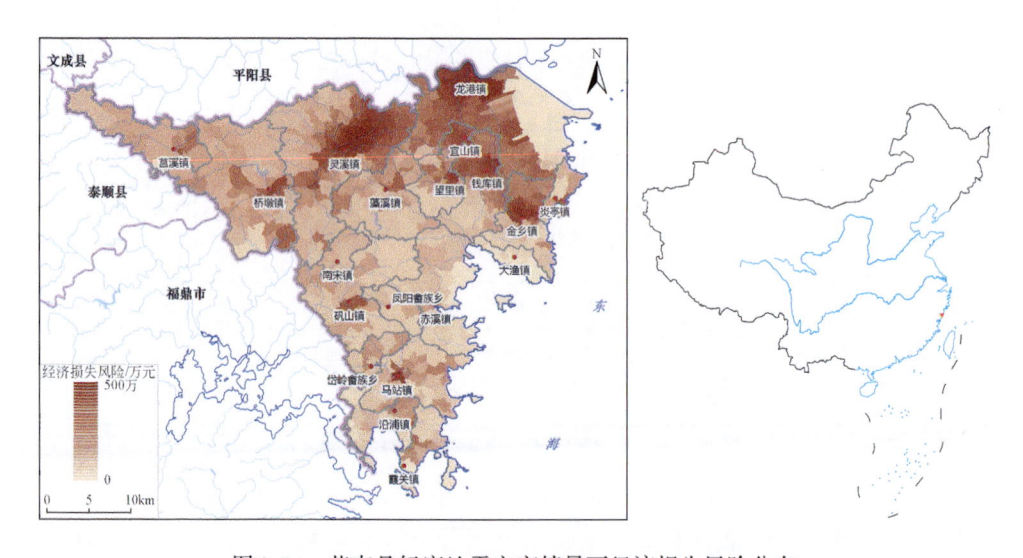

图 8-74　苍南县轻度地震灾害情景下经济损失风险分布

苍南地震灾害综合风险呈南低北高、西低东高的格局，高风险区为灵溪镇中部、龙港镇北部、宜山镇、钱库镇北部、金乡镇中部、桥墩镇东中部、矾山镇中部、马站镇中部和沿浦镇北部，中风险区为灵溪镇北部和南部、龙港镇中部、金乡镇北部、望里镇北部、桥墩镇中部和东南部、藻溪镇北部和马站镇中部(图 8-77)。

第 8 章 自然灾害风险评估案例

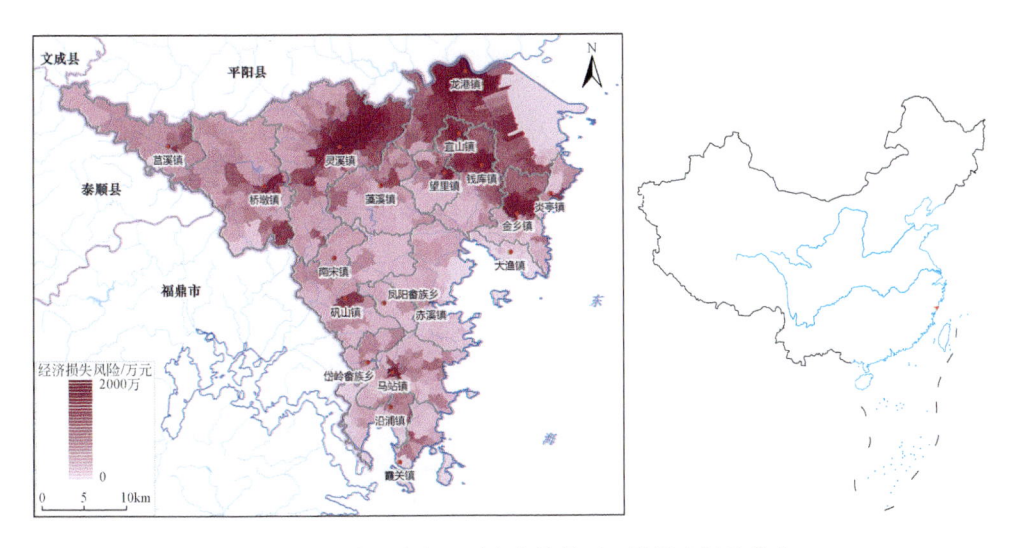

图 8-75　苍南县中度地震灾害情景下经济损失风险分布

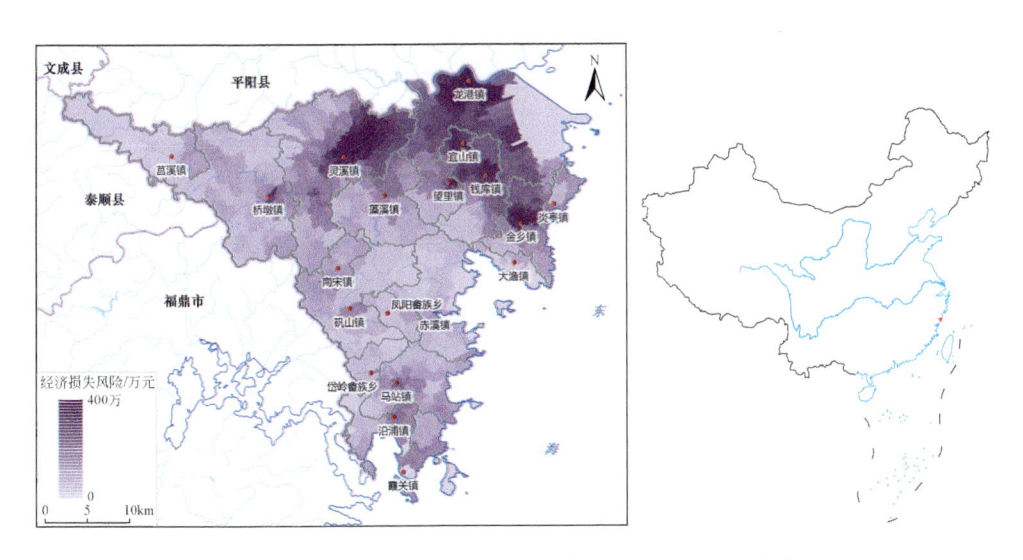

图 8-76　苍南县重度地震灾害情景下经济损失风险分布

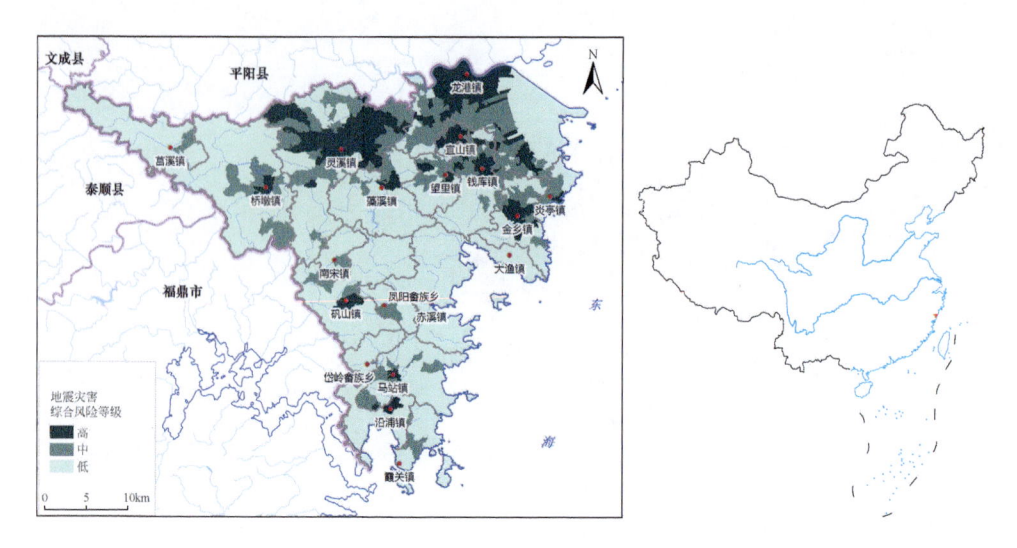

图 8-77　苍南县地震灾害综合风险分布

8.5　自然灾害综合风险评估

基于台风、干旱、洪水和地震等不同极端气候事件的风险等级，采用叠置分析的方法确定自然灾害综合风险等级，评估中高风险区的危险来源。

苍南县自然灾害综合风险呈南低北高的分布格局（图 8-78），东北部风险

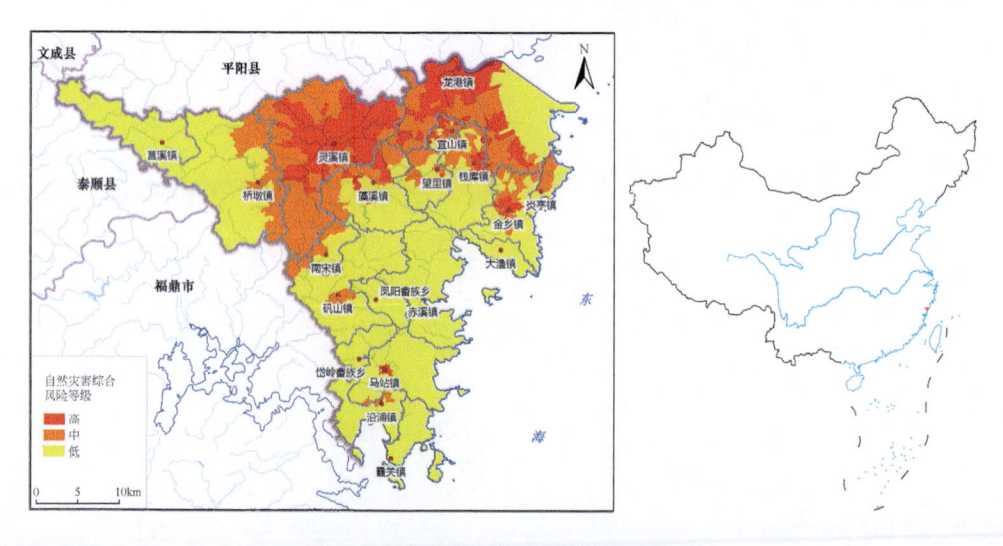

图 8-78　苍南县自然灾害综合风险分布

高，西北部和南部风险低。具体来看，高风险区主要分布在灵溪镇中部和北部、龙港镇北部和南中部、藻溪镇北部、钱库镇中部和金乡镇中部，受到全部四种极端气候事件的影响；中风险区主要分布在灵溪镇西北部和南部、龙港镇中部和南部、宜山镇大部、钱库镇北部、金乡镇北部、藻溪镇西部、桥墩镇东部、南宋镇北部、矾山镇中部沿浦镇北部，受四种极端气候事件不同程度的影响。

第 9 章　自然灾害减灾能力评估

9.1　自然灾害减灾能力评估意义

9.1.1　研究背景

9.1.1.1　自然灾害减灾能力评估重要性

自然灾害是世界人类面临的最严峻的自然风险,许多国家和地区面临着自然灾害种类多、分布地域广、发生频率高、造成损失重的局势。21 世纪以来,受极端气候影响,各种自然灾害规模和频率呈现明显上升趋势(Lung et al., 2013;Mysiak et al., 2018),自然灾害对人类生命和财产安全、社会和国家和谐稳定等构成严重威胁。多个致灾因子相互叠加作用于承灾体,使得区域内致灾程度加剧,灾害影响加重(哈斯等, 2016)。

据资料统计,2004 年印度尼西亚苏门答腊发生地震-海啸,约 23 万人遇难,因海啸死亡的人数远超因地震遇难的人数(Rajendran et al., 2005);美国飓风"卡特里娜"诱发飓风-风暴潮、飓风-洪水等一系列灾害,直接损失近 1000 亿美元(Burby, 2006;Hallegatte, 2008);2008 年 5 月汶川大地震引发地震-滑坡、地震-泥石流-堰塞湖和崩塌-泥石流、滑坡-泥石流灾害群等多种灾害事件,造成约 6.9 万人遇难,3 万多人失踪(Ge et al., 2010;哈斯等, 2016);2013 年超强台风"海燕"登陆菲律宾,台风引起的多种灾害造成严重的人员伤亡和经济损失(Barmania, 2014);2017 年飓风季,飓风"辛迪""艾尔玛""哈维""厄玛"登陆美国不同地区,造成龙卷风、暴雨、洪水等灾害,经济损失惨重(Goldberg et al., 2018);2019 年,高温和干旱等极端天气导致澳大利亚出现森林火灾,过火面积达 1860 万 hm^2,死亡 34 人,造成严重生态环境灾难(Signals, 2020);2019 年,印度因季风带来的强降雨而发生洪水,影响 13 个邦,造成近 2000 人死亡(CRED, 2020)。近年来,随着人类活动对气候变化的影响,自然灾害发生频率日益增加,自然灾害的群发、链发和灾害遭遇现象日益增多,人员伤亡和经济损失越加严重。

为减轻自然灾害尤其是多灾种累积放大灾害损失，自然灾害（单灾种、多灾种）减灾能力评估显得尤为重要。2018 年 10 月，习近平总书记在中央财经委员会第三次会议上，就提高自然灾害防治能力发表重要讲话，会议强调提高自然灾害防治能力，明确提出针对我国自然灾害防治需"坚持以防为主、防抗救相结合"，努力实现灾前预防转变，提高多灾种的风险早期识别和预报预警能力等。在浙江苍南县、贵州桐梓县，以及四川、云南等全国县域自然灾害综合风险与减灾能力调查试点工作基础之上，2020 年国务院开展第一次全国自然灾害综合风险普查，力求通过调查结果摸清全国自然灾害风险隐患及减灾能力现状底数，为国家级地区灾害管理，以及区域社会经济可持续发展提供科学的决策依据。

因此，根据自然灾害灾情损失大、影响广的特征，以及我国减灾底数不清、风险不明的现状，开展单灾种、多灾种减灾能力评估，对全面提升社会抵御自然灾害防范能力有着重大实践意义。

9.1.1.2　自然灾害研究向多灾种研究发展

在自然灾害基础研究发展进程中，20 世纪 90 年代开始，灾害防灾减灾、应急救援等受到全球各界的广泛关注。随后"减轻灾害风险"（Disaster Risk Reduction, DRR）战略计划、灾害风险综合研究科学计划（Integrated Research on Disaster Risk, IRDR）等多项国际灾害防范计划相继推进，以促进减灾防灾工作推进，更有效预防与减轻灾害损失。在研究过程中，单灾种研究越来难以满足实际需求。因此，1992 年联合国环境与发展大会通过的《21 世纪议程》提出"多灾种"概念后，《中非合作论坛——约翰内斯堡行动计划（2016—2018）》《兵库行动框架可持续发展评估报告（UNEP）》等多个战略及国际会议相继提出多灾害问题及防灾减灾框架。2016 年，我国发布的《国家综合防灾减灾规划（2016—2020 年）》明确指出，"落实党中央、国务院关于防灾减灾救灾的决策部署""坚持以防为主、防抗救相结合，坚持常态减灾和非常态救灾相统一，努力实现从注重灾后救助向注重灾前预防转变、从应对单一灾种向综合减灾转变、从减少灾害损失向减轻灾害风险转变""加强多灾种和灾害链综合监测"。2019 年 5 月，在瑞士召开的第六届全球减灾平台大会指出目前全球灾害风险评估须重点关注多灾种研究，更好地促进灾害系统风险的系统性，更高效地制定科学的自然灾害管理战略。因此，为更有效地应对灾害，自然灾害研究亟须向多灾种研究转变。

减灾能力是降低自然灾害损失的重要组成部分，其结果是制定防灾减灾管理政策、分配防灾减灾资源、制定应急预案，以及部署灾害应急救援等的基础和依据,而对自然灾害减灾能力进行科学评价是提升灾害管理能力、加强灾前抵御、完善灾中救援、加快灾后恢复重建的有效途径。可见,自然灾害尤其是多灾种减灾能力评估研究对减小多灾种灾情累积效应、提高灾害减灾能力极为重要。

9.1.1.3 自然灾害减灾能力研究有待深入和改进

自然灾害减灾能力是防灾救灾的重要科学支撑,是有效降低经济损失和人员伤亡的重要依据。近年来,单一灾害减灾能力研究相对成熟,减灾能力评估指标体系较为完善。然而在过去的研究中,单一灾害减灾能力研究具有一定局限性(Kappes et al.,2012;Gill and Malamud,2014;Terzi et al.,2019)。事实上,区域内往往多种自然灾害并发并存,不同灾种之间的相互作用导致的影响可能远大于单一灾害影响的总和(Terzi et al.,2019),而多灾种研究集中于多灾种发生原理及形成机制(杜翠,2015;王劲松等,2015;梁玉飞等,2018)、多灾种风险评估(刘爱华和吴超,2015;Depietri et al.,2018;Han et al.,2019a;Shen and Hwang,2019)等方面,多灾种减灾能力研究相对较少,其减灾能力评估指标体系不具有系统性,未能应用于区域多灾种减灾能力定量评估中;自然灾害减灾能力模型评估结果以划分区域减灾能力等级为主,结果的应用性不强。因此,为有效应对自然灾害及降低自然灾害造成的经济损失和人员伤亡,现有自然灾害减灾能力评估研究仍有待深入和改进,须重点研究多灾种自然灾害减灾能力。

9.1.2 研究意义

自然灾害减灾能力研究是自然灾害风险管理及地方防灾减灾的重要内容和必要基础,其研究结果是制定减灾政策、减轻灾害风险与损失、推进与保障社会和谐可持续发展的重要支撑。因此,自然灾害减灾能力研究对全球变化下灾害多发、灾情严重、损失巨大的各地区具有重要的理论和现实意义。

9.1.2.1 理论意义

(1)有利于完善自然灾害减灾能力评估理论与方法体系。自然灾害减灾能力可体现国家、社会应对灾害的备灾能力水平,诸多学者对单灾种减灾能力研究较多,如地震、洪水、干旱,而较少涉及多灾种减灾能力研究。自然灾害减灾能力评估指标体系,一般侧重于社会经济、减灾资源、物资储备等指标要素本身,少有研究从减灾全过程构建指标体系,目前尚无统一完整的自然灾害减灾能力评估指标体系。本研究通过基于防灾能力、抗灾能力、救灾能力及资源要素对单灾种减灾能力进行评估,并在单灾种减灾能力基础之上,运用多灾种不同灾种间的能量转化关系构建台风-洪水-地质灾害链减灾能力评估指标体系,这对完善自然灾害减灾能力评估研究尤其是多灾种减灾能力的理论和评估指标体系具有一定推动作用。

(2)有利于自然灾害减灾能力由定性评估向定量评估转变。目前,国内外以减灾能力指数或减灾相对等级的单一自然灾害减灾能力已展开大量研究,而定量至灾害级别的自然灾害减灾能力评估研究相对较少。本研究在历史灾情及减灾资源基础上,重点从台风-洪水-地质灾害链角度出发,建立不同强度等级台风与承灾体损失、人员伤亡、资源需求之间的对应曲线,结合多灾种不同灾种间的能量转化关系,利用模糊综合评价模型对多灾种减灾能力展开以原生灾害等级定量表征的定量评估研究。

9.1.2.2 实践意义

(1)有助于推进我国防灾减灾救灾体制机制由灾后救助向灾前预防管理转变。目前,我国自然灾害减灾工作存在各地区的自然灾害减灾能力现状水平分布不清,防灾减灾全过程中灾前有效预防措施、灾中承灾体抗灾能力、灾后应急救援优劣不一,以及自然灾害减灾工作有效性与针对性不足等问题。因此,构建全面覆盖防灾减灾救灾各环节、全方位、全过程、多层次的自然灾害减灾能力评估指标体系,开展定量化的自然灾害减灾能力评估可全面了解我国自然灾害减灾能力现状,提升灾前预防管理水平,进而推进我国防灾减灾工作理念转变。

(2)有助于为自然灾害防灾减灾规划和管理规范提供参考依据。把自然灾害防治融入有关重大规划、重大工程、重大战略是提升我国防灾减灾救灾能力和水平的重要手段,开展基于灾害级别的自然灾害减灾能力评估可帮助决策者识别区域可应对灾害级别,摸清减灾能力底数,强化减灾风险源头管理及有效制定灾害防灾减灾规划。当前的减灾能力评估可实现对区域自然灾害减灾能力的等级识别,但不同地区面临的自然灾害风险及自然灾害造成的基础设施损坏、人口伤亡及经济损失等不良后果具有差异性,相对等级的评估未达到完全定量的自然灾害减灾能力评估要求,不同区域评估结果可比性较差,难以满足我国现在的防灾减灾工作的需求。开展基于灾害级别的自然灾害减灾能力评估,可明确不同区域的灾前防灾能力、灾中抗灾能力、灾后救灾能力的不同资源要素可应对的自然灾害等级,以便相关部门及居民做好灾害预警、基础设施修缮加固、物资的储备完善等具有针对性的不同减灾过程防范工作。同时,根据区域评估结果可加强防灾减灾救灾科技支撑体系建设,优化整合资源,推动自然灾害防治立法,及时修订防灾减灾救灾相关法律法规,加快制订修订防灾减灾救灾技术标准,运用法治思维和法治方式提高防灾减灾规范化水平。

（3）有助于制定科学合理的自然灾害保险机制。定量化的自然灾害减灾能力评估是发展自然灾害保险的基础，构建多方参与的社会化防灾减灾救灾格局，调动社会各类资本参与防灾减灾救灾，完善灾害应对金融体系，进一步探索多渠道自然灾害保险分散机制，建立稳定的自然灾害保险制度。

9.2 自然灾害减灾能力评估进展

9.2.1 相关概念

9.2.1.1 自然灾害

关于自然灾害的定义，国内外不同学者有不同的观点。

（1）超过社会或群体应对能力的自然危险事件，是自然危险事件与人类社会脆弱性相互作用的结果（Alexander，1991）。

（2）自然灾害为一系列超过人们当前应对或处理能力从而给人们带来损失或不利影响的自然扰动过程（ISDR，2004b）。

（3）某些自然变异活动作用于人类社会，并造成一定程度的、明显危害表现的现象或过程，是自然动力活动与人类活动相互作用的结果，具有自然和社会属性（高庆华等，2007）。

（4）可能对社会产生不利影响的自然过程或现象（UNISDR，2009）。

尽管不同学者或组织对自然灾害有不同理解，但本质是一致的，即自然灾害是发生在特定时间特定空间、给人类生存和生产造成损失或不利影响的自然变异和极端事件，是自然环境与人类活动相互作用的结果（高庆华等，2007；葛全胜等，2008）。

9.2.1.2 减灾能力

减灾能力的概念一直随着社会发展及研究的扩展而演变。不同学者、机构对减灾能力的概念有着不同的认识和理解。

（1）涉及以避免（预防）或限制（减轻或防备）自然灾害、相关环境和技术灾害的负面影响为目的的多种措施（ISDR，2001）。

（2）减灾能力是指一个地区确保其灾害安全的能力，以灾害中人员伤亡、经济损失、灾后恢复社会正常生活和生产秩序所必需的恢复时间的长短来衡量地区对灾害的安全性（谢礼立，2005）。

（3）反映一定区域在防灾备灾、应急处置、救援、灾后重建等灾害管理过程中的能力（胡俊锋等，2013）。

（4）为降低和尽量减少自然灾害不利影响而采取的结构性和非结构性缓解措施，包括工程技术、防灾建设、社会政策和公众意识等（UNDRR，2020）。

（5）社区、组织或社会应用所有可用的力量、技能和资源管理不利条件、风险或灾害的能力，其能力涉及基础设施、机构、人类知识或技能等（UNISDR，2017）。

虽然不同领域对减灾一词的理解具有差异性，但其定义基本是一致的。根据各学者及机构的理解以及习近平总书记关于自然灾害防灾减灾的重要讲话精神，自然灾害减灾能力可理解为区域评估主体（社会、组织等）在灾前、灾中、灾后各过程中应用监测预警资源、防灾减灾意识、救援力量等各种措施减轻、降低自然灾害的不利影响的能力，其内容包括为保证有效应对灾害影响而事先采取的活动或措施，如灾害监测、灾害预警；灾害期间各类设施的抗灾能力，如房屋抗灾能力、电力设施抗灾能力，以及灾害期间/灾害发生后受灾人群维持基本生活的能力，如综合消防救援、物资、志愿者参与。

9.2.2　自然灾害减灾能力评估指标体系研究

9.2.2.1　单灾种减灾能力评估指标体系

单灾种减灾能力评估涉及地震、泥石流、洪水、台风、风暴潮等自然灾害。目前，国内外单灾种减灾能力评估指标体系表现为：①同一灾种评估存在指标体系差异。例如，谢礼立院士提出以人员伤亡、经济损失和震后恢复时间为评价指标体系评价城市地震减灾能力（张风华等，2004；谢礼立，2005，2006；刘莉和谢礼立，2008）。Ferreira等（2016）以环境、住房、就业、医疗保健等六项基本要求对城市地震减灾能力进行研究；Cutter等（2003）提出将与生态、社会、经济、制度、基础设施、社区应对能力相关的6项指标作为社会减灾能力评估指标体系；Hajibabaee等（2014）应用与规划、资源、疏散能力、可达性相关的指标分析城市抵御地震灾害的能力。②不同单灾种减灾能力评估指标体系差异不显著。地震与泥石流减灾能力评估差异指标有生物控制能力，该指标由与水土保持措施相关的指标构成，主要用于泥石流减灾能力评估指标体系。洪水的工程防灾能力主要取决于堤防设施、水库库容、排涝工程等，抵抗台风、风暴潮的能力主要取决于防护林面积，干旱的减灾能力评估指标主要指有效灌溉面积、水库容量、人工降雨设施等。干旱减灾能力评估指标体系一般不包括防灾救灾意识、自救能力、医救能力。例如，曹罗丹等（2014）对宁波的洪水减灾能力进行评估与应用，提出通过防洪基础能力、监测预警基础能力、抢险救灾基础能力、社会基础支持能力4方面指标评估洪水减灾能力。张颖超等（2015）提出应用防护林覆盖面积、雷达、就业人员、万人在校大学生、计算机数量等14个指标评估台风减灾能力。③指标体系中指标量化时强调指标数据本身意义，未以具体灾害级别方式描述指标，数据信息表达性较弱。

致灾因子危险性到承灾体脆弱性因灾种不同而具有差异性，自然灾害监测预警、减灾工程、防灾构成等指标应体现灾种的独特性，但各灾种减灾能力评估指标体系未能体现灾害本身的独特性，差异性并不明显。国内外不同区域同一灾种的减灾能力评估指标并不一致，针对不同灾种的系统性减灾能力评估指标体系尚未形成。

9.2.2.2 多尺度综合减灾能力评估指标体系

多尺度综合减灾能力涉及社会系统中的多个领域，可归纳为区域、城市、农村、社区综合减灾能力（胡俊锋等，2014；Du et al.，2016；栗健等，2016；Feofilovs and Romagnoli，2017；连达军等，2017；刘璐，2018；Tian et al.，2019；陈冲，2019；代文倩，2019；Aksha and Emrich，2020）。不同尺度减灾能力评估指标体系有相似性，均包括监测预警能力、应急能力、防御能力，同时也存在差异。区域尺度灾害监测预警能力、工程防御能力涉及指标更广泛，如胡俊峰等（2014）构建的区域减灾能力评估指标体系中，监测预警预报能力、工程防御能力不仅包括气象监测、防灾堤坝工程、水库三方面的指标，也包括水文监测、地质灾害监测、森林火灾监测、海洋灾害监测、农作物病虫害监测、灌溉工程等方面的指标。区域、城市、农村、社区不同尺度强调的指标有所差异。农村尺度的监测预警能力主要强调农业气象监测预警能力，防御和救援能力突出的是有效灌溉面积、除涝面积、水土流失等农业作业指标，灾害经济投入主要为农业投入；而区域、城市和社区尺度对于监测预警能力强调的是与站点有关的数据资源或者监测人力资源。同时，区域、城市和社区尺度强调科技支撑能力和法治建设、应急能力、生命线系统抗灾能力、建筑物抗灾能力，农村尺度则无涉及或不予强调。

多尺度综合减灾能力评估指标体系主要局限于城市和社区减灾能力研究，缺乏针对不同行政尺度（省、市、县）的多层级减灾能力评估指标体系。农村安全建设水平明显低于城市，且减灾能力评估指标体系中的政府行政管理能力、科技支撑能力、法治建设等重要的社会支持能力存在不同程度的弱化，目前农村尺度减灾能力评估指标体系研究明显较薄弱。多尺度综合减灾能力评估指标体系覆盖面较全，不同尺度的指标具有明显差异，没有一套较为统一的指标体系。不同尺度的自然灾害种类可能存在较大差异，在综合减灾能力评估过程中，是基于不同尺度的灾种进行统一定义，还是基于历史自然灾害情况定义特定灾种，仍然需要进一步研究。

9.2.2.3 多灾种减灾能力评估指标体系

多灾种评估在国内起步晚，多灾种评估研究成果特别是实证研究成果尚不多见，已有的研究也集中于多灾种机理研究或风险评估（Lyu et al., 2018；Han et al., 2019b, 2019c；Liu and Chen, 2019），多灾种减灾能力的研究甚少。Tian 等（2019）从灾前情况、应对能力、适应能力、灾害损失、灾害暴露五个维度构建了四川安宁河流域社区多灾种（滑坡、岩崩、泥石流）减灾能力评估指标体系。杨远（2009）开展了城市地下多灾种减灾能力评估，该城市地下多灾种减灾能力研究中的灾种包括人为灾害（非自然灾害），减灾能力评估指标涉及面较窄，指标体系并不完整，其评价结果是否可真实反映减灾能力仍需商榷。多灾种风险研究中也会涉及多灾种减灾能力，但在多灾种风险评估研究中，不同文献对风险评估指标体系建立涉及面的理解有所差异，极少文献能全面综合考虑致灾因子危险性、孕灾环境敏感性、承灾体脆弱性、防灾减灾能力；即使考虑到多灾种减灾能力，构建的指标体系也缺乏全面性。例如，Shi Y 等（2018）以提高抵御城市多灾种灾害能力为目标，应用洪水、风暴潮、地震、地质灾害、火灾多个单灾种风险叠加得到广州城市多灾种综合风险等级，其中只有个别指标涉及减灾能力。王嘉君等（2018）在山区开展多灾种风险评估，以 10 个关于基础应灾能力、专项应灾能力的指标展开山洪、泥石流、滑坡的多灾种减灾能力评估研究，构建的指标体系在评估时忽略了灾种间的联系。

在多灾种研究中，国外学者关于多灾种理论和多灾种风险评估（暴露性和敏感性）的研究较多（Lung et al., 2013；Araya-Muñoz et al., 2017；Depietri et al., 2018；Rong et al., 2020），如 Lung 等（2013）为更好地考虑适应气候变化给欧盟带来的一系列挑战，采用暴露性、敏感性相关指标，构建适应能力指标，定量化区域多灾种（高温、洪水、森林火灾）风险水平。Araya-Muñoz 等（2017）基于与多灾种暴露性和敏感性相关的 32 个指标对智利部分地区进行了多灾种风险评估；Depietri 等（2018）采用人口、未成年占比等 8 个指标对美国纽约多灾种（热浪、内陆洪水、沿海洪水）进行了风险评估。目前，国外研究甚少涉及多灾种减灾能力，该类研究尚不成熟、鲜有实证案例。Krishnan 等（2019）采用社会应对能力、经济应对能力等 12 个指标评估了印度沿海地区洪水、滑坡、龙卷风多灾种的减灾能力，该多灾种减灾能力评估指标体系并不全面，是否真实地反映了评估主体多灾种减灾能力水平有待证实。

就国内外多灾种减灾能力评估研究而言，少量的多灾种减灾能力评估研究结果远远不足以支撑多灾种减灾能力评估指标体系的构建，需根据区域历史自然灾害特点，分析区域发生多种自然灾害的组合形式，构建具有区域针对性的多灾种减灾能力评估指标体系。

9.2.3 自然灾害减灾能力评估模型研究

9.2.3.1 单灾种减灾能力评估模型

单灾种减灾能力评估模型主要有防震减灾能力指数、模糊综合评价法、加权综合评价法、减灾能力指数、应对能力指数等（Cutter et al., 2003；Hajibabaee et al., 2014；曹罗丹等，2014；郎从等，2014；孙鸿鹄等，2015；张颖超等，2015；Ferreira et al., 2016；Meng et al., 2016；何娇楠，2016；栗健等，2016；潘艳艳等，2016；陈真等，2018；韩平等，2018；Hermon et al., 2019；Shao et al., 2019；Shi et al., 2019；Zhang et al., 2020）。防震减灾能力指数的应用范围只是地震减灾能力评估研究，主要优点表现在能定量化城市防震减灾能力，城市防震减灾能力评估模型较为绝对，可直观清楚地认识城市抵御不同烈度地震的减灾能力，直观评估城市防震减灾能力现状，以及清晰对比出其现状与可接受城市防震减灾水平间的差距；不足在于该评估模型计算方法相对复杂，需要大量数据构建各抗震能力指数与要素损失之间的关系曲线，模型的精度与可靠性是与"九五"期间数据相匹配的，模型精度随着工程水平不断发展而改变，是否与当前的地震工程水平一致还有待考证。模糊综合评价法具有结果清晰、系统性强的特点，能较好地解决模糊不清、难以量化的问题；但其计算复杂，对指标权重的确定主观性较强。加权综合评价法是一种定性与定量相结合的分析方法，其能对研究对象整体状态进行综合测定，可避免定性评价中的主观性和随意性，计算过程简单，是常用的自然灾害减灾能力评估方法。国内的减灾能力指数与国外常用的应对能力指数的实质是加权综合评价法。通过减灾能力指数、应灾能力指数、模糊综合评价法得到的各自然灾害减灾能力评估结果，可直观了解区域不同单元减灾能力的相对大小及整体差异性，为减灾规划提供科学依据。

9.2.3.2 多尺度综合减灾能力评估模型

多尺度综合减灾能力评估模型主要有模糊综合评价法、加权综合评价法、

BP 神经网络评价模型等（胡俊锋等，2013；Zhou et al.，2015；Wang et al.，2016；Feofilovs and Romagnoli，2017；连达军等，2017；冯凌彤，2020）。加权综合评价法和模糊综合评价法是多尺度综合减灾能力评估常用的方法。BP 神经网络评价模型应用较为广泛，通过样本训练的方法获取各个指标之间的关系，减少了评价过程中人为确定权重的主观性，具有简单易行、计算量小等优点。熵权法与其他方法融合的模型可避免定性评价的主观性，数据可获得性高，实际操作简单，结果科学客观。灰色关联投影法结合层次分析法，能够实现方法之间的优势互补，有效地弥补传统方法在客观性和综合性上存在的不足，客观反映区域综合减灾能力。

多尺度综合减灾能力评估模型的应用并不受区域尺度大小的限制，不同评估模型在不同尺度类型上无明显差异，均有实践应用。而对于模型在减灾能力评估中的实用性而言，不同评估模型自身在计算或客观评估中各有优劣，但相同的是，各评估模型所得到的自然灾害减灾能力评估结果仍为指数或相对等级，不能对区域自然灾害减灾能力现状进行定量化。

9.2.3.3 多灾种减灾能力评估模型

多灾种减灾能力评估模型主要有加权综合评价法、应对能力指数、减灾能力指数、模糊综合评价法、GIS 研究方法等（Zhou et al.，2015；Depietri et al.，2018；Shi Y et al.，2018；王嘉君等，2018；Krishnan et al.，2019；Tian et al.，2019；Tiepolo et al.，2019；Sekhri et al.，2020）。应对能力指数、减灾能力指数的实质都是加权综合评价法。加权综合评价法的实质是将多灾种中发生的每一个灾害进行单纯叠加，优点是计算简单、便于应用，该评估方法可粗略了解区域多灾种减灾能力现状，对多灾种减灾能力评估具有较强的应用性。

多灾种减灾能力评估从定性到定量、从经验分析到数值模拟，但多灾种减灾能力定量评估方法的应用实例仍较少，且多灾种减灾能力评估实例得到的评估结果也仅仅只是区域内研究对象减灾能力的相对等级强弱，无法求解出研究对象实际减灾能力水平，不能直观了解地区减灾现状可抵御不同等级灾害的能力，这也使评估结果无法定量表示出地区减灾能力与区域频发灾害之间的差距，易造成政府防灾减灾工作发展的盲目、地区设施抗灾规划制定及实施缺乏可靠性。

9.2.4 自然灾害减灾能力评估实例研究

美国等发达国家 20 世纪末就已开始对减灾能力进行评估，1997~2000 年美国应用防灾减灾能力评估程序对全国进行了实践评估，而后日本、澳大利亚等国家也开始了实践工作。我国政府在 20 世纪末积极响应联合国减灾政策,努力推进防灾减灾工作。但由于自然灾害种类繁多,孕灾环境与承灾体差异显著,国内外对于如何进行自然灾害减灾能力的实践评估研究,意见尚不统一,也没有固定准则、统一指标体系、固定评价模型。

在单灾种减灾能力评估方面,谢礼立(2005)以人员伤亡、经济损失和震后恢复时间 3 方面作为衡量城市防震减灾能力的准则,并围绕这几方面筛选出地震监测预报、社会经济、工程抗灾等六大因素,基于灰色关联分析方法构建地震灾害减灾能力指数,并应用于欧洲、亚洲、非洲和美洲的 10 个城市的地震灾害减灾能力评估。曹罗丹等(2014)选择防洪基础能力、抢险救灾基础能力、社会基础支持能力、监测预警基础能力四种类型 21 个指标构建洪水减灾能力评估指标体系,采用层次分析法和模糊综合评价法对宁波下辖行政单元进行防灾减灾能力综合评估,得到各行政单元洪水灾害减灾能力指数。张颖超等(2015)在考虑自然防护能力、台风监测预警能力、社会抗台风能力指标因素基础上,建立基于加权 TOPSIS 法的抗台风减灾能力评估模型,对福建抗台风减灾能力进行定量评估分析,得出福建抗台风减灾能力评估结果。Hajibabaee 等(2014)以规划、资源、疏散能力、可达性相关指标分析城市抵御地震灾害的能力因素,并将应灾能力指数应用于德黑兰 22 个市辖区的地震减灾能力评估中。

在多尺度区域综合减灾能力方面,为充分了解海洋减灾能力现状,有效开展防灾减灾工作,栗健等(2016)基于海洋、气象、水文等多个领域知识,从灾前预报预警、备灾、灾后应急响应、灾后恢复重建、宣传教育及工程减灾 6 个方面构建了区域海洋减灾能力指标体系,其中包括 6 个一级指标、21 个二级指标和 136 个三级指标,并基于研究案例,开展了应用试点评估,为区域减灾能力评估奠定了基础。胡俊峰等(2014)结合减灾实际现状、国内外减灾能力评估研究进展,提出监测预警、应急处置与救援救助能力、工程防御能力等 5 个一级指标,形成适用于各类自然灾害的区域整体减灾能力评估指标体系,以期为区域减灾能力评估提供科学依据。连达军等(2017)从工程防御能力、经济基础支撑能力、灾害管理能力等 6 方面构建社区减灾能力评估指标体系,借助熵权-灰靶模型和 GIS 叠置分析技术进行社区减灾能力综合评价方法研究,并以苏州新区作为案例分析研究区,得到该区域的社区减灾能力空间分布特征图。

综上,目前国内外对地震、泥石流、洪水等单灾种减灾能力的研究未形成一系列差异较大的评估指标体系和评估方法,实用性不强,相对等级评价结果难以衡量区域间实际减灾能力。多尺度区域综合减灾能力研究缺乏针对不同行政尺度(省、市、县)的多层级减灾能力评估指标体系,评估模型效果在区域间也无法比较。针对多灾种减灾能力评估指标体系和评估方法的研究更少,未形成系统的多灾种减灾能力评估指标体系，少有的评估实例不足以支撑多灾种减灾能力研究。

自然灾害的发生及发展具有动态性，灾害间相互联系，这使得区域内多种灾害并存。为减轻和降低灾害带来的损失，努力提升全球综合减灾能力，深入定量研究基于灾害级别的自然灾害减灾能力评估尤其是多灾种减灾能力评估至关重要。

第10章 自然灾害减灾能力评估指标体系

10.1 单灾种减灾能力评估指标体系

区域自然灾害减灾能力水平取决于指标体系和评估方法，而指标体系是减灾能力评估的基础。因此，构建科学合理的指标体系是减灾能力客观性的前提条件。目前，基于指标体系的单灾种减灾能力评估研究相对较为成熟，多灾种减灾能力评估研究相对欠缺。

本章将基于前人文献研究成果，充分考虑指标系统性、科学性、实用性等原则，以及自然灾害减灾系统的不同减灾过程，构建单灾种减灾能力评估指标体系，并在单灾种减灾能力评估指标体系基础上，考虑单灾种与多灾种共性与差异性，建立台风–洪水–地质灾害链减灾能力评估指标体系。

10.1.1 指标体系构建原则

科学合理的指标体系是准确评估自然灾害减灾能力的重要基础，因此确立指标时须实事求是，科学严谨；在借鉴文献研究中的指标时，须因地制宜联系实际研究区域，保障指标的区域差异性。为最大限度地客观描述预测主体的自然灾害减灾能力特征及水平，指标的构建应遵循以下原则。

（1）系统性。自然灾害减灾能力涉及灾害学、社会管理学、经济学等方面，是一个受多因素影响的复杂系统。自然灾害减灾能力应从灾害系统整体出发，全面系统地反映自然灾害减灾能力的各个要素，反映各减灾过程之间的相互协调和促进关系，同时又要努力避免指标之间的交叉，指标集中的每一项指标都要简单明确。

（2）科学性。指标需要对实践有指导作用，有实际意义。确定指标时，指标应含义明确，具有可靠性，各项自然灾害减灾能力影响要素一定要尊重客观现实，能够系统客观地反映评价对象的自然灾害减灾能力的真实状况。

（3）代表性。应尽量从众多影响因子中选择突出重要的、便于量化的、具有代表性的指标。选择具有强代表性的、能全面反映自然灾害减灾能力客观情况的因素作为指标，剔除与评价主体相关性较小的次要因素，可以使指标得到简化，避免影响因素的多次重复，便于实际操作，提高工作效率。

(4) 实用性。表征自然灾害减灾能力的指标众多，但数据的可获取性并不能覆盖所有指标。因此，在选取指标时，不仅需要考虑指标的科学性及代表性，指标数据的可获取性、可测性也应纳入其中。指标应均为可量化指标，且易计算，对于无法获取或难以获得的指标，应用其他指标替代，或在保证不影响自然灾害减灾能力评估有效性的情况下舍去。

10.1.2 单灾种减灾能力评估指标体系

10.1.2.1 评估指标构建及指标含义

尽管针对自然灾害减灾能力评估的研究已经较为成熟，但在单灾种减灾能力评估研究中，同一灾种不同研究者所构建的指标体系差异较大，不同灾种间的指标差异性却不显著，缺乏一套明确且统一的单灾种减灾能力评估指标体系。本研究试图从灾害减灾系统防灾、抗灾、救灾三个过程区分防灾减灾工作时间顺序内主要能力范围内的减灾要素，并在此基础上，基于文献调研前人关于地震、地质灾害、台风、洪水、干旱减灾能力评估指标体系已取得的研究成果（张风华等，2004；张颖超等，2015；Meng et al., 2016；Hermon et al., 2019；Shao et al., 2019；Shi et al., 2019；Wu et al., 2020），结合指标构建原则、专家意见，同时结合自然灾害致灾过程致灾因子危险性、承灾体重要性等因素，以及灾种间的差异性及共性，建立具有系统性、科学性、代表性、实用性的以防灾能力、抗灾能力和救灾能力为主体的单灾种减灾能力评估指标体系（表10-1），力求为区域自然灾害评估提供一套较完善、较全面、统一、灾种共性与差异性共存、便于应用的减灾能力评估指标体系。指标体系框架分为三个层次结构，内容包括3个一级指标、16个二级指标，具体指标体系构成和指标意义如下。

(1) 防灾能力是指自然灾害发生前，其地区本身就有的灾前准备能力，包括灾害监测、灾害预警、灾害保险、灾害公众意识、灾害科技支撑。监测能力是自然灾害防灾、抗灾、救灾能力的先导，监测站网对自然灾害预警具有重要决定作用。预警平台及时发布自然灾害预警是公众了解信息并采取避险措施的重要渠道。防灾减灾教育的普及、公众防灾减灾意识的提升，可更好地避免生命和财产损失。灾害公众意识、灾害科技支撑、灾害保险是防灾能力中较为基础的风险应对措施，在防灾中发挥着积极的作用。

表 10-1 单灾种减灾能力评估指标体系

一级指标	二级指标	三级指标	描述
防灾能力	灾害监测	监测时间分辨率	设备监测数据的时间间隔（实时/时/天）
		灾害监测	区域是否具有灾害监测站（是/否）
	灾害预警	户均通信工具数	手机等通信工具数量与区域人口总户数的比值（部/户）
		预警时间分辨率	预警系统发布预警信息时间间隔（实时/时/天）
	灾害保险	灾害参保比例	购自然灾害保险的家庭数占经济损失住户数的比例（%）
	灾害公众意识	防灾知识宣传情况	居民参与防灾减灾应急演练活动的次数（次）
	灾害科技支撑	灾害科研单位	区域是否具有灾害科研单位（是/否）
抗灾能力	抗灾能力	房屋抗灾等级	房屋对自然灾害的设防标准或级别（级）
		电力设施抗灾等级	电力设施对自然灾害的设防标准或级别（级）
		通信设施抗灾等级	通信设施对自然灾害的设防标准或级别（级）
		交通设施抗灾等级	交通设施对自然灾害的设防标准或级别（级）
		供水设施抗灾等级	供水设施对自然灾害的设防标准或级别（级）
		供气设施抗灾等级	供气设施对自然灾害的设防标准或级别（级）
		工程设施抗灾等级	工程设施对自然灾害的设防标准或级别（级）
		灾害危险性等级	生态系统对自然灾害的可承受强度级别（级）
		其他设施情况	人工等其他设施可应对自然灾害强度（级）
救灾能力	政府灾害预案	灾害应急预案	政府部门是否具有灾害应急预案（是/否）
	应急指挥系统	应急指挥技术系统	区域是否具有应急指挥技术系统（是/否）
	物资储备能力	物资总储备数	区域所有减灾储备库物资总储备量（套）
	医疗条件	医院总病床数	区域所有医院的病床总数（张）
	避难场所	避难所容量	区域所有避难所可容纳的总人口数（人）
	综合消防救援	综合救援队伍数	区域内综合救援人员数量（人）
		综合救援设备数	区域内综合救援设备数量（套）

续表

一级指标	二级指标	三级指标	描述
救灾能力	专业救援	灾害救援人员数	区域内自然灾害专业救援人员数量（人）
		灾害救援设备数	区域内自然灾害专业救援设备数量（套）
	社会动员	社会动员机制	市级部门组织的动员社会各界人士投入救援行动的会议、通告等的次数（次）
	资金保障能力	资金救助水平	救助资金单位可用救助资金占GDP的比例（%）
		人均储蓄额	区域内储蓄额与总人口数的比值（万元/人）
	应急保障能力	应急保障维护人员	区域内供水、供电等生命线设施的应急维护人员数量（人）
		应急保障水平	区域内供水、供电等生命线设施的应急供量可供应人口（人）

（2）抗灾能力是指一个地区灾中承灾体的抗自然灾害的能力，主要包括房屋抗灾能力、电力等生命线行业基础设施抗灾能力、工程设施抗灾能力等。工程设施是基础的防灾工程设施。房屋抗灾能力是区域内与公众关系最密切的抗灾基础设施，直接影响人们的生命安全和财产损失。电力等生命线行业基础设施抗灾能力是区域内经济发展水平的体现，是检验地区基础硬件设施防御能力的重要因素。

（3）救灾能力是指自然灾害发生后为抢险救灾提供物资、装备，以及人力等方面支持的能力，对体现地区救灾物资储备能力有着重要指示作用，是防灾减灾工作中的重要组成部分，主要包括政府灾害预案、应急指挥系统、物资储备能力、综合消防救援等指标。救灾能力涉及社会各方面的社会系统工作，是有效检验政府相关职能部门及民众在减灾工作中的紧急应对能力的因素，也是防灾减灾中可以减少人员伤亡、减轻经济损失的最后一道屏障，救灾能力在自然灾害减灾工作中发挥着重要作用。

10.1.2.2 评价指标体系差异性

地震、地质灾害、台风、洪水、干旱各类自然灾害涉及因素众多。根据不同灾种减灾能力影响因素构成可知，各灾种减灾能力评估指标体系具有共性。自然灾害减灾能力是人类利用包括基础设施、人类知识技能等现有技术或资源降低灾害不利影响的能力。因此，减灾能力评估涉及社会经济投入、工程设施、灾害管理等多方面公共减灾手段，即减灾能力部分影响因素在不同灾种减灾能力评估中具有普适性。例如，灾害预警、综合消防救援、资金保障能力、物资储备能力。

灾害预警是灾前公众了解灾害信息并采取对应措施的重要渠道，因而不同自然灾害减灾能力评估都应有自然灾害预警信息支撑。医疗条件、综合消防救援是为居民生活及社会发展稳定提供公共服务的单位，不同自然灾害减灾工作对医疗服务及综合消防救援队伍的需求无实质差异。资金保障能力及物资储备能力是社会基础物力财力对救灾中公众生活的保障，对降低所有自然灾害损失都有相同作用。综上，对自然灾害减灾能力而言，以上几个指标对于衡量某个特定区域的不同自然灾害减灾能力基本没有灾种差异。

不同灾种致灾因子及承灾体具有一定差异，其客观反映减灾能力强弱的影响因素也会有区别。因此，不同灾种自然灾害减灾能力评估指标体系具有灾种差异性。不同灾种减灾能力评估指标内容存在不同侧重方向，从防灾能力、抗灾能力、救灾能力方面出发，具体灾种减灾能力差异如下。

（1）防灾能力。防灾能力是防治与减轻灾害的基础能力，不同灾害的防范内容不同，其差异指标包括灾害监测、灾害保险、灾害公众意识、灾害科技支撑。在灾害监测方面，各灾种监测类型有所不同，干旱防灾能力只需气象监测，台风防灾能力包括气象监测和水文监测，地质灾害防灾能力涉及气象监测及地质灾害监测，而洪水防灾能力包括气象监测、水文监测、地质灾害监测，地震防灾能力只涉及地震监测。在灾害保险方面，地震、地质灾害主要参保范围为房屋，洪水、干旱主要参保范围为农作物，台风主要参保范围则包括房屋及农作物。台风、洪水防灾能力可用公众常见的最大灾害级别来表征公众意识，异于其他三种灾害的定性表征方法。而对于灾害科技支撑指标，只有干旱防灾能力评估不涉及。

（2）抗灾能力。各自然灾害抗灾能力因基础设施及生命线工程措施不同而略有差异。例如，台风抗灾能力包括防护林抗灾能力、房屋抗灾能力、基础设施抗灾能力、工程设施抗灾能力，洪水抗灾能力主要体现为基础设施抗灾能力、工程设施抗灾能力，地震抗灾能力主要指房屋抗灾能力、基础设施抗灾能力，地质灾害抗灾能力主要指地质灾害隐患点密度，而干旱抗灾能力主要指农业工程设施抗灾能力、农业种植结构抗灾能力等。

（3）救灾能力。各自然灾害的救灾能力的差异性体现在政府灾害预案、应急指挥系统、医疗条件、专业救援、社会动员、应急保障能力方面，其中政府灾害预案、应急指挥系统、专业救援3类的差异性主要为灾害类别不同导致的需求差异，如在专业救援方面，地震、地质灾害救灾能力需要地震、地质灾害救援，台风、洪水救灾能力则需要抗洪抢险救援，而干旱一般不包括专业救援。就社会动员、应急保障能力、医疗条件方面，干旱救灾能力只涉及应急供水保障，且一般不包括社会动员机制、医疗保障能力。

10.2 多灾种减灾能力评估指标体系

10.2.1 灾害链减灾能力评估指标体系

10.2.1.1 地质灾害链减灾能力评估指标体系

灾害链表现为类似多米诺骨牌的现象，各致灾因子之间具有成因上的联系性。在灾害链形成过程中，不同区域链状灾害致灾因子类型具有差异性，自然灾害能量输出作用于承灾体的风险具有不一致性，即原生灾害在不同孕灾环境下引发次生灾害的能量转化及输出具有多样性。首先，异于单灾种减灾能力，灾害链减灾能力需根据区域历史自然灾害特点，分析区域发生多种自然灾害的组合形式，构建具有区域针对性的灾害链减灾能力评估指标体系；其次，灾害链减灾能力评估指标体系构建并非基于不同单灾种减灾能力指标叠加，而需通过原生灾害与次生灾害之间的引发关系、结果链能量输出等灾害链形成机理，基于单灾种减灾能力评估指标体系，构建灾害链减灾能力评估指标体系。

因此，在地震、地质灾害、暴雨不同灾种减灾能力评估指标体系研究基础上，基于灾害链的灾情累积放大影响、不同灾害链的能量转化过程，结合指标构建原则、专家意见，建立以防灾能力、抗灾能力和救灾能力为主体的暴雨-地质灾害链、地震-地质灾害链减灾能力评估指标体系（表10-2和表10-3）。暴雨-地质灾害链、地震-地质灾害链减灾能力评估指标体系框架均分为三个层次结构，两条灾害链的具体指标体系构成、指标意义及差异性如下。

第一，防灾能力包括灾害监测、灾害预警、灾害保险、灾害公众意识、灾害科技支撑。暴雨-地质灾害链、地震-地质灾害链减灾能力评估指标体系的共性指标包括灾害科技支撑、灾害公众意识，差异性指标包括灾害监测、灾害预警、灾害保险。灾害监测是减灾能力预警的基础，暴雨-地质灾害链的灾害监测内容包括气象监测、地质监测、水文监测，而地震-地质灾害链的灾害监测内容主要指地震监测覆盖率、地质灾害监测覆盖率。灾害预警是利用监测信息网向公众及时发布灾害信息的能力，预警信息的准确度与传递速度是避免损失的有效途径，两条灾害链均包括户均通信工具数、地质灾害预警系统，不同的是暴雨-地质灾害链侧重气象预警、山洪预警，地震-地质灾害链侧重地震预警。

表 10-2　暴雨-地质灾害链减灾能力评估指标体系

一级指标	二级指标	三级指标	描述
防灾能力	灾害监测	气象监测	区域是否具有气象监测站（是/否）
		地质灾害监测	区域是否具有地质灾害监测站（是/否）
		水文监测	区域是否具有水文监测站（是/否）
	灾害预警	户均通信工具数	手机等通信工具数量与区域人口总户数的比值（部/户）
		山洪预警系统	区域内具有山洪灾害预警系统数量（个）
		气象预警系统	区域内具有气象灾害预警系统数量（个）
		地质灾害预警系统	区域内具有地质灾害预警系统数量（个）
	灾害保险	房屋参保比例	购自然灾害房屋保险的家庭数占房屋倒塌住户数的比例（%）
		农作物参保比例	购自然灾害农作物保险的家庭数占农作物绝收损失家庭数的比例（%）
	灾害公众意识	防灾知识宣传情况	居民参与防灾减灾应急演练活动的次数（次）
	灾害科技支撑	灾害科研单位数	区域具有灾害科研单位数量（个）
抗灾能力	抗洪能力	防洪工程抗洪等级	堤防/水闸/排涝工程对洪水的设防标准或级别（级）
		交通设施抗洪等级	交通设施对洪水的设防标准或级别（级）
		通信设施抗洪等级	通信设施对洪水的设防标准或级别（级）
		电力设施抗洪等级	电力设施对洪水的设防标准或级别（级）
		供水设施抗洪等级	供水设施对洪水的设防标准或级别（级）
		供气设施抗洪等级	供气设施对洪水的设防标准或级别（级）
		山洪危险性等级	村落、城镇等重点防治区对山洪的预警最小日累计临界降水量（mm）
	抗地质灾害能力	地质灾害隐患点密度	每平方千米面积内降雨-地质灾害隐患点数量（点/km^2）
救灾能力	政府灾害预案	灾害应急预案数	政府部门已建立的灾害应急预案数量（套）
	应急指挥系统	应急指挥技术系统数	现有的应急指挥技术系统数量（个）
	物资储备能力	物资总储备数	区域所有减灾储备库物资总储备量（套）
	医疗条件	医院总病床数	区域所有医院的病床总数（张）
	避难场所	避难所容量	区域所有避难所可容纳的总人口数（人）
	综合消防救援	综合救援队伍数	区域内综合救援人员数量（人）
		综合救援设备数	区域内综合救援设备数量（套）

续表

一级指标	二级指标	三级指标	描述
救灾能力	专业救援	抗洪抢险救援队伍数	区域内抗洪抢险消防救援人员数量（人）
		抗洪抢险救援设备数	区域内抗洪抢险消防救援设备数量（套）
		地质救援队伍数量与人数	区域内地质专业救援人员数量（人）
		地质救援设备数	区域内地质专业救援设备数量（套）
	社会动员机制	社会动员机制	市级部门组织的动员社会各界人士投入救援行动的会议、通告等的次数（次）
	资金保障能力	资金救助水平	救助资金单位可用救助资金占GDP的比例（%）
		人均储蓄额	区域内储蓄额与总人口数的比值（万元/人）
	应急保障能力	应急通信维护人员	区域内通信运营企业的应急维护人员数量（人）
		交通运输维护人员	区域内运输部门的应急维护人员数量（人）
		应急电力维护人员	区域内电力部门的应急维护人员数量（人）

表 10-3 地震–地质灾害链减灾能力评估指标体系

一级指标	二级指标	三级指标	描述
防灾能力	灾害监测	地质灾害监测覆盖率	地质灾害监测点数占区域地质灾害隐患点数的比例（%）
		地震监测覆盖率	地震监测台站覆盖面积占区域面积的比例（%）
	灾害预警	户均通信工具数	手机等通信工具数量与区域人口总户数的比值（部/户）
		地震预警系统	区域内具有地震灾害预警系统数量（个）
		地质灾害预警系统	区域内具有地质灾害预警系统数量（个）
	灾害保险	房屋参保比例	购自然灾害房屋保险的家庭数占房屋倒塌住户数的比例（%）
	灾害公众意识	防灾知识宣传情况	居民参与防灾减灾应急演练活动的次数（次）
	灾害科技支撑	灾害科研单位数	区域具有灾害科研单位数量（个）
抗灾能力	抗震能力	房屋抗震等级	房屋对地震的设防标准或级别（级）
		电力设施抗震等级	电力设施对地震的设防标准或级别（级）
		通信设施抗震等级	通信设施对地震的设防标准或级别（级）
		交通设施抗震等级	交通设施对地震的设防标准或级别（级）
		供水设施抗震等级	供水设施对地震的设防标准或级别（级）
		供气设施抗震等级	供气设施对地震的设防标准或级别（级）
	抗地质灾害能力	地质灾害隐患点密度	每平方千米面积内降雨–地质灾害隐患点数量（点/km^2）

续表

一级指标	二级指标	三级指标	描述
救灾能力	政府灾害预案	灾害应急预案数	政府部门已建立的灾害应急预案数量（套）
	应急指挥系统	应急指挥技术系统数	现有的应急指挥技术系统数量（个）
	物资储备能力	物资总储备数	区域所有减灾储备库物资总储备量（套）
	医疗条件	医院总病床数	区域所有医院的病床总数（张）
	避难场所	避难所容量	区域所有避难所可容纳的总人口数（人）
	综合消防救援	综合救援队伍数	区域内综合救援人员数量（人）
		综合救援设备数	区域内综合救援设备数量（套）
	专业救援	地震（地质）救援队伍数	区域内地震（地质）消防救援人员数量（人）
		地震（地质）救援设备数	区域内地震（地质）消防救援设备数量（套）
	社会动员机制	社会动员机制	市级部门组织的动员社会各界人士投入救援行动的会议、通告等的次数（次）
	资金保障能力	资金救助水平	救助资金单位可用救助资金占GDP的比例（%）
		人均储蓄额	区域内储蓄额与总人口数的比值（万元/人）
	应急保障能力	应急通信维护人员	区域内通信运营企业的应急维护人员数量（人）
		交通运输维护人员	区域内运输部门的应急维护人员数量（人）
		应急电力维护人员	区域内电力部门的应急维护人员数量（人）
		应急供水维护人员	区域内供水单位的应急维护人员数量（人）
		应急供气维护人员	区域内供气单位的应急维护人员数量（人）
		应急供水保障水平	区域内供水单位应急供水量可供应人口（人）
		应急供气保障水平	区域内供气单位应急供气量可供应人口（人）

第二，抗灾能力包括抗洪能力、抗震能力、抗地质灾害能力。暴雨-地质灾害链、地震-地质灾害链减灾能力评估指标体系的共性指标包括抗地质灾害能力，差异性指标为抗洪能力、抗震能力。在不同灾害链减灾能力中，基础设施是为社会生产和居民生活提供公共服务的物质工程设施，是用于保证国家或地区社会经济活动正常进行的公共服务系统，其抗灾能力表征设施建设水平与地区经济发展水平。

第三，灾害链救灾能力主要体现在原生灾害及次生灾害发生后在最短的时间内为灾区提供应急救援，减少人员伤亡，力求把灾害造成的损失减少到最小。救灾能力包括政府灾害预案、应急指挥系统、物资储备能力、资金保障能力、综合消防救援等指标。暴雨-地质灾害链、地震-地质灾害链减灾能力评估指标体系的共性指标主要有物资储备能力、避难场所、社会动员机制、资金保障能力、应急保障能力等。在共性指标中，资金保障能力及物资储备能力反映当地政府对自然灾害减灾工作的资金及物资投入程度，因区域现状而异，但对于不同灾害链基本无区分。避难场所、社会动员机制、应急保障能力表征地区基础建设及社会体系完善程度，是区域公众在不同灾害发生后应对自然灾害的生命保障系统和社会人道受助途径。相对于共性指标，两条灾害链的减灾能力评估指标体系的差异性指标包括政府灾害预案、应急指挥系统、专业救援。其中，政府灾害预案、应急指挥系统、专业救援三者的内容差异性由不同灾害链中灾种类型差异决定。

10.2.1.2 台风-洪水-地质灾害链减灾能力评估指标

近年来，随着人类活动对气候变化的影响，灾害发生的频率日益增加，灾害链发生的次数日益增多，人员伤亡和经济损失越加严重。我国是少数几个受台风影响严重的国家之一，沿海地区及东中部地区均受到台风活动的影响，台风-洪水灾害链是该区域的重要灾害链类型（郭桂祯等，2017）。台风常带来暴雨，而暴雨是导致泥石流等地质灾害的重要因素，尤其是区域环境长期处于高温状态后，强降雨极易使岩体失稳而导致地质灾害现象的发生（陈才，2020）。我国地质灾害区域空间分布具有东西、南北显著分异特征，据我国区域地质灾害与年降水时空分布相关性研究，降雨是诱发地质灾害的重要因素，且地质灾害频发的地区主要为年降水量大于1600mm的浙江、福建、广东、广西等东南部区域，其次为年降水量在800～1600mm的长江中下游和贵州、云南、四川等西南地区（刘艳辉等，2011）。以2020年为例，应急管理部公布的2020年全国十大自然灾害中就有多次台风事件，台风强降雨导致灾区出现洪水，以及滑坡、泥石流等地质灾害，经济损失惨重，如2020年第8号台风"巴威"、第9号台风"美莎克"和第10号台风"海神"先后北上影响东北地区。

台风灾害链形成过程中，不同区域链状灾害致灾因子类型具有差异性，自然灾害能量输出作用于承灾体的风险具有不一致性，即原生灾害在不同孕灾环境下引发次生灾害的能量转化及输出具有多样性。在台风-洪水-地质灾害链中，能量输入因子应为台风风力及台风降雨，台风降雨引发洪水的临界降水量为灾害形式转化表征，对房屋、基础设施、水利工程等的影响构成结果链。全球气候变化背景下类似台风灾害链极端事件的发生引起广泛关注，各地区气候均有向极端化发展的趋势。因而，台风灾害链减灾能力评估对降低我国沿海地区未来面对可能出现的自然灾害人员伤亡及经济损失风险有着重要意义。

因此，鉴于我国东南沿海地区每年面临着较大的台风-洪水-地质灾害危险，以及损失惨重情况、台风灾害链减灾能力评估现状，构建台风-洪水-地质灾害链减灾能力评估指标体系对于保障台风-洪水-地质灾害易发区群众安全，以及提升台风-洪水-地质灾害链预报预警、防灾减灾实践具有积极的现实意义。基于文献调研前人关于地质灾害、台风、洪水减灾能力评估指标体系已取得的研究成果，综合考虑台风及台风降雨事件的特点、台风-洪水-地质灾害链不同阶段的致灾因子，链发过程中可能影响的重要承灾体，灾害链的灾情累积放大影响，减灾系统的不同减灾过程，减灾系统中的不同减灾资源要素，台风、洪水、地质灾害不同灾种间的能量转化关系，以及多灾种与单灾种的共性，并结合专家意见、历史文献资料，建立具有系统性、科学性、代表性、综合性的以防灾能力、抗灾能力和救灾能力为主体的台风-洪水-地质灾害链减灾能力评估指标体系，旨在为区域台风-洪水-地质灾害链评估提供一套较完善、较全面、具针对性、便于实践的减灾能力评估指标体系（表10-4）。指标体系框架分为三个层次结构，内容包括3个一级指标、18个二级指标、43个三级指标，具体指标体系构成和指标意义如下。

表10-4　台风-洪水-地质灾害链减灾能力评估指标体系

一级指标	二级指标	三级指标	描述
防灾能力	灾害监测	气象监测	区域是否具有气象监测站（是/否）
		地质灾害监测	区域是否具有地质灾害监测站（是/否）
		水文监测	区域是否具有水文监测站（是/否）
	灾害预警	户均通信工具数	手机等通信工具数量与区域人口总户数的比值（部/户）
		山洪预警系统	区域内是否具有山洪灾害预警系统（是/否）
		气象预警系统	区域内是否具有气象灾害预警系统（是/否）
		地质灾害预警系统	区域内是否具有地质灾害预警系统（是/否）
	灾害保险	房屋参保比例	购自然灾害房屋保险的家庭数占房屋倒塌住户数的比例（%）
		农作物参保比例	购自然灾害农作物保险的家庭数占农作物绝收损失家庭数的比例（%）
		渔业参保比例	购自然灾害渔业保险的家庭数占渔业损失家庭数的比例（%）
	灾害公众意识	防灾知识宣传情况	公众常见的最大台风灾害等级（级）
	灾害科技支撑	灾害科研单位	区域是否具有灾害科研单位（是/否）

第 10 章 | 自然灾害减灾能力评估指标体系

续表

一级指标	二级指标	三级指标	描述
抗灾能力	设施抗洪能力	防洪工程抗洪等级	堤防/水闸/排涝工程对洪水的设防标准或级别（级）
		交通设施抗洪等级	交通设施对洪水的设防标准或级别（级）
		通信设施抗洪等级	通信设施对洪水的设防标准或级别（级）
		电力设施抗洪等级	电力设施对洪水的设防标准或级别（级）
		供水设施抗洪等级	供水设施对洪水的设防标准或级别（级）
		供气设施抗洪等级	供气设施对洪水的设防标准或级别（级）
		山洪危险性等级	村落、城镇等重点防治区对山洪的预警最小日累计临界降水量（mm）
	设施抗风能力	房屋抗风等级	房屋对台风的设防标准或级别（级）
		电力设施抗风等级	电力设施对台风的设防标准或级别（级）
		通信设施抗风等级	通信设施对台风的设防标准或级别（级）
		交通设施抗风等级	交通设施对台风的设防标准或级别（级）
	抗地质灾害能力	地质灾害隐患点密度	降雨-地质灾害隐患点数量占区域总面积的比例（%）
救灾能力	政府灾害预案	灾害应急预案	政府部门是否具有灾害应急预案（是/否）
	应急指挥系统	应急指挥技术系统	区域是否具有应急指挥技术系统（是/否）
	物资储备能力	物资总储备数	区域所有减灾储备库物资总储备量（套）
	医疗条件	医院总病床数	区域所有医院的病床总数（张）
	避难场所	避难所容量	区域所有避难所可容纳的总人口数（人）
	综合消防救援	综合救援队伍数	区域内综合救援人员数量（人）
		综合救援设备数	区域内综合救援设备数量（套）
	专业救援	抗洪抢险救援队伍数	区域内抗洪抢险消防救援人员数量（人）
		抗洪抢险救援设备数	区域内抗洪抢险消防救援设备数量（套）
	资金保障能力	资金救助水平	救助资金单位可用救助资金占 GDP 的比例（%）
		人均储蓄额	区域内储蓄额与总人口数的比值（万元/人）
	社会动员机制	社会动员机制	市级部门是否组织动员社会各界人士投入救援行动的会议、通告等（是/否）
	应急保障能力	应急通信维护人员	区域内通信运营企业的应急维护人员数量（人）
		交通运输维护人员	区域内运输部门的应急维护人员数量（人）
		应急电力维护人员	区域内电力部门的应急维护人员数量（人）
		应急供水维护人员	区域内供水单位的应急维护人员数量（人）

续表

一级指标	二级指标	三级指标	描述
救灾能力	应急保障能力	应急供气维护人员	区域内供气单位的应急维护人员数量（人）
		应急供水保障水平	区域内供水单位应急供水量可供应人口（人）
		应急供气保障水平	区域内供气单位应急供气量可供应人口（人）

第一，防灾能力指灾前准备能力，不同防灾能力指标对反映地区灾前准备能力大小具有重要指示作用，主要包括灾害监测、灾害预警、灾害保险、灾害公众意识、灾害科研支撑。气象、水文、地质灾害监测预警是开展台风灾害链减灾的基础。防灾减灾教育及公众防灾减灾意识提升，可更好地避免生命和财产损失。

第二，抗灾能力是指地区各类重要承灾体抵抗自然灾害的能力，包括设施抗洪能力、设施抗风能力和抗地质灾害能力。房屋、交通、电力等设施的抗灾能力是区域内与公众关系最密切的保障，直接影响生命安全和财产损失。灾害危险性是地区在遭遇台风后发生山洪、次生地质灾害的可能性。山洪危险性是反映区域地质环境稳定性、防洪工程设施完善性的重要指标。

第三，救灾能力是地区救灾物资储备能力及应急管理保障的重要依据，主要包括政府灾害预案、物资储备能力等。政府灾害预案、应急保障能力等是做到统一指挥、有效动员、救助受灾群众及财产的关键。物资储备能力、资金保障能力及综合消防救援和专业救援等是灾后减少人员伤亡、减轻经济损失的重要保障，是社会保障体系利用一切救灾资源应对灾害的能力。

10.2.1.3　台风与台风-洪水-地质灾害链减灾能力评估指标体系差异性

异于单灾种减灾能力评估指标体系，灾害链减灾能力评估指标体系需根据区域历史自然灾害特点，分析区域发生多种自然灾害的组合形式，构建具有区域针对性的减灾能力评估指标体系；另外，灾害链减灾能力评估指标体系的构建并非基于不同单灾种减灾能力评估指标的叠加，而需通过原生灾害与次生灾害之间的引发关系、结果链能量输出等灾害链形成机制，基于单灾种减灾能力评估指标体系，构建灾害链减灾能力评估指标体系。综上，在构建灾害链减灾能力评估指标体系时，部分指标不同于单灾种减灾能力评估指标，需要运用灾害链致灾因子能量输出过程的成灾机制定义或计算指标值，以诠释灾害链中不同灾种之间的联系，提高灾害链减灾能力评估准确性。例如，台风-洪水-地质灾害链减灾能力评估指标体系中的交通设施抗洪等级在定量计算时需同时考虑历史台风风力级别、台风降水、国家标准下的交通设施抗洪标准。而台风减灾能力评估指标体系中的交通设施抗洪等级在计算时只需考虑降水与交通设施抗洪标准。台风与台风-洪水-地质灾害链减灾能力评估指标体系的共性在防灾、抗灾、救灾三方面都有体现。共性指标包括灾害科技支撑、物资储备能力、避难场所、社会动员机制、资金保障能力方面。在共性指标中，资金保障能力及物资储备能力反映当地政府对自然灾害减灾工作的资金及物资投入程度，因研究区现状而异，但对于不同灾种本身基本无区分。避难场所、社会动员机制、灾害科技支撑表征地区基础建设及社会体系完善性，是区域公众在不同灾害发生后应对自然灾害的生命保障系统和社会人道受助途径。

相对于共性指标，台风与台风-洪水-地质灾害链减灾能力评估指标体系的差异性指标包括灾害监测、灾害预警、灾害保险、政府灾害预案、医疗条件、应急指挥系统、专业救援等二级指标，以及一级指标抗灾能力。其中，政府灾害预案、应急指挥系统、专业救援三者内容差异性由灾种类型差异决定。对于灾害监测，台风及台风-洪水-地质灾害链涉及的监测内容有所差异，台风灾害监测内容主要为气象监测；台风-洪水-地质灾害链监测内容主要为气象监测、地质灾害监测、水文监测。在灾害公众意识方面，台风-洪水-地质灾害链可定义为公众常见的最大台风灾害等级。就医疗条件等指标，台风-洪水-地质灾害链减灾能力评估以灾害链中台风、洪水、地质灾害三类灾害总需求为准，而台风灾害减灾能力评估中只包括台风及台风可能引起的洪水灾害需求之和。与前几项差异性指标不同的是，抗灾能力体现灾害链的灾种间关系的核心，致灾因子危险性的程度、水利工程设施及基础设施等重要承灾体抗灾能力是不同灾害链抗灾能力差异的根本因素。台风-洪水-地质灾害链抗灾能力包括防洪工程抗洪等级、基础设施抗洪等级、房屋抗风等级、基础设施抗风等级、地质灾害隐患点密度、山洪危险性等级；台风抗灾能力包括电力、通信、交通等基础设施抗风能力、基础设施抗洪能力。

10.2.2 灾害遭遇减灾能力评估指标体系

灾害遭遇是指：两种及以上的极端事件同时或者相继发生；极端事件的组合会放大事件的影响；单独的事件发生时，其本身强度可能并不极端，但是遭遇效应导致遭遇事件成为极端事件。遭遇事件既可以由性质相近也可以由完全不同类别的灾害事件形成组合，即灾害遭遇是两种或两种以上本源上没有成因关系的灾害事件同时发生或相继发生，即使单个事件本身并不极端，也会由于遭遇效应而使极端性扩大。

根据灾害遭遇定义可知，灾害遭遇的发生会导致灾情放大作用，遭遇效应也会影响到整体致灾因子强度、承灾体脆弱性及主体减灾能力，但灾种在成因上并不存在关联。例如，在某些极端情况下，若承灾体已被一定等级的台风完全摧毁，而等到下一次致灾因子再次影响承灾体时，由于承灾体及社会资源没有时间恢复，承灾体脆弱性与部分社会减灾能力资源会有很大程度的下降，这种承灾体脆弱性及社会减灾能力随着致灾因子的动态变化而变化的情况需要考虑，即对于灾害遭遇减灾能力评估，不必从灾害链灾种间能量转化角度评估灾害遭遇减灾能力。同时，根据灾情累积放大动态变化，灾害遭遇减灾能力也不能以不同单灾种减灾能力进行加权叠加，而应综合考虑减灾资源及承灾体的动态变化。综上，灾害遭遇减灾能力评估需综合评估各单灾种减灾能力，即①评估灾害遭遇减灾能力时，减灾资源需求应为不同灾害减灾总需求之和；②计算区域承灾体抗某种灾害的能力时，应注意灾害发生时承灾体抗灾能力真实情况，如在台风-风暴潮灾害遭遇中，工程设施抗风暴潮能力不能直接以工程设施防潮设计标准进行评价，需同时考虑台风风力及台风降水对工程设施的共同作用。

基于文献调研前人关于台风、风暴潮减灾能力评估指标体系已取得的研究成果，结合指标构建原则、专家意见，考虑自然灾害的时间序列，建立以防灾能力、抗灾能力和救灾能力为主体的台风-风暴潮灾害遭遇减灾能力评估指标体系（表10-5）。指标体系框架分为三个层次结构，内容包括3个一级指标、18个二级指标、39个三级指标，具体指标体系构成和指标意义如下。

表10-5 台风-风暴潮灾害遭遇减灾能力评估指标体系

一级指标	二级指标	三级指标	描述
防灾能力	灾害监测	气象监测	区域是否具有气象监测站（是/否）
		水文监测	区域是否具有水文监测站（是/否）
		海洋灾害监测	区域是否具有海洋灾害监测站（是/否）
	灾害预警	户均通信工具数	手机等通信工具数量与区域人口总户数的比值（部/户）
		气象预警系统	区域内具有气象灾害预警系统数量（个）
	灾害保险	房屋参保比例	购自然灾害房屋保险的家庭数占房屋倒塌住户数的比例（%）
		农作物参保比例	购自然灾害农作物保险的家庭数占农作物绝收损失家庭数的比例（%）
		渔业参保比例	购自然灾害渔业保险的家庭数占渔业损失家庭数的比例（%）
	灾害公众意识	防灾知识宣传情况	居民参与防灾减灾应急演练活动的次数（次）
	灾害科技支撑	灾害科研单位数	区域具有灾害科研单位数量（个）

第 10 章 自然灾害减灾能力评估指标体系

续表

一级指标	二级指标	三级指标	描述
抗灾能力	抗风能力	防护林抗风等级	区域防护林面积是否合理（是/否）
		房屋抗风等级	房屋对台风的设防标准或级别（级）
		电力设施抗风等级	电力设施对台风的设防标准或级别（级）
		通信设施抗风等级	通信设施对台风的设防标准或级别（级）
		交通设施抗风等级	交通设施对台风的设防标准或级别（级）
	抗洪能力	防洪工程抗洪等级	堤防/水闸/排涝工程对洪水的设防标准或级别（级）
		交通设施抗洪等级	交通设施对洪水的设防标准或级别（级）
		通信设施抗洪等级	通信设施对洪水的设防标准或级别（级）
		电力设施抗洪等级	电力设施对洪水的设防标准或级别（级）
	抗风暴潮能力	水利工程应灾等级	江海堤防等水利工程防风暴潮标准或级别（级）
救灾能力	政府灾害预案	灾害应急预案数	政府部门已建立的灾害应急预案数量（套）
	应急指挥系统	应急指挥技术系统数	现有的应急指挥技术系统数量（个）
	物资储备能力	物资总储备数	区域所有减灾储备库物资总储备量（套）
	医疗条件	医院总病床数	区域所有医院的病床总数（张）
	避难场所	避难所容量	区域所有避难所可容纳的总人口数（人）
	综合消防救援	单位面积救队伍数	综合救援人员数量与区域面积的比值（人/km^2）
		单位面积救援设备数	综合救援设备数量与区域面积的比值（套/km^2）
	专业救援	抗洪抢险救援队伍数	抗洪抢险消防救援人员数量与区域面积的比值（人/km^2）
		抗洪抢险救援设备数	抗洪抢险消防救援设备数量与区域面积的比值（套/km^2）
	社会动员机制	社会动员机制	市级部门组织的动员社会各界人士投入救援行动的会议、通告等的次数（次）
	资金保障能力	资金救助水平	救助资金单位可用救助资金占GDP的比例（%）
		人均储蓄额	区域内储蓄额与总人口数的比值（万元/人）
	应急保障能力	应急通信维护人员	区域内通信运营企业的应急维护人员数量（人）
		交通运输维护人员	区域内运输部门的应急维护人员数量（人）
		应急电力维护人员	区域内电力部门的应急维护人员数量（人）
		应急供水维护人员	区域内供水单位的应急维护人员数量（人）
		应急供气维护人员	区域内供气单位的应急维护人员数量（人）
		应急供水保障水平	区域内供水单位应急供水量可供应人口（人）
		应急供气保障水平	区域内供气单位应急供气量可供应人口（人）

165

（1）防灾能力主要包括灾害监测、灾害预警、灾害保险、灾害公众意识、灾害科技支撑。气象监测、水文监测、海洋灾害监测是台风-风暴潮灾害遭遇减灾能力的基础，对灾害预警具有重要决定作用。提高房屋参保比例、渔业参保比例、农作物参保比例是应对台风-风暴潮灾害遭遇风险的经济措施，是最大限度地减少财产损失的有效途径。防灾减灾宣传教育工作能够有效提高公众的防灾意识和减灾技能，通过主动培养公众的防灾减灾技能并定期进行演练，可以有效增强其应急能力。灾害科技支撑也在防灾中发挥着积极的作用。

（2）抗灾能力包括抗风能力、抗洪能力、抗风暴潮能力。社会系统中人口与经济集中化，以及社会系统的正常运行与发展对基础设施的高度依赖性，使得社会灾害系统对基础设施抗灾能力表现出显著影响的特征。抗灾能力包括各项设施和工程的抗风能力、抗洪能力、抗风暴能力，灾害频发的现状使得设施和工程应灾等级与人民生命安全和财产损失存在高度关联性、高度依存性。灾害遭遇的灾情累积放大效应，使得设施和工程应灾等级的重要性更加突出。

（3）救灾能力包括政府灾害预案、应急指挥系统、物资储备能力、资金保障能力、综合消防救援等指标。救灾能力主要体现在灾害发生后在最短的时间内为灾区提供应急救援、减少人员伤亡，力求把灾害造成的损失减少到最小。灾害发生后，政府部门是否能迅速地组织足够数量的专业救援队伍和医疗救援队伍投入救灾直接影响人员伤亡的数量；救灾物资的供应是救灾减灾中的一个重要环节，应急资源的供应是抢险救灾的基本保障，是减少灾害损失的关键因素，应急资源的保障能力主要包括物资保障、社会动员、救助资金筹备、通信及运输等基础设施应急抢修维护等。在台风-风暴潮灾害遭遇减灾能力中，物资保障、救助资金储备、供水等基础设施供应保障水平涉及的物资或经济保障指标需以台风灾害与风暴潮灾害总需求为准。

10.2.3 灾害群减灾能力评估指标体系

灾害群是指灾害在空间上群聚、时间上群发的现象。根据灾害在空间和时间上的异质性分布特征，灾害群可以分为空间群聚与时间群发两大类别。灾害群接近狭义上的多灾种的概念，灾害间的相互关系可以忽略，灾害间相互独立，并主要受特定区域的孕灾环境，如气候类型、地形地貌等地理要素的影响。因此，灾害群减灾能力评估可与传统的多灾种减灾能力评估一致，首先识别每一个灾种减灾能力的影响因素，整合不同影响指标，通过标准化方法消除灾种之间单位不一致、不可相互比较的问题；然后对每一项影响因素进行加权求和，即为灾害群减灾能力。

第 10 章 │ 自然灾害减灾能力评估指标体系

综上所述，基于干旱、洪水两个单灾种减灾能力的不同影响因子、指标构建原则、文献资料，确定旱涝灾害群减灾能力评估指标体系（表10-6）。旱涝灾害群减灾能力评估指标体系包括①目标层，即为旱涝灾害群减灾能力评估；②准则层，包括影响旱涝灾害群减灾能力的三个方面，分别是防灾能力、抗灾能力、救灾能力；③指标层，是根据准则层，依据系统性、科学性、代表性、可行性选取的能反映准则层因素的指标。具体指标构成和指标含义与度量如下。

表 10-6 旱涝灾害群减灾能力评估指标体系

一级指标	二级指标	三级指标	描述
防灾能力	灾害监测	气象监测	区域是否具有气象监测站（是/否）
		水文监测	区域是否具有水文监测站（是/否）
	灾害预警	户均通信工具数	手机等通信工具数量与区域人口总户数的比值（部/户）
		气象预警系统	区域内具有气象灾害预警系统数量（个）
	灾害保险	农作物参保比例	购自然灾害农作物保险的家庭数占农作物绝收损失家庭数的比例（%）
	灾害公众意识	防灾知识宣传情况	居民参与防灾减灾应急演练活动的次数（次）
	灾害科技支撑	灾害科研单位数	区域具有灾害科研单位数量（个）
抗灾能力	抗洪能力	防洪工程抗洪等级	堤防/水闸/排涝工程对洪水的设防标准或级别（级）
		交通设施抗洪等级	交通设施对洪水的设防标准或级别（级）
		通信设施抗洪等级	通信设施对洪水的设防标准或级别（级）
		电力设施抗洪等级	电力设施对洪水的设防标准或级别（级）
	抗旱能力	工程设施抗旱能力	农业工程设施对干旱的设防标准或级别（级）
		农业种植结构等级	农业种植结构状况（良好/中等/较差/差）
		有效灌溉面积比例	有效灌溉面积占总耕地面积的比例（%）
		旱涝保收率	旱涝保收面积占总耕地面积的比例（%）
		农业机械数	区域所有农业机械数（辆）

续表

一级指标	二级指标	三级指标	描述
救灾能力	政府灾害预案	灾害应急预案数	政府部门已建立的灾害应急预案数量（套）
	应急指挥系统	应急指挥技术系统数	现有的应急指挥技术系统数量（个）
	物资储备能力	生活物资储备数	区域所有减灾储备库生活物资储备量（套）
		人工降雨设施数	区域所有人工降雨设施数量（套）
	医疗条件	医院总病床数	区域所有医院的病床总数（张）
	避难场所	避难所容量	区域所有避难所可容纳的总人口数（人）
	综合消防救援	单位面积救援队伍数	综合救援人员数量与区域面积的比值（人/km²）
		单位面积救援设备数	综合救援设备数量与区域面积的比值（套/km²）
	专业救援	抗洪抢险救援队伍数	抗洪抢险消防救援人员数量与区域面积的比值（人/km²）
		抗洪抢险救援设备数	抗洪抢险消防救援设备数量与区域面积的比值（套/km²）
	社会动员机制	社会动员机制	市级部门组织的动员社会各界人士投入救援行动的会议、通告等的次数（次）
	资金保障能力	资金救助水平	救助资金单位可用救助资金占GDP的比例（%）
	应急保障能力	应急通信维护人员	区域内通信运营企业的应急维护人员数量（人）
		交通运输维护人员	区域内运输部门的应急维护人员数量（人）
		应急电力维护人员	区域内电力部门的应急维护人员数量（人）
		应急供水维护人员	区域内供水单位的应急维护人员数量（人）
		应急供气维护人员	区域内供气单位的应急维护人员数量（人）
		应急供水保障水平	区域内供水单位应急供水量可供应人口（人）
		应急供气保障水平	区域内供气单位应急供气量可供应人口（人）

（1）防灾能力是指旱涝发生前，地区本身具有的灾前准备能力，包括灾害监测、灾害预警、灾害保险、灾害公众意识、灾害科技支撑。气象监测与水文监测是地区旱涝灾害预警的基础，监测站网对自然灾害预警具有重要决定作用。预警平台及时发布旱涝预警是公众了解信息并采取应灾措施的重要渠道。灾害公众意识的积极作用主要是受灾群众面对旱涝灾害的应灾知识转换，是体现灾害防灾减灾知识宣传情况的表现形式。灾害科技支撑、灾害保险等是灾前预防旱涝灾害能力中较为基础的风险应对措施，影响着受灾主体经济损失大小及应对策略的方向，在旱涝灾害中仍发挥着积极的作用。

（2）抗灾能力是指一个地区承灾体的抗旱涝的能力，主要包括抗洪能力、抗旱能力。抗洪能力主要指防洪工程抗洪能力、基础设施抗洪能力。防洪工程设施是一个地区的基础防灾工程措施，反映了地区水利建设情况。基础设施是为社会生产和居民生活提供公共服务的物质工程设施，是用于保证国家或地区社会经济活动正常进行的公共服务系统，其抗洪能力可体现地区及国家的物质生活丰富程度，是检验地区及国家基础硬件设施防御能力的重要因素。抗旱能力指工程设施抗旱能力及非工程设施抗旱能力。工程设施抗旱能力、有效灌溉面积比例、旱涝保收率反映了地区蓄水水利工程建设情况、灌溉工程的普及情况、水利工程的完善程度和灌溉保证度。农业种植结构是土地资源合理配置、资源有效利用与合理保护、农业结构调整优化及可持续发展的表现形式。

（3）救灾能力是指旱涝灾害发生后为抢险救灾提供物资、装备，以及人力等方面支持的能力，是防灾减灾工作中的重要组成部分，主要包括政府灾害预案、应急指挥系统、物资储备能力、综合消防救援等指标。救灾能力涉及社会各方面的社会系统工作，救灾能力管理是做到统一指挥、有效动员、成功救助受灾群众及财产的关键。不同物资的储备、资金救助及救援队伍等人力物力财力资源是旱涝灾后减少人员伤亡、减轻经济损失的重要保障，是社会保障体系利用一切救灾资源应对灾害的能力。

10.2.4 区域综合减灾能力评估指标体系

10.2.4.1 评价指标构建及指标含义

区域综合减灾是一项系统工程，包括了各种自然灾害的监测预警、防灾抗灾救灾、恢复重建等多个环节和多项措施，是反映一个区域防御和应对各类自然灾害的综合能力，涵盖了灾前、灾中和灾后各个阶段，是评价一个区域综合防灾减灾能力大小的重要指标。因此，基于文献调研前人关于区域综合减灾能力评估指标体系已取得的研究成果，结合指标构建原则、专家意见，考虑自然灾害的时间序列，建立以防灾能力、抗灾能力和救灾能力为主体的区域综合减灾能力评估指标体系（表10-7）。指标体系框架分为3个层次结构，内容包括3个一级指标、22个二级指标、62个三级指标，具体指标体系构成和指标意义如下。

（1）防灾能力是指自然灾害发生前，地区本身具有的灾前准备能力，包括灾害监测、灾害预警、灾害保险、灾害公众意识、灾害科技支撑。灾害监测是自然灾害减灾能力的基础，其监测站对自然灾害预警具有重要决定作用。预警平台及时发布旱涝预警是公众了解信息并采取应灾措施的重要渠道。灾害公众意识是体现灾害防灾减灾知识宣传情况的表现形式，普及防灾减灾教育、提升公众防灾减灾意识，可更好地避免生命和财产损失。灾害公众意识、灾害科技支撑、灾害保险等是防灾能力中较为基础的风险应对措施，影响着受灾主体经济损失大小及应对策略的方向，在防灾中发挥着积极的作用。

表 10-7 区域综合减灾能力评估指标体系

一级指标	二级指标	三级指标	描述
防灾能力	灾害监测	监测时间分辨率	设备监测数据的时间间隔（实时/时/天）
		气象监测	区域是否具有气象监测站（是/否）
		地质灾害监测	区域是否具有地质灾害监测站（是/否）
		水文监测	区域是否具有水文监测站（是/否）
		地震监测	区域是否具有地震监测站（是/否）
		森林火灾监测	区域是否具有森林火灾监测点（是/否）
		海洋灾害监测	区域是否具有海洋灾害监测站（是/否）
	灾害预警	户均通信工具数	手机等通信工具数量与区域人口总户数的比值（部/户）
		预警时间分辨率	预警系统发布预警信息时间间隔（实时/时/天）
	灾害保险	房屋参保比例	购自然灾害房屋保险的家庭数占房屋倒塌住户数的比例（%）
		农作物参保比例	购自然灾害农作物保险的家庭数占农作物绝收损失家庭数的比例（%）
		渔业参保比例	购自然灾害渔业保险的家庭数占渔业损失家庭数的比例（%）
	灾害公众意识	防灾知识普及率	公众了解防灾知识的人数占总人口的比例（%）
	灾害科技支撑	灾害科研单位数	区域具有灾害科研单位数量（个）
抗灾能力	抗风能力	防护林面积	区域内防护林总面积（km^2）
		房屋抗风等级	房屋对台风的设防标准或级别（级）
		电力设施抗风等级	电力设施对台风的设防标准或级别（级）
		通信设施抗风等级	通信设施对台风的设防标准或级别（级）
		交通设施抗风等级	交通设施对台风的设防标准或级别（级）

续表

一级指标	二级指标	三级指标	描述
抗灾能力	抗洪能力	防洪工程抗洪等级	堤防/水闸/排涝工程对洪水的设防标准或级别（级）
		交通设施抗洪等级	交通设施对洪水的设防标准或级别（级）
		通信设施抗洪等级	通信设施对洪水的设防标准或级别（级）
		电力设施抗洪等级	电力设施对洪水的设防标准或级别（级）
		山洪危险性等级	村落、城镇等重点防治区对山洪的预警最小日累计临界降水量（mm）
	抗地质灾害能力	地质灾害危险性	区域内地质灾害隐患点数量（个）
		生态系统抗降雨等级	生态系统对强降雨的可承受强度级别（级）
		生态系统抗地震等级	生态系统对地震的可承受强度级别（级）
	抗震能力	房屋抗震等级	房屋对地震的设防标准或级别（级）
		电力设施抗震等级	电力设施对地震的设防标准或级别（级）
		通信设施抗震等级	通信设施对地震的设防标准或级别（级）
		交通设施抗震等级	交通设施对地震的设防标准或级别（级）
		供水设施抗震等级	供水设施对地震的设防标准或级别（级）
		供气设施抗震等级	供气设施对地震的设防标准或级别（级）
	抗风暴潮能力	水利工程应灾等级	江海堤防等水利工程防风暴潮标准或级别（级）
	抗旱能力	工程设施抗旱能力	农业工程设施对干旱的设防标准或级别（级）
		农业种植结构等级	农业种植结构状况（良好/中等/较差/差）
		人工降雨设施设备	人工降雨设备数量（套）
	抗森林火灾能力	生态系统抗森火等级	生态系统对环境气候的可承受强度级别（级）
		林火阻隔系统建设程度	林火阻隔系统建设情况（良好/中等/较差/差）
救灾能力	政府灾害预案	灾害应急预案数	政府部门已建立的灾害应急预案数量（套）
	应急指挥系统	应急指挥技术系统数	现有的应急指挥技术系统数量（个）
	物资储备能力	人均物资储备数	区域物资总量与总人口的比值（套/万人）
	医疗条件	人均医疗病床数	区域医院病床总数与总人口的比值（张/万人）
	避难场所	人均避难所面积	区域避难所总面积与总人口的比值（m²/人）
	综合消防救援	单位面积救援队伍数	综合救援人员数量与区域面积的比值（人/km²）
		单位面积救援设备数	综合救援设备数量与区域面积的比值（套/km²）

续表

一级指标	二级指标	三级指标	描述
救灾能力	专业救援	单位面积地震（地质）救援队伍数	地震（地质）消防救援人员数量与区域面积的比值（人/km²）
		单位面积地震（地质）救援设备数	地震（地质）消防救援设备数量与区域面积的比值（套/km²）
		单位面积抗洪抢险救援队伍数	抗洪抢险消防救援人员数量与区域面积的比值（人/km²）
		单位面积抗洪抢险救援设备数	抗洪抢险消防救援设备数量与区域面积的比值（套/km²）
		单位面积森林火灾救援人员数	森林火灾消防救援人员数量与区域森林面积的比值（人/km²）
		单位面积森林火灾救援设备数	森林火灾消防救援设备数量与区域森林面积的比值（套/km²）
	社会动员机制	社会动员机制	市级部门组织的动员社会各界人士投入救援行动的会议、通告等的次数（次）
	资金保障能力	资金救助水平	救助资金单位可用救助资金占GDP的比例（%）
		人均储蓄额	区域内储蓄额与总人口数的比值（万元/人）
	应急保障能力	应急通信维护人员	区域内通信运营企业的应急维护人员数量（人）
		交通运输维护人员	区域内运输部门的应急维护人员数量（人）
		应急电力维护人员	区域内电力部门的应急维护人员数量（人）
		应急供水维护人员	区域内供水单位的应急维护人员数量（人）
		应急供气维护人员	区域内供气单位的应急维护人员数量（人）
		应急供水保障水平	区域内供水单位应急供水量可供应人口（人）
		应急供气保障水平	区域内供气单位应急供气量可供应人口（人）

（2）抗灾能力是指一个地区承灾体抵抗自然灾害的能力，主要包括房屋抗灾能力、基础设施抗灾能力等。房屋抗灾能力是区域内与公众关系最密切的抗灾基础，直接影响生命安全和财产损失。交通、通信、电力基础设施抗灾能力是区域内经济发展水平的体现，是检验地区基础硬件设施防御能力的重要因素。

（3）救灾能力是指灾害发生后为抢险救灾提供物资、装备，以及人力等方面支持的能力，是防灾减灾工作中的重要组成部分，主要包括政府灾害预案、物资储备能力、综合消防救援等指标。救灾能力涉及社会各方面的社会系统工作，救灾能力管理是做到统一指挥、有效动员、成功救助受灾群众及财产的关键。不同物资的储备、资金救助及救援队伍等人力物力财力资源是灾后减少人员伤亡、减轻经济损失的重要保障，是社会保障体系利用一切救灾资源应对灾害的能力。

10.2.4.2 评估指标体系特性

区域综合减灾能力评估指标体系异于单灾种、多灾种减灾能力评估指标体系，区域综合减灾能力不只考虑某一种灾害的防灾减灾工作，还考虑各类自然灾害的相互关系；与此同时，区域综合减灾能力还包括防灾、抗灾、救灾各阶段的防灾减灾救灾措施及资源。因此，区域综合减灾能力评估指标体系需根据区域自然灾害特点，分析区域多种自然灾害的形式，构建具有区域针对性的减灾能力评估指标体系；另外，区域综合减灾能力评估指标体系构建不仅需要考虑不同单灾种减灾能力指标，而且需要考虑区域内不同原生灾害与次生灾害之间的引发关系。综上，区域综合减灾能力评估指标体系需反映一个区域防御和应对各类自然灾害的综合能力，涵盖灾前、灾中和灾后各个阶段，包括工程和非工程措施，是评价一个区域综合防灾减灾能力大小，也是衡量一个区域综合防灾减灾成效的重要依据。区域综合减灾能力评估指标体系与单灾种、多灾种减灾能力评估指标体系的共性在防灾、抗灾、救灾三方面都有体现。

对于差异性指标，主要包括灾害预警、灾害监测、灾害公众意识、灾害保险、避难场所、医疗条件、物资储备能力、政府灾害预案、应急指挥系统、专业救援等二级指标，以及一级指标救灾能力。其中，政府灾害预案与应急指挥系统的内容差异性由灾种类型差异决定。对于灾害监测、灾害预警指标，区域综合减灾能力评估指标体系应涉及的监测预警内容包括气象监测、地质灾害监测、地震监测、水文监测、森林火灾监测、海洋灾害监测，单灾种或多灾种减灾能力评估指标体系涉及一方面或几方面内容。对于灾害公众意识指标，一般以公众了解防灾知识的人数占总人口的比例为准，在台风-洪水-地质灾害链减灾能力评估指标体系中可定义为公众常见的最大台风灾害等级。对于避难场所、医疗条件、物资储备能力等指标，区域综合减灾能力评估指标体系应以区域中台风、洪水、地质灾害等不同灾害类别的总需求为准，而单灾种、多灾种评估中只包括部分灾害可能引起的物资、医疗等需求。与此同时，抗灾能力体现灾中设施抗击灾害的能力，其致灾因子危险性的程度、水利工程设施及基础设施等重要承灾体的抗灾能力是不同类型灾害减灾能力差异的重要因素。多灾种减灾能力评估指标体系中，抗灾能力主要包括防洪工程抗洪等级、基础设施抗洪等级、房屋抗风等级、基础设施抗风等级、地质灾害危险性、山洪危险性等；单灾种减灾能力评估指标体系中，抗灾能力包括电力、通信、交通等基础设施抗灾能力；区域综合减灾能力评估指标体系中，抗灾能力包括抗旱能力、抗森林火灾能力、抗风暴潮能力、抗震能力等，其指标涉及面更为广泛。

10.3 小　　结

　　评估指标体系是自然灾害减灾能力评估研究面临的一个重要环节，科学分析及构建自然灾害减灾能力评估指标体系极其重要。本章基于文献调研前人关于地震、地质灾害、台风、洪水、干旱减灾能力评估指标体系已取得的研究成果，充分考虑指标系统性、科学性、实用性等原则，以及自然灾害减灾系统的不同减灾过程，从防灾能力、抗灾能力和救灾能力三个维度选择影响自然灾害减灾能力的防灾、减灾、救灾措施因素，构建了单灾种减灾能力评估指标体系，其中防灾能力包括灾害监测、灾害预警等五类灾前区域备灾能力，抗灾能力包括水利工程设施抗灾能力、房屋抗灾能力、基础设施抗灾能力三类指标，救灾能力包括政府灾害预案、应急指挥系统等多类指标。同时，结合灾害链的灾情累积放大影响，灾害危险性与减灾资源多要素，以及多灾种不同灾种间的能量转化关系、多灾种与单灾种的共性、专家意见、历史文献资料，建立具有系统性、科学性、代表性、综合性的以防灾能力、抗灾能力和救灾能力为主体的台风-洪水-地质灾害链减灾能力评估指标体系。

第 11 章　自然灾害减灾能力评估技术

自然灾害减灾能力评估目前主要有两种表达方式：一种是减灾能力相对等级，另一种是综合减灾能力指数。以等级或指数表征的减灾能力评估的优点是计算过程简单、便于实践应用，可对比分析区域减灾能力高低；缺点是区域减灾能力间只有相对高低，减灾能力区域可比性较差。现代灾害管理对减灾能力评估结果的要求除了相对等级的高或低外，更重要的是实现减灾能力结果及减灾能力资源要素与灾害等级之间的对应关系，明确减灾能力水平与区域常遇灾害等级之间的具体差距。传统以识别减灾能力相对高低为主的减灾能力评估难以满足现代灾害管理的要求。因此，构建减灾能力评估指标数据转化关系、选择科学的权重方法，以及确立合理的评估模型，实现以灾害等级定量表征评估结果的自然灾害减灾能力评估研究至关重要。

本章将以台风减灾能力评估指标体系为基础，应用不同台风强度等级与其相应各要素损失之间的曲线关系，构建以强度等级为基础的评估指标体系转换关系，并对转换后的指标进行指标标准化、权重确定处理，再根据目前自然灾害减灾能力评估相关理论成果，提出以台风强度等级为结果的台风减灾能力定量评估方法，开展更具实用性的区域台风减灾能力评估研究。

11.1　评估指标定量化

11.1.1　指标数据定量转换

自然灾害减灾能力是指人类、相关组织利用包括基础设施、人类知识和技能等现有技术和资源降低灾害不利影响的能力，组成因素包括防灾备灾资源、应急处置、应急救助、灾害公众意识、灾害管理等多种类型指标。对于自然灾害减灾能力的构成，灾害发生前，区域灾害监测、灾害预警、人类防灾意识等地区本身具备的灾前准备能力，反映该地区对自然灾害备灾工作的充分程度。其灾害监测覆盖率、灾害预警覆盖率、防灾意识、灾害保险比例越高，灾害科研单位越多，那么区域组织及居民对减灾能力工作的建设作用就越大。当灾害发生时，地区水利工程抗灾能力、基础设施抗灾能力、承灾体危险性水平综合反映该区对自然灾害的防御能力。对于水利工程抗灾能力、基础设施抗灾能力，抗灾能力指标值越高说明设施对自然灾害的防御能力越强；对于山洪危险性等级、地质隐患点密度等反映承灾体危险性水平的指标，指标值越高表征地区承灾体越脆弱，抗灾能力越弱。当灾害发生后，地区为减少人员伤亡提供物资、装备及人力等救援，其对体现地区救灾物资储备及人员调动能力有着重要指示作用。地区物资供应丰富、医疗资源充足、应急救援反应迅速、基础设施抢修高效，说明其救灾资源丰富，救灾工作到位，相应救灾能力也就越高。因此，自然灾害减灾能力不同组成因素对减灾建设工作具有不同作用。

不同致灾因子的致灾强度具有差异，不同致灾强度导致减灾资源需求不一，即灾害发生时，不同环境下自然灾害对区域所产生的人员伤亡与财产损失具有差异性，所需人力物力财力等减灾资源具有不一致性。例如，在不同灾害发生后，不同致灾强度的自然灾害所致的受伤人口数量差距巨大，不同受伤人口所需医疗病床数等救灾资源差异性明显。换言之，为准确描述区域自然灾害减灾能力大小、最大限度减少灾害人员伤亡及经济损失，以及避免区域政府单位减灾资源的盲目投入，自然灾害减灾能力评估应以原生自然灾害致灾强度表征减灾能力具体大小。

当以原生灾害致灾强度表示减灾能力大小时，以减灾资源属性表征的指标不能直接对应灾害强度大小。为使指标数据对应为灾害级别，需对其进行转换以对应灾害强度。数据转换主要作用是通过历史灾情数据，将现有设备信息和防灾基础设施资料转换为基于灾害级别的指标数据。在数据转换过程中，可将指标分为定性指标和定量指标。定性指标包括监测设备、灾害发布系统等，有设备为"是"，有监测设备则其监测覆盖率为100%，设备可监测所有灾害级别，即指标数据的应灾等级应转换为最高灾害级别；无设备则为"否"，即没有监测能力，指标数据的应灾等级转换为最低灾害级别。定量指标数据包括基础设施抗灾级别、房屋抗灾级别等，其指标数据直接对应抗灾级别。定量指标的应灾等级根据台风灾害损失关系曲线确定。台风灾害损失曲线以苍南县2001~2016年台风灾害损失要素如受灾人口、紧急转移人口、农业直接经济损失、直接经济损失、倒塌房屋数量等统计数据及公共设施设计标准等数据为基础，并将台风灾害强度划分为1~5等级，分析历史台风灾情下不同强度等级台风灾害与其各影响因素间的关系，并以曲线关系确定指标应灾等级。例如，房屋参保比例的应灾等级主要是根据不同历史台风灾害强度等级与房屋倒塌比例的曲线确定的。具体定量指标应灾等级转换方法见表11-1。

第 11 章 | 自然灾害减灾能力评估技术

表 11-1　台风减灾能力定量指标应灾等级转换方法

原指标	应灾等级指标	转换方法
房屋参保比例	房屋参保应灾等级	现购自然灾害房屋保险比例（Y）对应历史台风灾害级别（X_i）与房屋倒塌比例（Y_i）关系曲线下的台风灾害级别（X）
农作物参保比例	农作物参保应灾等级	现购自然灾害农作物保险比例（Y）对应历史台风灾害级别（X_i）与农作物损失比例（Y_i）关系曲线下的台风灾害级别（X）
渔业参保比例	渔业参保应灾等级	现购自然灾害渔业保险比例（Y）对应历史台风灾害级别（X_i）与渔业损失比例（Y_i）关系曲线下的台风灾害级别（X）
防灾知识普及率	公众防灾知识应灾等级	防灾知识普及率（Y）对应历史台风灾害级别（X_i）与受灾人口比例（Y_i）关系曲线下的台风灾害级别（X）
灾害公众意识	公众意识应灾等级	公众常见的最大台风灾害级别
医疗条件	医院应灾等级	医院总病床数（Y）对应历史台风灾害级别（X_i）与受伤群众（Y_i）关系曲线下的台风灾害级别（X）
防洪工程抗洪等级	防洪工程抗洪等级	造成洪水时最低日累计降水量（Y）对应历史台风灾害级别（X_i）与日累计降水量（Y_i）关系曲线下的台风灾害级别（X）
交通设施抗洪等级	交通设施抗洪等级	交通设施洪水设计日累计降水量（Y）对应历史台风灾害级别（X_i）与最大日累计降水量（Y_i）关系曲线下的台风灾害级别（X）
通信设施抗洪等级	通信设施抗洪等级	通信设施洪水设计日累计降水量（Y）对应历史台风灾害级别（X_i）与最大日累计降水量（Y_i）关系曲线下的台风灾害级别（X）
电力设施抗洪等级	电力设施抗洪等级	电力设施洪水设计日累计降水量（Y）对应历史台风灾害级别（X_i）与最大日累计降水量（Y_i）关系曲线下的台风灾害级别（X）
供水设施抗洪等级	供水设施抗洪等级	供水设施洪水设计日累计降水量（Y）对应历史台风灾害级别（X_i）与最大日累计降水量（Y_i）关系曲线下的台风灾害级别（X）
供气设施抗洪等级	供气设施抗洪等级	供气设施洪水设计日累计降水量（Y）对应历史台风灾害级别（X_i）与最大日累计降水量（Y_i）关系曲线下的台风灾害级别（X）
山洪危险性等级	山洪危险性等级	村落、城镇等重点防治区对山洪预警的最小临界日累计降水量（Y）对应历史台风灾害级别（X_i）与最大日累计降水量（Y_i）关系曲线下的台风灾害级别（X）

续表

原指标	应灾等级指标	转换方法
房屋抗风等级	房屋抗风等级	房屋抗风等级由受力等级、房屋结构等评估指标确定
电力设施抗风等级	电力设施抗风等级	电力设施设计最大风速（Y）对应历史台风灾害级别（X_i）与最大风速（Y_i）关系曲线下的台风灾害级别（X）
通信设施抗风等级	通信设施抗风等级	通信设施设计最大风速（Y）对应历史台风灾害级别（X_i）与最大风速（Y_i）关系曲线下的台风灾害级别（X）
交通设施抗风等级	交通设施抗风等级	交通设施设计最大风速（Y）对应历史台风灾害级别（X_i）与最大风速（Y_i）关系曲线下的台风灾害级别（X）
物资总储备数	物资应灾等级	物资总储备数（Y）对应历史台风灾害级别（X_i）与受灾紧急转移人口数（Y_i）关系曲线下的台风灾害级别（X）
医院总病床数	医院应灾等级	医院总病床数（Y）对应历史台风灾害级别（X_i）与灾害受伤人口数（Y_i）关系曲线下的台风灾害级别（X）
避难所容量	避难所应灾等级	避难所容量（Y）对应历史台风灾害级别（X_i）与受灾紧急转移人口数（Y_i）关系曲线下的台风灾害级别（X）
救援队伍数	救援队伍应灾等级	救援队伍数（Y）对应历史台风灾害级别（X_i）与救援急需队伍数（Y_i）关系曲线下的台风灾害级别（X）
救援设备数	救援设备应灾等级	救援设备数（Y）对应历史台风灾害级别（X_i）与救援急需设备数（Y_i）关系曲线下的台风灾害级别（X）
资金救助水平	资金救助应灾等级	上级政府救助资金可应对最小灾害级别
人均储蓄额	储蓄额应灾等级	人均储蓄额（Y）对应历史台风灾害级别（X_i）与人均自然灾害损失（Y_i）关系曲线下的台风灾害级别（X）
应急保障维护人员	应急保障维护人员应灾等级	生命线基础设施中不同应急部门应急保障维护人员数（Y）对应历史台风灾害级别（X_i）与所需应急保障维护人员数（Y_i）关系曲线下的台风灾害级别（X）
应急供应保障水平	应急供应保障水平应灾等级	生命线基础设施中不同单位应急供应量可供应人口数（Y）对应历史台风灾害级别（X_i）与需应急供应人口数（Y_i）关系曲线下的台风灾害级别（X）

11.1.2 指标数据标准化

根据指标数据的量化特征,指标可分为定性指标和定量指标。前者包括监测站覆盖率、监测时间分辨率、预警时间分辨率、政府灾害预案、灾害科技支撑等,后者则包括医院应灾等级、防洪工程抗洪等级、房屋抗灾等级等。根据指标的影响方向,指标可以分为正向指标和逆向指标。自然灾害减灾能力评估涉及多个不同类型指标,由于各指标的性质不同,不同指标通常具有不同的量纲和数量级。当各指标间的水平相差很大时,直接利用原始指标值进行分析,会突出数值较高的指标在综合分析中的作用,相对削弱数值较低的指标的作用。因此,为保证结果的可靠性,需要对原始指标数据进行标准化处理。

目前,数据标准化的方法主要有直线型方法(如极值法、标准差法)、折线型方法(三折线法)、曲线型方法(如半正态性分布)。本研究采用常用的极值法,经过极差标准化处理后,得到数值介于 0~1 的指标,具体计算如下。

$$x' = \frac{x_i - x_{\min}}{x_{\max} - x_{\min}} \quad \text{当 } x \text{ 为正向指标时} \tag{11-1}$$

$$x' = \frac{x_{\max} - x_i}{x_{\max} - x_{\min}} \quad \text{当 } x \text{ 为逆向指标时} \tag{11-2}$$

式中,x' 为原始评价指标 x 的标准化值;$x_{\min}$ 为原始评价指标 x 的最小指标值;$x_{\max}$ 为原始评价指标 x 的最大指标值。

11.2 评估指标权重评估

确定权重的方法分为主观赋权法、客观赋权法,其中主观赋权法包括专家评分法、层次分析法、模糊综合评价法等,客观赋权法包括主成分分析法、灰色关联分析法等。客观赋权法所需数据量大,运算量大,处理复杂;主观赋权法易受专业知识领域限制,具有一定的主观性。综上可知,主观赋权法的主观性太强,客观赋权法则过于依赖数学模型,两者各有其劣势。因此,本研究将两种赋权法结合,采用层次分析法-BP 神经网络法,弥补单一赋权法的不足,提高指标权重的准确性(Hu, 2016; Zhong et al., 2016; Li et al., 2017; Liu, 2018; Wu and Li, 2018; Wang and Li, 2019; Li et al., 2020)。

层次分析法-BP 神经网络法确定权重的思路:首先,应用层次分析法计算各个台风减灾能力指标的权重。其次,应用模糊综合评价法计算出的防灾能力、抗灾能力、救灾能力等级指标值,随机选取 17 个乡镇的三项能力等级指标值进行 BP 神经网络模型训练,另外 2 个乡镇的三项能力等级指标值作为检验值,直至

误差检验控制在 [0, 0.01]。具体步骤如下。

（1）建立层次结构模型。

总目标层：区域台风减灾能力评估。

中间层：区域台风减灾能力评估指标体系中的一级指标与二级指标。

方案层：区域台风减灾能力评估指标体系中的三级指标。

（2）构造判断矩阵。层次结构模型建立后，各层次之间的隶属关系也随之确定。通过比较每一层指标之间的相对重要性程度，分别构造判断矩阵，重要性的判断结果量化一般采用 1~9 标度法。

（3）重要性排序。根据判断矩阵的最大特征根所对应的特征向量，可以推理得出各因素的权重系数。

（4）一致性检验。层次分析法要求判断矩阵的一致性指标 CI<0.1，否则需要对矩阵进行调整，直到达到满意的一致性。

（5）根据层次分析法筛选的指标确定 BP 神经网络输入层的神经元个数，将台风减灾能力的防灾能力指标、抗灾能力指标、救灾能力指标作为模型的输出，确定 BP 神经网络模型的拓扑结构。

（6）对输入 BP 神经网络模型内的指标进行归一化处理，消除指标量纲差异的不利影响。

（7）初始化 BP 神经网络模型参数，并选取大部分已计算过的乡镇防灾能力指标、抗灾能力指标、救灾能力指标作为评估样本，采用 BP 神经网络模型对其进行训练和学习，从而建立台风减灾能力评估模型。

（8）采用建立的评估模型对台风减灾能力进行评价，输出测试样本预测值结果，并对其样本值与预测值进行误差分析，进而确定台风减灾能力指标权重。

11.3　自然灾害减灾能力评估模型

11.3.1　台风减灾能力评估模型

减灾能力是由区域社会经济、人文教育环境等多种因素构成的模糊系统，防灾减灾工作中任一因素变动都会引起评价结果产生变化，而模糊综合评价法可解决模糊性质的多因素问题，从评价集中得到被评价对象的最佳评价结果（Shi Y et al., 2018）。因此，利用模糊综合评价法开展台风减灾能力评估，评估步骤如下。

（1）建立因素集。影响台风减灾能力的因素包括防灾能力、抗灾能力和救灾能力，评价因素集合为 $U=[u_1, u_2, u_3]$，即 $U=[$ 防灾能力，抗灾能力，救灾能力$]$。根据标准自然灾害风险数学公式，结合自然灾害减灾能力定量评估概念框架，防灾能力、抗灾能力、救灾能力由如下公式确定。

$$P = W_{P_1} \times X_{P_1} + W_{P_2} \times X_{P_2} + \cdots + W_{P_7} \times X_{P_7} \tag{11-3}$$

$$R = W_{R_1} \times X_{R_1} + W_{R_2} \times X_{R_2} + \cdots + W_{R_7} \times X_{R_7} \tag{11-4}$$

$$M = W_{M_1} \times X_{M_1} + W_{M_2} \times X_{M_2} + W_{M_3} \times X_{M_3} \tag{11-5}$$

式中，P、R、M 为防灾能力、抗灾能力、救灾能力；X_P、X_R、X_M 为组成防灾能力、抗灾能力、救灾能力的各指标；W_P、W_R、W_M 为各指标的权重。

（2）建立评价集。基于台风影响程度，将减灾能力评估指标数据对应台风灾害等级划分为10级，$V=[v_1, v_2, v_3, v_4, v_5, v_6, v_7, v_8, v_9, v_{10}]$，其中 v_1，v_2，…，v_{10} 分别表示各指标对应的台风等级，分别为8级，9级，…，17级。

（3）建立评价等级矩阵。确定模糊综合评价判断矩阵，对应防灾能力、抗灾能力、救灾能力评价指标在评价集上的隶属度，其隶属度由隶属度函数确定。U_{ij} 为第 i 个指标对第 j 等级的隶属度（$i=1, 2, 3$；$j=8, 9, 10, \cdots, 17$），x 表示指标值归一化后的数据值。每个 x 对应10个等级的隶属度，其隶属度函数分别为 $U_{i,8}(x), U_{i,9}(x), U_{i,10}(x), \cdots, U_{i,17}(x)$。本研究主要采用模糊三角形分布构造台风减灾能力评估的隶属函数，即任意归一化指标值在对应等级上的隶属度由三角形偏大及偏小型组合函数确定。

V_i 级的隶属函数选取偏小型分布：

$$U_{i,j} = \begin{cases} 1 & x = D_j \\ \dfrac{x - D_j}{D_{j+1} - D_j} & D_j < x < \dfrac{D_j + D_{j+1}}{2} \end{cases} \tag{11-6}$$

V_{i+1} 级的隶属函数选取偏大型分布：

$$U_{i,j+1} = \begin{cases} \dfrac{D_{j+1} - x}{D_{j+1} - D_j} & \dfrac{D_j + D_{j+1}}{2} \leq x < D_{j+1} \\ 1 & x = D_{j+1} \end{cases} \tag{11-7}$$

式中，$U_{i,j}$、$U_{i,j+1}$ 为防灾能力/抗灾能力/救灾能力隶属度；D_j、D_{j+1} 为台风减灾能力指标等级标准值（表11-2）。

表11-2 台风减灾能力指标等级评估值

指标	等级										
	D_1	D_2	D_3	D_4	D_5	D_6	D_7	D_8	D_9	D_{10}
	8级	9级	10级	11级	12级	13级	14级	15级	16级	17级
防灾能力	0.1	0.2	0.3	0.4	0.5	0.6	0.7	0.8	0.9	1

续表

指标	等级									
	D_1	D_2	D_3	D_4	D_5	D_6	D_7	D_8	D_9	D_{10}
	8级	9级	10级	11级	12级	13级	14级	15级	16级	17级
抗灾能力	0.1	0.2	0.3	0.4	0.5	0.6	0.7	0.8	0.9	1
救灾能力	0.1	0.2	0.3	0.4	0.5	0.6	0.7	0.8	0.9	1

总的评价等级矩阵为

$$R = \begin{bmatrix} u_{1,8} & u_{1,9} & \cdots & u_{1,17} \\ u_{2,8} & u_{2,9} & \cdots & u_{2,17} \\ u_{3,8} & u_{3,9} & \cdots & u_{3,17} \end{bmatrix} \tag{11-8}$$

（4）求模糊综合评价结果。模糊综合评价模型为

$$B = A \times R$$

式中，B 为台风减灾能力模糊综合评价结果；A 为评估体系中各因素的权重矩阵；R 为减灾能力评价指标对各等级标准的隶属矩阵。

（5）求减灾能力等级评估值。根据目标层的模糊综合评价结果 B，采用 $P = BV^T$ 来表示台风减灾能力等级评估值，其中 V 表示评价集矩阵，即 $V = [8, 9, 10, 11, 12, 13, 14, 15, 16, 17]$；T 表示矩阵转置。台风减灾能力等级评估值往往处于相邻灾害等级临界值之间，具有一定模糊性。为便于从具体台风灾害等级差异性直观反映自然灾害减灾能力，根据最小确定原则确定台风减灾能力等级评估值，即 P 值取整。

11.3.2 台风-洪水-地质灾害链减灾能力评估模型

在单灾种台风减灾能力评估模型基础之上，采用多级模糊综合评价法评估台风-洪水-地质灾害链减灾能力，评估步骤具体如下。

（1）建立因素集。影响台风-洪水-地质灾害链减灾能力因素分三层，第一层评价因素集为 $U = \{u_1, u_2, u_3\}$；第二层评价因素集为 $u_i = \{u_{i1}, u_{i2}, \cdots, u_{ij}\}$；第三层评价因素集为 $u_{ij} = \{u_{ij1}, u_{ij2}, \cdots, u_{ijs}\}$，其中 $i = 1, 2, 3$；$j = 1, 2, 3, \cdots, m$；$s = 1, 2, 3, \cdots, n$。

（2）建立多级评价等级矩阵。模糊综合评价判断矩阵为多级，即 R_{ijs}，R_{ij}，R_i；不同层级指标在评价集上的隶属度均采用模糊三角形分布构造隶属函数，$U_{ijs,v}$、$U_{ij,v}$、$U_{i,v}$ 为三级指标 ijs、二级指标 ij、一级指标 i 对第 v 等级的隶属度（$v = 8, 9, 10, \cdots, 17$）。

（3）求多级模糊综合评价。考虑不同层级指标对于因素集的模糊性及结果可视化，将原单级模糊综合评价细化到三级模糊综合评价。一级模糊综合评价模型为

$$B_{ij} = A_{ijs} \times R_{ijs} \tag{11-9}$$

二级模糊综合评价模型为

$$B_i = A_{ij} \times R_{ij} \quad A_{ij} = [A_{ij1} \ A_{ij2} \cdots A_{ijn}], R_{ij} = [R_{ij1} \ R_{ij2} \cdots R_{ijn}]^T \tag{11-10}$$

以此类推，三级模糊综合评价模型为

$$B = A_i \times R_i \quad A_i = [A_{i1} \ A_{i2} \cdots A_{im}], R_i = [R_{i1} \ R_{i2} \cdots R_{im}]^T \tag{11-11}$$

式中，B_{ij}、B_i、B 分别为二级指标、一级指标、台风-洪水-地质灾害链减灾能力模糊综合评价结果；A_{ijs}、A_{ij}、A_i 分别为减灾能力三级指标、二级指标、一级指标的权重矩阵；R_{ijs}、R_{ij}、R_i 分别为减灾能力三级指标、二级指标、一级指标对各等级的隶属矩阵。

（4）求防灾能力等级评估值、抗灾能力等级评估值、救灾能力等级评估值 P_1、P_2、P_3 及台风-洪水-地质灾害链减灾能力等级评估值 P。根据公式 $P_i = B_i V^T$，$P = BV^T$ 计算等级评估值，其中 $i = 1, 2, 3$，即 P_1、P_2、P_3 为防灾能力等级评估值、抗灾能力等级评估值、救灾能力等级评估值。

11.3.3 区域减灾能力评估模型

减灾能力是由区域社会经济、人文教育环境等多种因素构成的系统，防灾减灾工作中任一因素变动都会引起评估结果产生变化，评估指标量化值均与减灾能力指数成正比，参考相关自然灾害减灾能力研究，可建立如下模型：

$$M = \sum_{i=1}^{n} W_i X_i \tag{11-12}$$

式中，M 为区域综合减灾能力指数，其值越大，说明减灾能力越强；W_i 为 i 指标的权重系数，表示指标对减灾能力的相对重要性 $i = 1, 2, 3, \cdots, n$；X_i 为 i 指标的量化值。

11.4 小　　结

评估方法是进行自然灾害减灾能力定量评估的重要组成部分，也是决定评估结果客观性的主要环节。本章应用不同台风强度等级与减灾能力要素损失之间数量对应关系，实现以台风强度等级表征的减灾能力评估指标体系，并确立减灾能力评估指标数据标准化方法和权重确定方法。在此基础上，提出用模糊综合评价模型评估台风减灾能力，以提高评估结果的科学性和区域可比性，为评估区域现

有减灾能力与灾害等级之间的对应关系提供思路与方法，并为区域减灾能力对比与差异分析奠定坚实的基础。

本研究提出的区域台风减灾能力评估方法较以往评估方法的优势在于：灾害的种类（单灾种、多灾种）考虑全面；减灾能力指标预处理（指标转换）是在历史灾情数据、现有减灾资源因素基础上，通过灾害强度等级与减灾要素及灾种间致灾因子的能量转化相互关系确定指标，其指标大小更具代表性和针对性；指标权重确定方法结合客观赋权法与主观赋权法的优点，使得指标的权重更为客观科学；针对减灾能力评估的模糊性质特征，选取模糊综合评价模型能够计算出区域台风灾害及台风-洪水-地质灾害链减灾能力可应对的灾害强度等级，直观反映地区减灾能力水平，对灾害减灾能力分析、灾害风险防御和减灾资源再配置具有重要的指导意义。指标转换评估计算所需前期历史数据质量要求较高，因此，本研究提出的评估方法的不足在于：数据残缺、较粗糙或者减灾工作不到位的行政单元难以实现评估，评估方法普适性易受研究数据全面性影响；另外，前期指标预处理构建资源要素与灾害强度等级时较依赖历史数据，为保障评估结果的客观性，研究中的数据准确度要求比传统评估中的数据准确度要求更高。

第 12 章　自然灾害减灾能力评估案例

自然灾害减灾能力是人类应对各类自然灾害总体能力的客观反映，是由房屋、基础设施等承灾体，以及社会工程与非工程多种防灾减灾措施组成的模糊系统。在防灾减灾过程中，不同减灾时段有不同应对措施，多种措施因素与灾害强度间具有较大不确定性与隶属模糊性，定量评估描述自然灾害减灾能力对从注重灾后救助转向灾前预防，科学规避灾害，以及减轻人员伤亡及财产损失具有重要意义，对我国灾害风险管理及决策具有重要实践指导作用。

本章在区域自然灾害减灾能力评估指标体系及台风减灾能力评估方法研究的基础上，分析苍南县各乡镇减灾与历史灾情要素损失关系，考虑苍南县各乡镇的具体实际情况与数据的可得性、评估主体责任范围能力建设要求，开展以台风强度等级为结果的台风与台风-洪水-地质灾害链减灾能力评估，并根据评估结果对苍南县区域内各乡镇减灾能力进行综合分析，提出具有实用性及客观性的防灾减灾对策建议。

12.1　研究区概况

12.1.1　自然地理概况

苍南县位于浙江省最南端，濒临东海，与台湾省遥遥相望，西南毗连福建省福鼎市，西邻泰顺县，北与平阳、文成两县接壤。全县陆地总面积为 $1272km^2$，海岸线长 168.88km，海域面积 3.72 万 km^2。

苍南县属于丘陵地带，地形复杂，地貌多样，兼有海岛、海涂、平原、河谷、丘陵、山地。内陆部分山地多、平原少，山地占全县土地面积 67%，平原占 23%，水面占 10%，其总体结构大致为"七分山、一分水、二分田"。县境内地势西部和西南部高、东北部低。西部和西南部群山绵亘，地表风化作用活跃，流水作用强烈，坡地沟壑纵横，冲刷坡基岩裸露现象普遍，地质灾害隐患点分布广且较多。东北部江南垟和江西垟两个冲积平原，海拔仅 3~5m，地势平坦开阔，河网纵横交织，池塘星罗棋布。沿海大陆架上散布着南关、北关、官山、草屿、七星岛等94个大小岛屿。苍南县境内唯一的地质构造断裂带（东北—西南走向）分布在桥墩镇玉苍山，距离断裂带10km缓冲区内的人口为18万人，断裂带周边缓冲区覆盖桥墩镇、莒溪镇、灵溪镇。

图12-1为苍南县水系图。苍南县主要有鳌江、蒲门和外流入闽三大水系，其中鳌江水系有横阳支江、沪山内河、萧江塘河、藻溪、江南河道；蒲门水系有沿浦河、下在河；入闽水系的主要河流为矾山溪。县境内大部分境域属鳌江水系。鳌江是浙江省八大水系之一，也是全国三大涌潮江之一。干流总长91.1km，流域面积1542.2km²。干流流域称北港，支流横阳支江流域称南港，两江在朱家站水闸汇合后，东流注入东海，经湖前、沿江、龙港镇至江口一段，以鳌江中线与平阳县为界。横阳支流是鳌江的最大支流，发源于泰顺县九峰尖，流经莒溪镇、桥墩镇、灵溪镇、藻溪镇和平阳县萧江镇，最后在龙港市朱家站村注入鳌江，主流长60.5km，其中自桥墩水库至朱家站水闸长27.3km。横阳支江将平原隔成江西垟与江南垟两片，统称南港流域，总面积724.7km²。

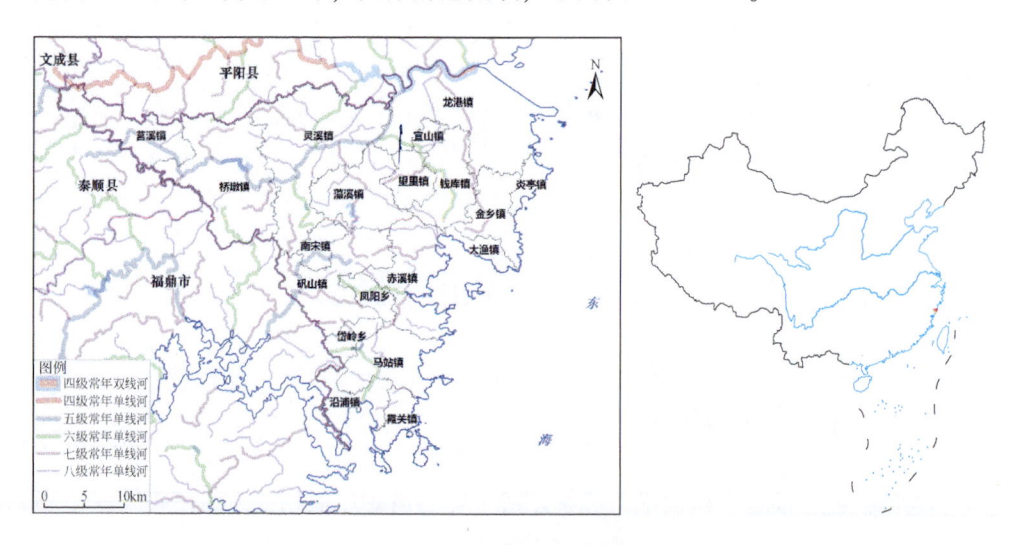

图12-1 苍南县水系图

苍南县濒临东海，属中亚热带海洋性季风气候。受海洋气候影响，四季分明，温暖湿润，年温差小，多年平均气温为14~18℃。全县雨量充沛，年平均降水量1768.9mm。受地形影响，多年平均降水量由西部山区半山区向东南沿海平原递减。苍南县全年可分为梅汛期（4~6月）、台汛期（7~10月）、非汛期（11月至次年3月）三个阶段。台汛期受太平洋副热带高压控制，台风活动频繁，常造成大暴雨天气。台汛期多年平均降水量约760mm，占全年降水量43%，特殊年份更多。台汛期降水相对集中，易造成洪水、地质灾害等次生灾害，例如，2009 年受台风"莫拉克"影响，苍南县全境普降暴雨，多处地段山洪暴发，莒溪镇突发泥石流，多间房屋被冲毁。台风及台风-洪水-地质灾害链的发生对当地的人口及经济造成严重的影响。苍南县属于我国东南部台风易发区，在地理位置与地理环境上具有一定的代表性。因此，本研究选取苍南县作为台风及台风-洪水-地质灾害链减灾能力评估研究的示范区域。

12.1.2 社会经济概况

苍南县辖灵溪、龙港、金乡、钱库、宜山、马站、矾山、桥墩、藻溪、赤溪、望里、炎亭、大渔、莒溪、南宋、沿浦、霞关共 17 个镇和凤阳、岱岭 2 个畲族乡。2015 年，全县设居民委员会（社区）100 个，村民委员会 776 个，全县年末总人口 133.12 万人，其中农业人口 72.72 万人，非农业人口 60.40 万人。根据苍南县人口密度空间分布（图 12-2）可以发现，各乡镇人口密度空间分布不均。苍南县北部地区的人口密度大，西部山地及中部地区人口密度低。人口密度从北部、南部向西部山区逐步降低。高密度人口分布区主要为灵溪镇、龙港镇、宜山镇、钱库镇、金乡镇。

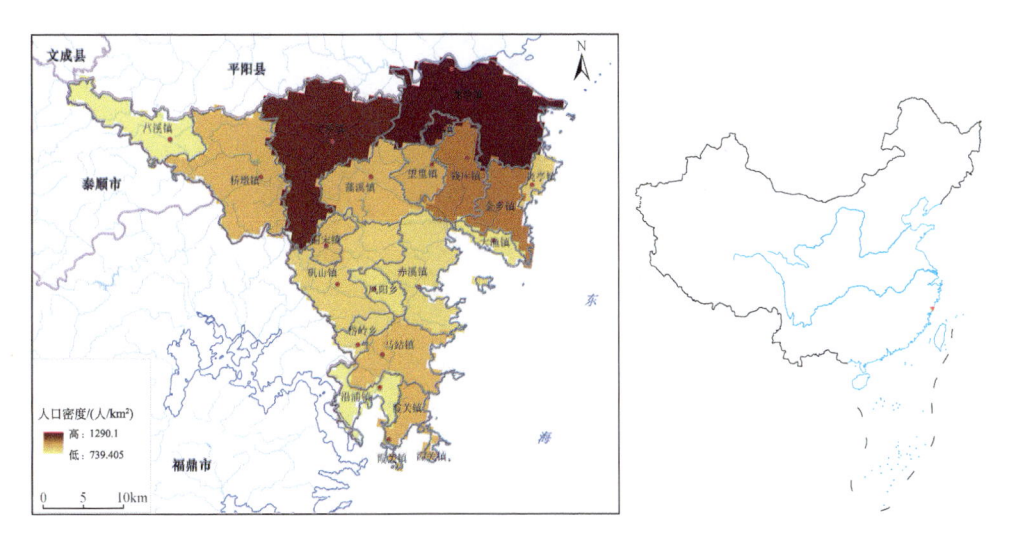

图 12-2 苍南县人口密度空间分布

苍南县位于我国东部沿海地带，改革开放以来，苍南县以科学发展观统领全县经济社会工作全局，深入贯彻国家宏观调控政策，积极应对经济环境复杂变化，各项社会事业发展取得新成就。其经济活动范围主要集中在东部地势平缓地带，包括龙港镇、灵溪镇等地；莒溪镇、桥墩镇、南宋镇、赤溪镇、岱岭乡等西部及中部地区的经济水平相对较低。从苍南县 GDP 密度空间分布（图 12-3）可以看出，苍南县高 GDP 密度地区主要集中于灵溪镇、龙港镇、宜山镇、钱库镇、金乡镇，低 GDP 密度地区主要集中于莒溪镇、南宋镇、矾山镇、凤阳乡等西部及中部地区，与人口密度空间分布具有相似性（图 12-2）。

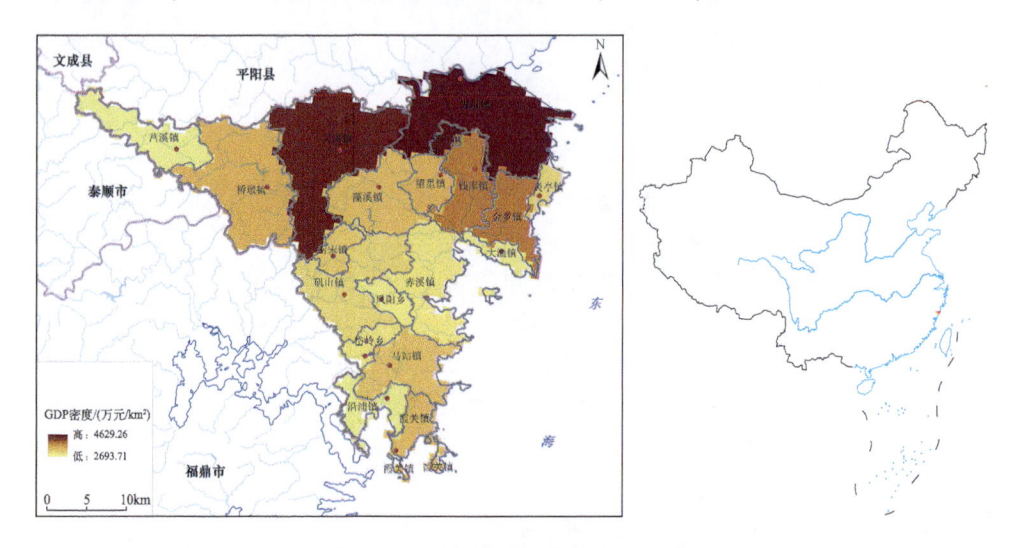

图 12-3　苍南县 GDP 密度空间分布

12.1.3　评估数据来源

本研究的研究数据主要包括台风、洪水、地质灾害、地形、降水、基础地理、基础设施、水利工程、社会经济统计数据等多个数据集。其中，绝大部分数据主要通过向有关部门发放调查表获取，如研究区资金投入、区域人口、区域面积等社会经济数据，避难所、物资储备、医疗条件等基础设施数据，堤防工程、灌溉工程、水闸工程等水利工程数据，以及历史自然灾害的经济损失及紧急转移人口数量等灾情数据。具体数据类型及来源见表 12-1。

（1）台风灾害历史灾情数据。研究涉及的台风灾害历史灾情数据来源于浙江省苍南县应急管理局，数据涵盖 2001~2016 年历史台风灾害发生时间、经济损失、灾害响应级别、台风路径、最大风速、台风级别等。由于数据统计单元未到具体受灾乡镇且研究区非大尺度行政单元，因此本研究假设台风过境影响范围为全县所有地区。

（2）地质灾害数据。地质灾害数据来源于苍南县国土局地质灾害防治相关文件，数据包括地质灾害隐患点类型、空间位置、具体成因、隐患体规模、威胁人口、威胁经济、险情等级等。其中，各乡镇降雨–地质灾害隐患点是各乡镇地质灾害危险性的重要指标。

表 12-1 研究区数据类型及来源

数据类型	具体数据	来源
台风灾害历史灾情数据	灾害发生时间、经济损失、灾害响应级别、台风路径、最大风速、台风级别等	苍南县应急管理局 温州市气象局
地质灾害数据	地质灾害隐患点类型、空间位置、具体成因等	苍南县国土局（现自然资源和规划局）
基础地理数据	DEM 数据	地理空间数据云
	研究区行政区划	全国地理信息资源目录服务系统
	台风路径数据集	温州市气象局
	房屋数据	2018 年苍南县房屋采集数据集
降水数据	台风 24h 累计降水量	中国气象局国家气象信息中心
	暴雨重现期 24h 累计降水量、不同土壤条件下山洪预警累计降水量	苍南县山洪灾害防治项目相关文件
社会经济数据	区域人口、区域面积、GDP 等	《温州统计年鉴》（2002~2017 年）
减灾资源数据	避难所容量、医院病床数、救援装备数等	苍南县民政局
	堤防工程、灌溉工程、水闸工程抗灾设防标准	苍南县水利局
设施设计标准	防洪工程、通信、电力等设施防洪设计标准	《防洪标准》（GB 50201—2014）
	电力设施抗风设计标准	《110~500kV 架空送电线路设计技术规程》（DL/T 5092—1999）

（3）基础地理数据。地形 DEM 数据源自地理空间数据云数据库；行政区划等基础地理数据出自全国地理信息资源目录服务系统；房屋数据来自 2018 苍南县房屋采集数据集，主要属性信息包括家庭户数、房屋间数等；台风路径数据来源于温州市气象局网站，该数据集记录包括每次台风中心每隔 6h 的位置（经度、纬度）、近中心最大风速、近中心最低气压和台风强度信息。

（4）降水数据。本研究涉及的 2001~2016 年降水数据来源于中国气象局气象台站的逐日降水观测记录，此数据集经中国气象局国家气象信息中心的质量控制，具有可信性，被广泛应用于中国的气候变化、极端天气和自然灾害等研究中。其 2001~2016 年不同强度等级台风的最大日累计降水量由 2001~2016 年同一强度等级台风下 24h 最大日累计降水量均值确定，不同乡镇暴雨重现期 24h 累计降水量数据及山洪预警累计降水量数据由已结题的苍南县山洪灾害防治项目相关结果加权平均计算得到,苍南县不同区域暴雨重现期的24h日累计降水量数据及不同区域山洪预警的24h日累计降水量数据见附录1和附录2。

(5)社会经济数据。苍南县人口、耕地面积、GDP等社会经济数据源自《温州统计年鉴》(2002~2017年)。

(6)减灾资源数据。减灾资源数据为研究区各乡镇2018年的统计数据,评估中防灾能力、抗灾能力、救灾能力中诸多数据,如避难所容量、医院病床数、救援装备数等减灾资源数据来源于苍南县民政局,堤防工程、灌溉工程、水闸工程抗灾设防标准等水利工程数据源于苍南县水利局。

(7)设施设计标准。防洪工程、通信、电力等设施防洪设计标准参考国家标准《防洪标准》,电力设施抗风设计标准参考行业标准《110~500kV架空送电线路设计技术规程》。

为保证数据可靠性,本研究所有数据集全部来自研究区相关部门官方记录,中国科学院资源环境与数据中心、中国气象局国家气象信息中心等数据权威网站,以及研究区相关部门已经结题的项目资料,研究数据具有可信性与可靠性。考虑本研究获取的减灾资源数据、台风灾害历史灾情数据等的统计数据单元未具体到社区(街道)或行政村且研究区属于非大尺度行政单元,因此本研究最终的可视化评估结果的表达单元为乡镇。

12.2 历史灾情分析

12.2.1 台风-洪水-地质灾害链识别

洪水、地质灾害受地形地貌、地层岩性、台风大风/暴雨、人类活动等多方面条件影响,是多因素综合作用的结果。在台风期间,台风降雨是诱发洪水、地质灾害的最重要的因素。国内外已有大量学者研究台风强度与降水量、台风降水量与地质灾害之间的统计相关关系,并发现台风强度与降水量、台风降水量与地质灾害有着密切的联系。由于区域历史台风降雨与地质灾害诱发具体统计数据难以收集,本研究主要根据中国气象局国家气象信息中心站点数据、历史文献及浙江省相关部门官网资料,构建台风强度与降水量的曲线关系,以及洪水与地质灾害间的关系,识别分析研究区苍南县是否存在台风-洪水-地质灾害链特征。

由图12-4可知,不同强度等级台风与24h累计降水量之间存在明显的指数正相关关系,表明随着台风强度增强台风降水量呈指数增长,台风越强,降水越多，当台风强度等级达到 4 级时，24h 累计降水量有急剧增加的趋势。由表 12-2 可知，几乎登陆苍南县附近的强度等级相对较大的台风都会造成洪水和泥石流、坍塌等地质灾害，苍南县历史台风期间台风暴雨诱发地质灾害的概率较大。因

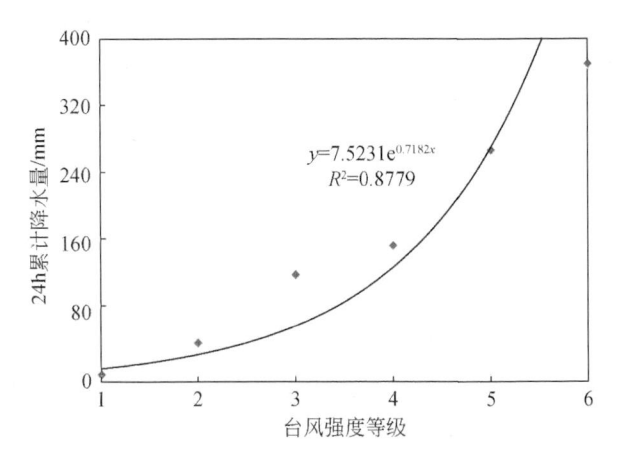

图 12-4　台风降雨过程中台风强度等级与 24h 累计降水量关系

此，根据气象站降雨数据、文献资料和地质灾害实际发生情况，苍南县一定强度的台风发生时，会诱发洪水、地质灾害，评估苍南县现有减灾能力水平可应对怎样强度的台风–洪水–地质灾害链，对减少经济损失、减轻人员伤亡具有非常重要的实践意义。

表 12-2　苍南县部分历史台风降雨过程诱发地质灾害情况

序号	台风名称	登陆时间及地点	降雨情况	地质灾害情况
1	泰利	2005 年，福建省平海镇	短短 10h 内苍南县西部山区平均降水量达 305mm，溪流水位暴涨，村居积水超过 2m	莒溪镇与桥墩镇小流域山洪、泥石流暴发，溪流水位暴涨，深度积水导致 700 多间民房倒塌
2	桑美	2006 年，浙江省苍南县马站镇	浙江省、福建省出现强降雨，其中苍南县台风过程雨量超过 200mm	多处高通路线发生塌方滑坡
3	圣帕	2007 年，福建省惠安县	苍南县普降特大暴雨，从 8 月 16 日 8:00 至 19 日 6:00 过程雨量达到 283mm	小流域山洪暴发，桥墩镇某发电厂房斜坡发生滑坡，矾山镇发生泥石流

续表

序号	台风名称	登陆时间及地点	降雨情况	地质灾害情况
4	凤凰	2008年，福建省福清市	苍南县平均过程雨量180mm，局部密集区达268mm，西部山区在7月29日0:00～3:00的平均降水量达122mm	莒溪镇与桥墩镇小流域山洪暴发，水位暴涨，村庄积水超过0.6m
5	莫拉克	2009年，福建省霞浦县	苍南县全境普降暴雨，其中莒溪镇连续4天遭受强降雨的侵袭，累计降水近700mm	境内多处地段山洪、泥石流爆发
6	菲特	2013年，福建省沙埕镇	全县平均降水量150mm，最高达到240mm	部分交通设施被暴雨冲毁，部分地质灾害隐患点发生坍塌及滑坡
7	苏迪罗	2015年，福建省莆田市	苍南县多数地区普降暴雨，全县平均过程雨量超过300mm	暴雨导致境内小流域多处发生山洪与地质灾害，多处交通与水利设施被洪水冲毁

12.2.2 台风历史灾情分析

目前，自然灾害减灾能力评估的一般模式是将组成减灾能力的一级评估指标分等定级，并按减灾能力评估模型确定减灾能力综合指数，结合各乡镇减灾能力的综合指数区间，最终确定区域减灾能力等级，这种方法的主要不足在于等级评估结果只能定性或半定量地表达区域内各地区减灾能力的相对高低，不能定量地表达区域具体应对自然灾害的减灾能力等级，未能体现各减灾资源具体可应对灾害的等级，如医院病床数、应急避难所容量和救灾物资储备等。尽管在台风减灾能力评估领域开展了大量工作，但同样存在难以定量表达损失数量的问题。定量的台风减灾能力评估需要建立灾害强度与损失之间的关系，即构建台风强度与损失率间的定量关系，从而为台风及台风多灾种减灾能力评估提供定量化的依据。

台风历史灾情主要通过紧急转移人口、倒塌房屋数量、直接经济损失、间接经济损失等方面来表征台风灾害损失情况（殷洁等，2013；刘方田和许尔琪，2020）。为科学指导区域防灾减灾规划，台风致灾因子强度差异对灾情损失大小的影响程度有助于开展台风减灾能力定量评估，因此本研究根据2001～2016年降水数据、台风灾害历史灾情数据和社会经济数据，分析紧急转移人口、农业损失、倒塌房屋数量和直接经济损失等灾情特征，构建台风强度等级与台风灾害损失之间的关系，研究台风强度等级与台风灾害损失之间的定量关系，为自然灾害减灾能力评估提供科学基础。

12.2.3 台风灾害历史特征

2001~2016 年，对苍南县造成较严重影响的台风共 27 个，平均每年 1.69 个。台风年际分布不均，登陆最多的年份为 2008 年。影响苍南县的台风频次总体呈相对平缓趋势（图 12-5）。2001~2016 年，台风登陆苍南县的时间主要分布在 6~10 月，每月之间的差异较大（表 12-3）。7 月和 8 月是台风登陆的主要月份，2001~2016 年 7 月和 8 月登陆的台风占对研究区影响较为严重的登陆台风总数的 66.7%，其中 8 月为台风登陆的高频月份，共 11 次，占登陆台风总数的 40.7%；6 月及 10 月登陆的台风则较少。影响苍南县的台风强度主要为台风（强、超强）（中心风力≥12 级）、强热带风暴（风力 10~11 级）。登陆苍南县的台风以台风（强、超强）最多，共 12 次，占登陆台风总数的 44.5%，其次是强热带风暴，登陆 8 次，占登陆台风总数的 29.6%，再次是热带风暴和热带低压。2001~2016 年，台风（强、超强）和强热带风暴共登陆 20 次、占比 74.1%，表明 2001~2016 年登陆苍南县的台风强度等级偏高。

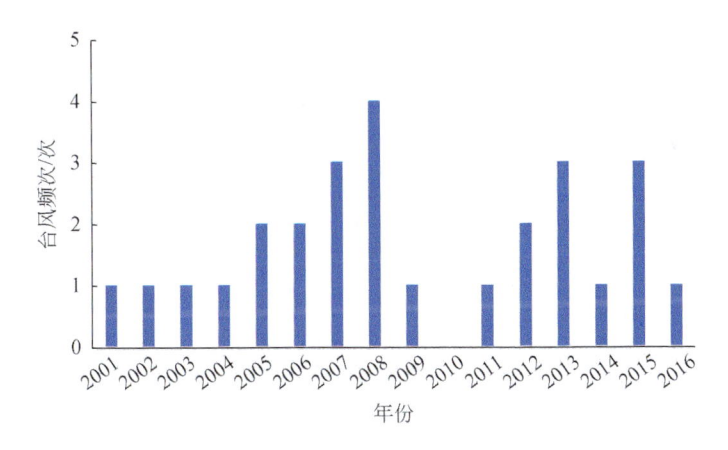

图 12-5　2001~2016 年苍南县台风频次年际变化

表 12-3　2001~2016 年苍南县历史台风强度等级及分布频次

台风强度等级	台风频次/次						比例/%
	6 月	7 月	8 月	9 月	10 月	合计	
热带低压	1	0	2	0	0	3	11.1
热带风暴	0	2	2	0	0	4	14.8

续表

台风强度等级	台风频次/次						比例/%
	6月	7月	8月	9月	10月	合计	
强热带风暴	0	3	2	3	0	8	29.6
台风（强、超强）	0	2	5	3	2	12	44.5
合计	1	7	11	6	2	27	
比例/%	3.7	26.0	40.7	22.2	7.4		100

不同年份台风所造成的损失差异显著（表12-4）。其中，2006年台风所造成的直接经济损失最高、农业经济损失最大、倒塌房屋数量最多，是2001~2016年中损失最为严重的一年。该灾情与当时登陆的台风强度有重要关联，2006年超强台风"桑美"于苍南县马站镇登陆，其中心附近最大风力17级，苍南县大部分地区普降大暴雨。2007年8月后"圣帕""韦帕""罗莎"先后奔袭而来，由于台风强度较强，2007年多次台风后，苍南县的受灾人口、紧急转移人口较2006年相比要多一倍。2001~2016年，不同台风所造成的受灾人口、紧急转移人口、经济损失、倒塌房屋数量差异较大。通过表12-4可以看出，受灾人口、紧急转移人口与台风频次具有高度相关关系，直接经济损失、农业损失、倒塌房屋数量主要与台风强度呈正相关关系。例如，在影响苍南县的27个台风中，2008年、2015年、2016年皆未经历超强台风，但受灾人口与紧急转移人口数量仍较多；2002年（森拉克）、2005年（海棠、麦莎、罗莎）、2006年（桑美）、2007年（韦帕）、2013年（苏力、谭美）均发生12级及以上强度的台风，造成严重的经济损失和房屋倒塌。

表12-4 2001~2016年苍南县台风灾情统计

年份	台风频次/次	受灾人口/人	紧急转移人口/人	直接经济损失/万元	农业直接经济损失/万元	倒塌房屋数量/间
2001	1	40 000	0	3 100	2 600	43
2002	1	1 132 000	18 679	4 380	3 850	8 827
2003		15 000	3 500	2 500	450	14
2004	1	131 122	9 667	5 793	3 213	182
2005	2	1 150 000	388 000	229 400	47 712	3 042
2006	2	1 200 000	106 400	919 600	267 360	73 370
2007	3	2 402 000	280 745	172 776	101 365	1 914

续表

年份	台风频次/次	受灾人口/人	紧急转移人口/人	直接经济损失/万元	农业直接经济损失/万元	倒塌房屋数量/间
2008	4	502 812	219 023	110 194	42 306	62
2009	1	889 000	73 186	128 200	33 531	301
2011	1	46 038	8 309	0	0	0
2012	2	111 997	81 492	2 758	1 805	8
2013	3	694 795	119 910	200 201	129 080	2 913
2014	1	14 520	3 489	2 024	1 290	0
2015	3	439 274	81 003	44 846	22 703	99
2016	3	284 158	40 605	43 224	27 916	21

根据统计资料，不同路径台风对苍南县造成的灾害严重程度不同，据影响程度差异，可将台风分为4类：福州以南登陆类、温州以北登陆类、福州-温州沿线登陆类、海上登陆类。苍南县地理空间位置及台风登陆类型见图12-6。

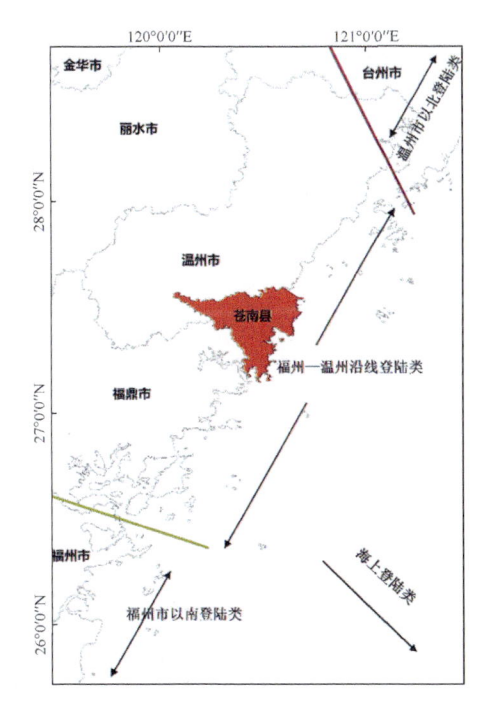

图12-6 苍南县地理空间位置及台风登陆类型

12.2.4　台风灾害损失率曲线

通过灾害强度与灾害损失的关系定量表征灾害的影响程度。台风灾害损失主要体现在人口伤亡、农作物受灾或绝收、房屋倒塌，以及经济损失等方面。一般来说，不同强度等级的台风与其造成的损失具有一定的统计学规律，区域相同等级的台风对其影响的程度具有统计上的普遍相似性，造成的损失处于相对稳定的范围（殷洁等，2013）。因此，利用对苍南县造成一定程度影响的 27 次台风灾情记录，采用台风强度等级作为强度衡量指标，紧急转移人口、受灾人口、倒塌房屋数量、农业经济损失、直接经济损失记录作为台风灾害损失量指标，计算不同强度等级台风造成的平均损失量。在忽略苍南县各乡镇社会经济要素的空间异质性的基础上，不同强度等级台风损失量随着台风强度增大而呈现增加的趋势，即研究区的空间尺度较小，社会经济空间格局异质性特征不具有较大区域差异，该强度等级台风与损失均值关系只对苍南县区域或与其具有相似性的区域适用。

为更直观地表达不同强度等级台风的损失程度，根据上述不同强度等级台风灾害损失均值与影响区的农业人口暴露量、房屋暴露量、经济暴露量，分别计算各个损失指标的损失率，构建农业、人口、房屋、经济四种承灾体 5 个指标（受灾人口、紧急转移人口、直接经济损失、农业经济损失、房屋倒塌间数）在不同强度等级台风影响下的损失率曲线（图 12-7 ~ 图 12-11）。从图 12-7 ~ 图 12-11 可以看出，不同强度等级台风灾害与损失指标的损失率之间存在明显的指数正相关关系，除紧急转移人口比例曲线的 R^2 为 0.8128 外，其余指标的 R^2 均达到 0.85 以上，表明随着台风强度增强损失指标的损失率呈指数增长，台风强度越大，灾害损失率越高。当台风强度等级达到 5 级（台风）时，各项损失率均有急剧增加的趋势。

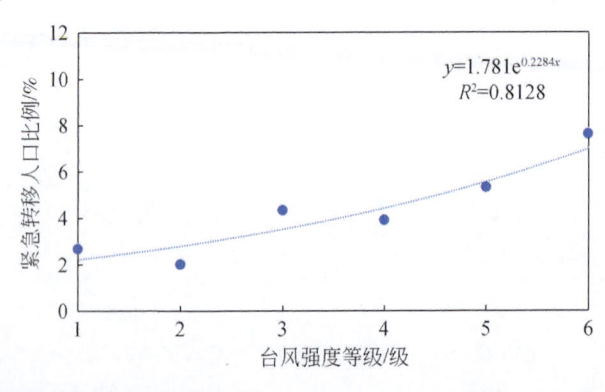

图 12-7　不同强度等级台风灾害影响下紧急转移人口比例曲线

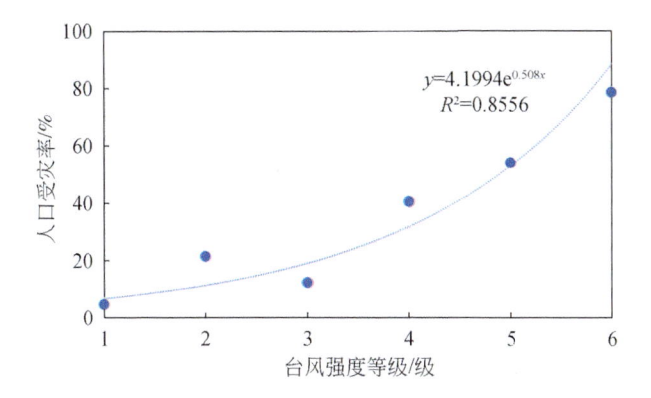

图 12-8　不同强度等级台风灾害影响下人口受灾率曲线

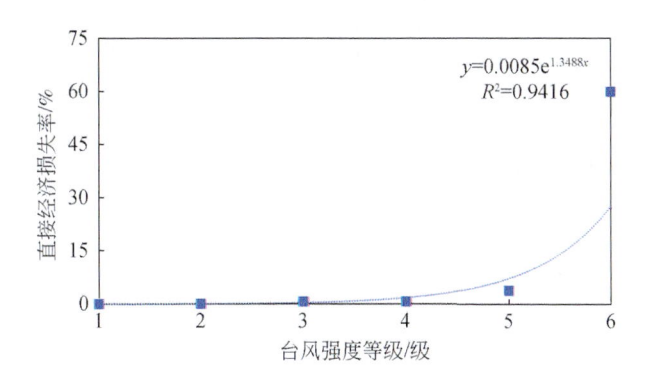

图 12-9　不同强度等级台风灾害影响下直接经济损失率曲线

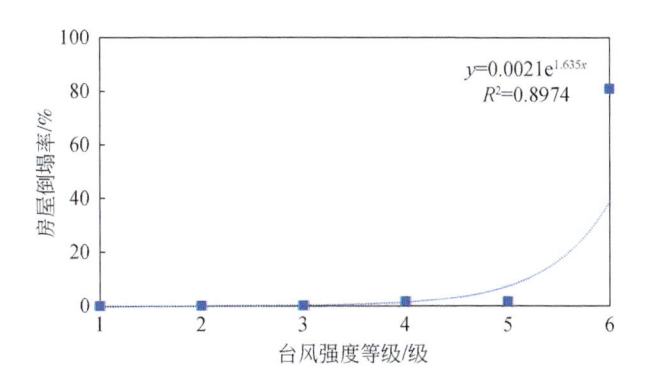

图 12-10　不同强度等级台风灾害影响下房屋倒塌率曲线

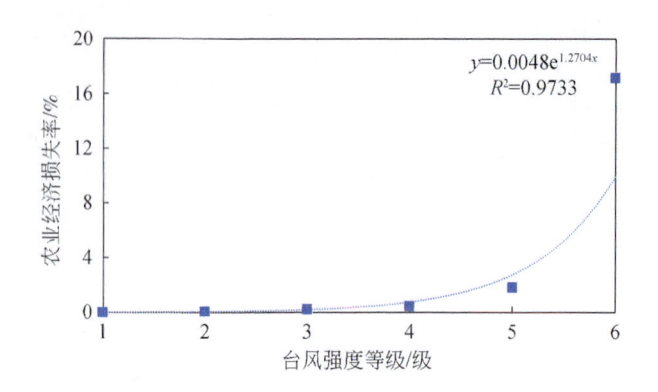

图12-11　不同强度等级台风灾害影响下农业经济损失率曲线

12.3　单灾种减灾能力评估

12.3.1　减灾资源要素分析

自然灾害减灾能力研究，是通过减灾资源来定量表达减轻灾害影响的过程，是灾害管理的理论基础。自然灾害减灾能力主要通过现有区域减灾资源统计评估分析得到相应减灾能力等级大小，根据实际获取的数据，苍南县各乡镇减灾资源要素空间分布特征如下。

12.3.1.1　医院总病床数空间分布

由苍南县医院总病床数空间分布（图12-12）可知，灵溪镇的医院总病床数最多，即医疗资源最丰富，其次为龙港镇、钱库镇、马站镇、矾山镇、金乡镇等，大渔镇、岱岭乡、凤阳乡、莒溪镇、霞关镇、炎亭镇医院总病床数位列所有乡镇最后且数值为0。

12.3.1.2　避难所容量空间分布

由苍南县避难所容量空间分布（图12-13）可知，各乡镇避难所容量空间分布差异显著。其中，北部灵溪镇的避难所最多，即医疗资源最丰富，南部乡镇避难所容量较小。整体空间避难所容量大小为灵溪镇、龙港镇、桥墩镇、金乡镇、马站镇、赤溪镇、矾山镇等，大渔镇、岱岭乡、凤阳乡、南宋镇、霞关镇、炎亭镇避难所容量不足1000人。

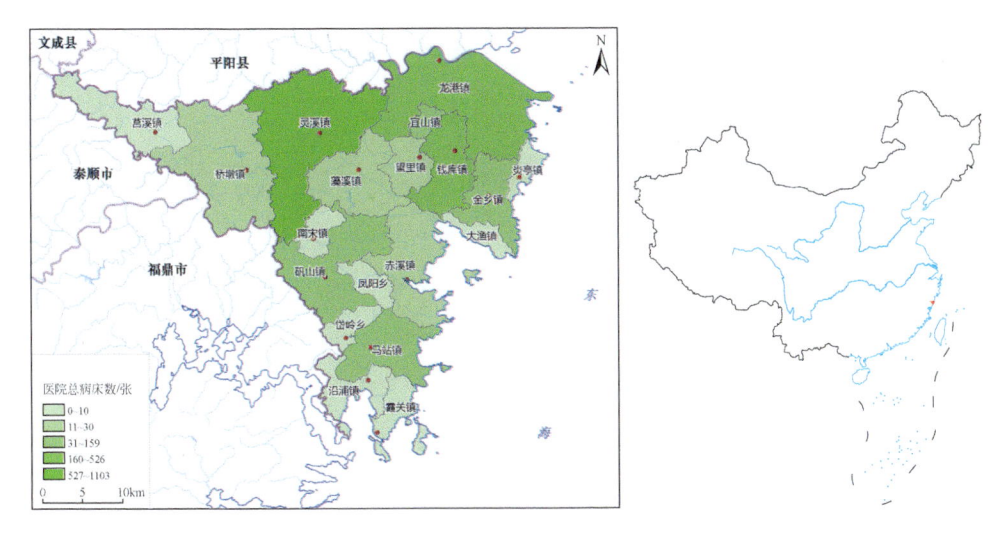

图 12-12　苍南县医院总病床数空间分布

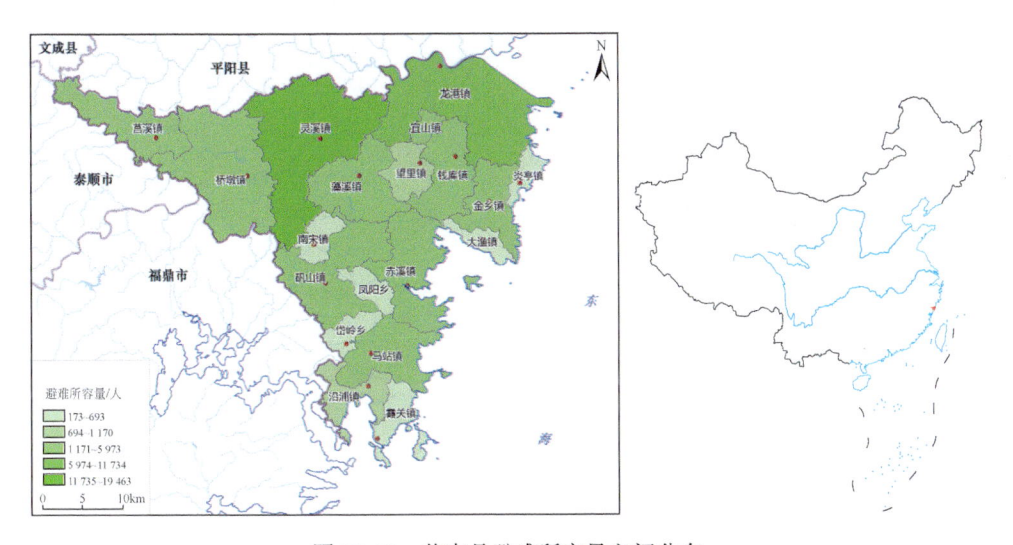

图 12-13　苍南县避难所容量空间分布

12.3.1.3　灾害应急预案空间分布

由苍南县灾害应急预案空间分布（图 12-14）可知，近三年苍南县各乡镇灾害应急预案空间差异显著，其中中部地区矾山镇、藻溪镇、赤溪镇、马站镇及北部龙港镇灾害应急预案数最多，灾害应急预案较为健全，岱岭乡、金乡镇、南宋镇、望里镇、沿浦镇等灾害应急预案数较小。

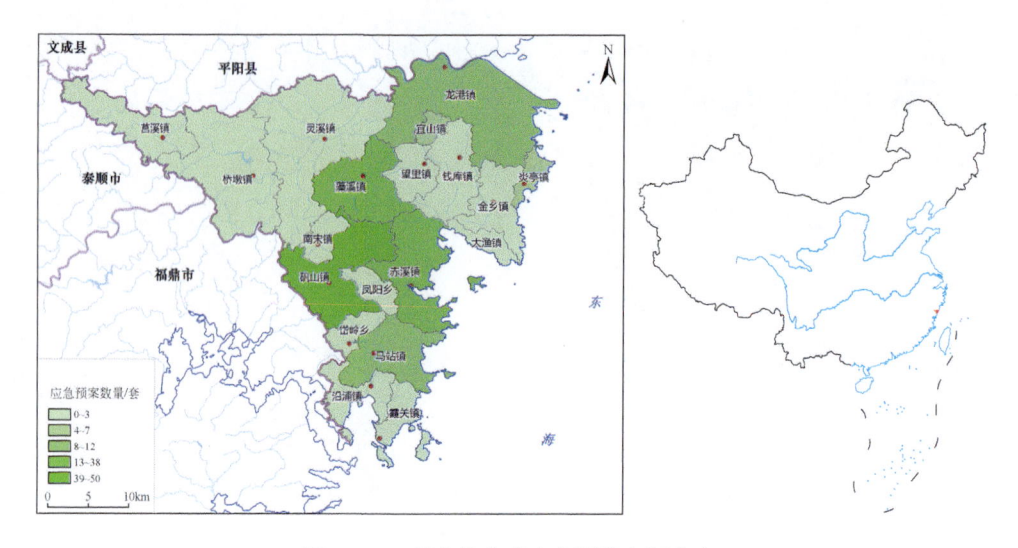

图 12-14　苍南县灾害应急预案空间分布

12.3.1.4　农房参保比例空间分布

由苍南县农房参保比例空间分布（图 12-15）可知，马站镇农房参保比例最高，达到 20% 左右，灵溪镇及凤阳乡参保比例较高约为 10%，其他乡镇农房参保比例较低。

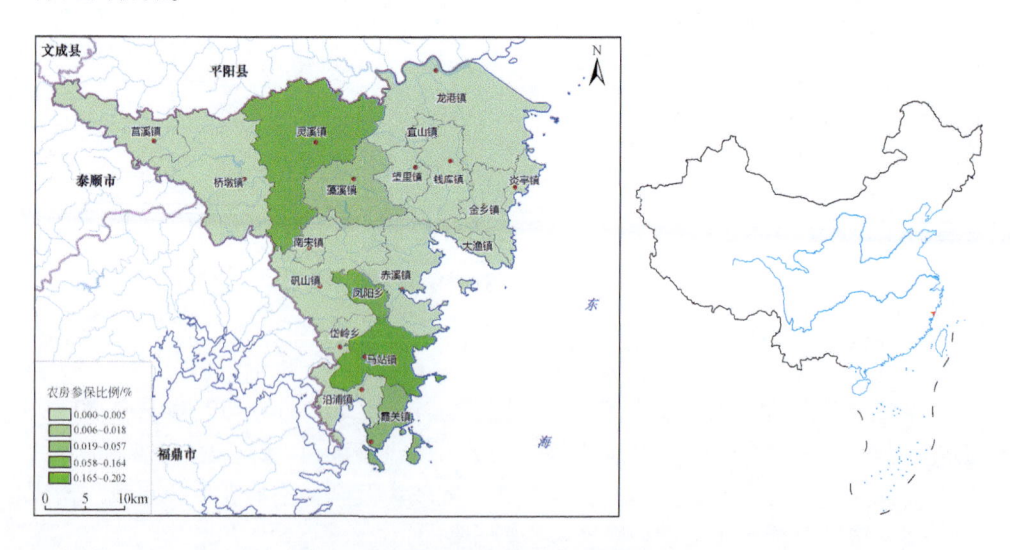

图 12-15　苍南县农房参保比例空间分布

12.3.1.5 地质灾害隐患点数量空间分布

自然灾害减灾能力不仅体现在减灾资源要素上，灾害致灾因子危险性也是决定灾害减灾能力水平的重要条件。由苍南县降雨-地质灾害隐患点数量空间分布（图12-16）可知，从整体空间分布看，地质灾害隐患点密度大致呈由西向东递减趋势，数量范围在0~18。其中，桥墩镇的降雨-地质隐患点数量达18个，居所有乡镇第一；西部地区莒溪镇、中部矾山镇及赤溪镇次之；龙港镇、大渔镇、凤阳乡、炎亭镇、宜山镇、藻溪镇等东北部及部分中部地区地质灾害隐患点数量较低，地质灾害危险性较小，即台风暴雨导致地质灾害链的概率较小。

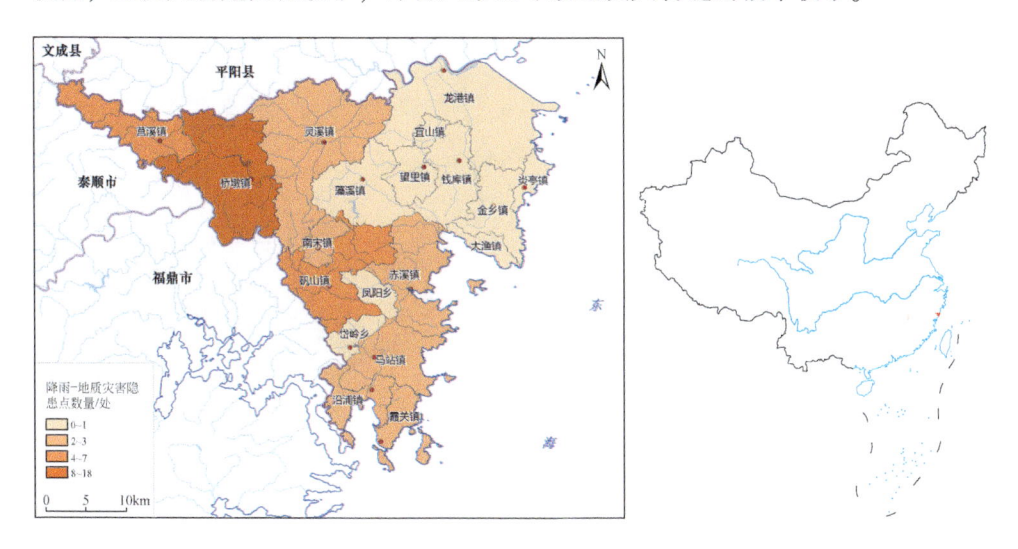

图 12-16 苍南县降雨-地质灾害隐患点数量空间分布

12.3.1.6 不同重现期暴雨均值空间分布

为反映苍南县各设施抗灾标准与台风降雨强度之间的关系，需将历史降水数据及变差系数等通过皮尔逊Ⅲ型曲线转换为不同重现期暴雨12h降水量。根据苍南县山洪灾害项目中受山洪灾害威胁的自然村小流域24h暴雨过程累计降水量，结合同一区域流域的相同重现期雨量差异较小原因，考虑泰森多边形法在计算区域小、地形差异小、数据点分布均匀时精度高的特点，本研究将以各乡镇不同流域的重现期24h累计降水量均值作为该乡镇重现期雨量，采用泰森多边形进行空间插值，确定苍南县不同区域不同重现期累计降水量，进而为减灾能力评估奠定基础。

空间分析结果见图12-17，不同乡镇重现期24h累计降水量空间分布差异性显著，整体上灵溪镇、赤溪镇及岱岭乡间有着明显的三角分区，该线以西重现期 12h 累计降水量较高，也是苍南县台风期间地质灾害发生较为严重的地区，其 100 年一遇的 24h 累计降水量在 543.71～649.70mm，50 年一遇的 24h 累计降水量处于 471.81～560mm，30 年一遇的 24h 累计降水量为 417.95～492.69mm，20

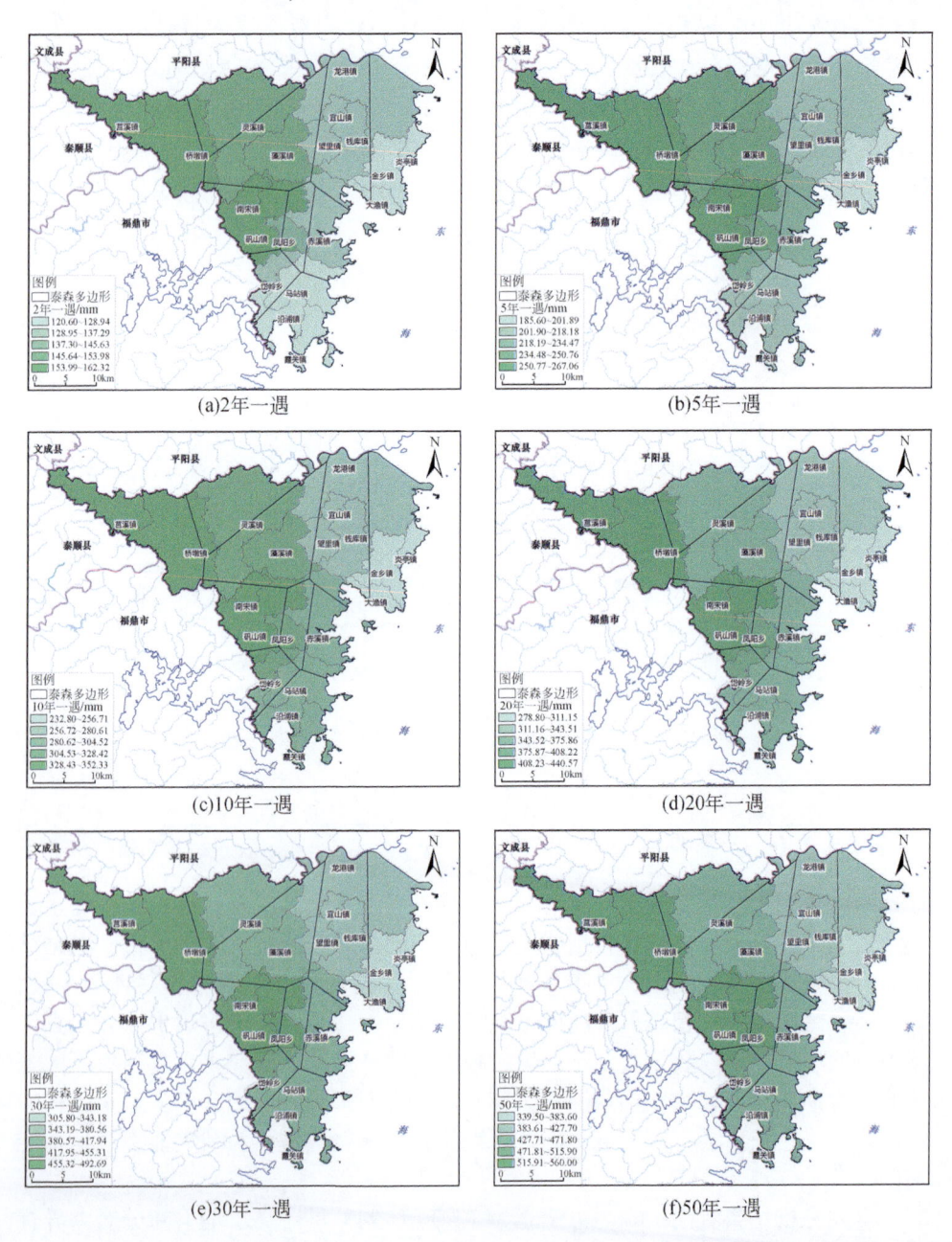

(a) 2年一遇

(b) 5年一遇

(c) 10年一遇

(d) 20年一遇

(e) 30年一遇

(f) 50年一遇

第 12 章 自然灾害减灾能力评估案例

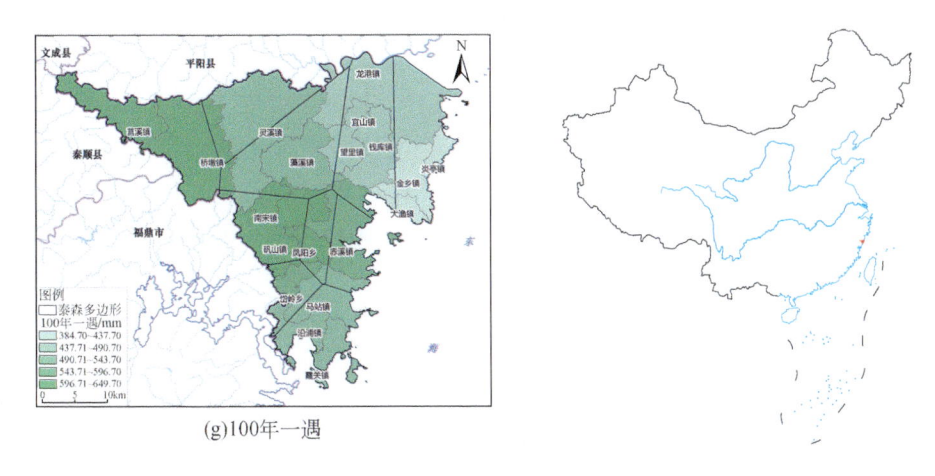

(g)100年一遇

图 12-17 不同重现期 24h 累计降水量空间分布

年一遇的 24h 累计降水量为 375.87～440.57mm，10 年一遇的 24h 累计降水量为 304.53～352.33mm，5 年一遇的 24h 累计降水量为 234.48～267.06mm，2 年一遇的 24h 累计降水量为 137.30～162.32mm；赤溪-岱岭以南，除马站镇以外，重现期 24h 累计降水量居中；灵溪镇-藻溪镇-赤溪镇以东重现期 24h 累计降水量较小，远远小于其他地区，其 100 年一遇的 24h 累计降水量均小于 500mm，50 年一遇的 24h 累计降水量为 305.80～380.56 mm，30 年一遇的 24h 累计降水量为 305.80～380.56mm，20 年一遇的 24h 累计降水量为 278.80～343.51mm，10 年一遇的 24h 累计降水量为 232.80～280.61mm，5 年一遇的 24h 累计降水量为 185.60～218.18mm，2 年一遇的 24h 累计降水量为 120.60～137.29mm。

12.3.2 单灾种减灾能力评估

12.3.2.1 台风减灾能力评估指标体系

在自然灾害减灾能力实际评估工作中，指标不宜过多，应剔除相关性不强或不切实际的指标，保障指标的可操作性和代表性；应尽量选择易于量化的指标，同时也需结合定性指标，保证指标选择的科学性和客观性；另外，在保障指标可操作性和代表性的前提下，也需要综合考虑评估对象的各级指标，全面客观反映评估对象。在单灾种减灾能力评估指标体系及构建指标原则基础上，结合研究区各乡镇的实际情况与数据的可得性、承灾主体（乡镇）责任范围内的能力建设要求，以及主体间共性和区域个性，以苍南县境内的 19 个乡镇为研究对象，开展自然灾害减灾能力评估指标体系建立工作。筛选简化指标后得到苍南县台风减灾能力评估指标体系（表12-5）。

提取出的苍南县减灾能力评估指标体系中，一级指标提取率100%，二级指标数量及三级指标数量均达到筛选前数量的60%。本研究考虑到不同级别指标提取率已达到60%，并结合其他文献中指标提取率的情况，认为当前的苍南县台风减灾能力评估指标体系已能够反映该县较大部分的减灾能力。综上可知，简化后的台风减灾能力评估指标体系切实可行，能有效反映乡镇减灾能力。

表 12-5　苍南县台风减灾能力评估指标体系

一级指标	二级指标	三级指标
防灾能力	灾害监测	监测时间分辨率
		监测站覆盖率
	灾害预警	预警覆盖率
		预警时间分辨率
	灾害保险	农房参保比例
	灾害公众意识	公众意识频率台风
	医疗条件	医院总病床数
抗灾能力	设施抗洪能力	防洪工程抗洪等级
		交通设施抗洪等级
		通信设施抗洪等级
		电力设施抗洪等级
	设施抗风能力	房屋抗风等级
		电力设施抗风等级
		通信设施抗风等级
救灾能力	政府灾害预案	灾害应急预案
	物资储备能力	物资总储备数
	避难场所	避难所容量

12.3.2.2 台风减灾能力评估指标权重

应用层次分析法计算得出苍南县台风减灾能力评估指标权重（表12-6）。然后，应用BP神经网络模型检验层次分析法得到的权重的科学性，即随机选用已计算的17个乡镇为样本，通过BP神经网络学习训练后，利用其他2个乡镇进行评价值与预测值误差检验，结果如表12-7所示。由表12-7可知，台风减灾能力评估指标权重评估结果可靠。

表12-6 苍南县台风减灾能力指标权重

一级指标	权重	二级指标	权重	三级指标	权重
防灾能力	0.4429	灾害监测	0.0958	监测时间分辨率	0.0479
				监测站覆盖率	0.0479
		灾害预警	0.1714	预警覆盖率	0.0857
				预警时间分辨率	0.0857
		灾害保险	0.0445	农房参保比例	0.0445
		灾害公众意识	0.0774	公众意识频率台风	0.0774
		医疗条件	0.0538	医院应灾等级	0.0538
抗灾能力	0.3873	设施抗洪能力	0.1936	防洪工程抗洪等级	0.1321
				交通设施抗洪等级	0.0283
				通信设施抗洪等级	0.0133
				电力设施抗洪等级	0.0199
		设施抗风能力	0.1937	房屋抗风等级	0.1291
				电力设施抗风等级	0.0323
				通信设施抗风等级	0.0323
救灾能力	0.1698	政府灾害预案	0.0530	灾害应急预案	0.0530
		物资储备能力	0.0336	物资总储备数	0.0336
		避难场所	0.0832	避难所容量	0.0832

表12-7 层次分析法-BP神经网络模型结果对照

评价对象	随机检验地区	不同方法评价值		误差
		层次分析法计算	BP神经网络法计算	
防灾能力	马站镇	0.8705	0.8437	0.0308
	龙港镇	0.8110	0.8122	0.0014

续表

评价对象	随机检验地区	不同方法评价值		误差
		层次分析法计算	BP 神经网络法计算	
抗灾能力	灵溪镇	0.4243	0.4243	0
	南宋镇	0.3802	0.3803	−0.0001
救灾能力	藻溪镇	0.5279	0.5278	0.0001
	钱库镇	0.3853	0.3852	0.0001

12.3.2.3 台风减灾能力评估结果

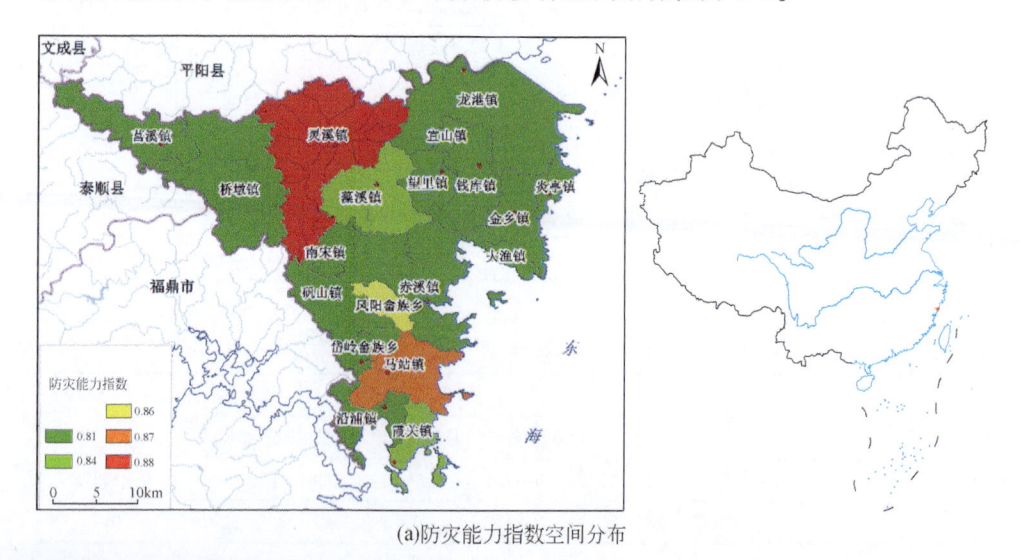

1）台风防灾能力

苍南县各乡镇台风防灾能力指数空间分布及指标值分布如图 12-18 所示，不同乡镇防灾能力总体处于良好水平且空间差异较小。区域所有乡镇台风防灾能力指数均在 0.8 以上，其中绝大多数乡镇防灾能力指数为 0.81；苍南县县中心灵溪镇防灾能力最高，防灾能力指数为 0.88。从沿海地区角度分析，沿海地区马站镇及霞关镇的防灾能力指数较高，其他乡镇的防灾能力指数均为 0.81。由图 12-19（b）可知，防灾能力指标中只有农房参保比例有差异，大部分防灾能力指标值都达到 1，导致防灾能力的空间差异较小。其中，灾害监测、灾害预警均达到全覆盖；灵溪镇、马站镇农房参保比例最高且指标值为 0.7，岱岭乡、霞关镇，龙港镇、宜山镇、钱库镇等 16 个乡镇农房参保比例指标值为 0.1。

(a)防灾能力指数空间分布

(b) 指标值分布

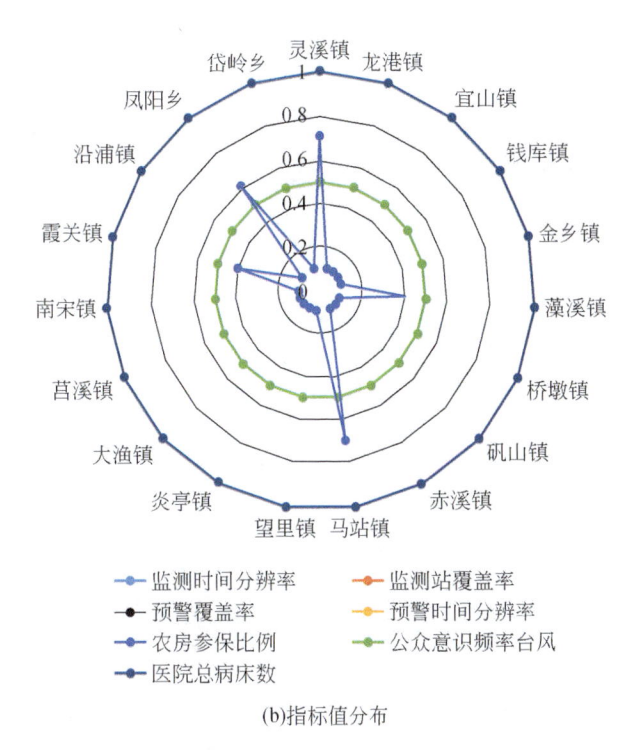

图 12-18　苍南县各乡镇防灾能力指数空间分布图及指标值分布雷达图

2）台风抗灾能力

苍南县各乡镇台风抗灾能力指数空间分布及指标值分布如图 12-19 所示，苍南县各乡镇抗灾能力指数空间分布呈现一定的差异性。总体上，苍南县各乡镇抗灾能力指数均小于 0.5，远小于防灾能力指数；21% 的乡镇抗灾能力指数在 0.40 ~ 0.42，具体分布在桥墩镇、沿浦镇、龙港镇、灵溪镇，其中灵溪镇、龙港镇抗灾能力指数最高，为 0.42，沿浦镇和桥墩镇次之；89% 的乡镇抗灾能力指数在 0.31 ~ 0.39，且抗灾能力指数在 0.35 以下的乡镇占苍南县所有乡镇的 37%，主要分布在望里镇、大渔镇、赤溪镇、炎亭镇、霞关镇、马站镇、岱岭乡。从沿海及内陆分布角度看，沿海地区除龙港镇及沿浦镇外，其他沿海乡镇抗灾能力指数均低于 0.4。内陆与平阳县接壤的 4 个乡镇，抗灾能力指数较其他乡镇高。在空间上，抗灾能力指数有由南向北增大的趋势。

由图 12-19（b）可知，各乡镇房屋抗风等级指标值在 0.1 ~ 0.4，指标值较高的乡镇有灵溪镇、龙港镇、沿浦镇，指标值较低的乡镇为望里镇、大渔镇；交通设施抗洪等级、通信设施抗洪等级、电力设施抗洪等级指标值均在 0.7 ~ 0.9，其中桥墩镇、矾山镇、凤阳乡各设施抗洪等级指标值均在 0.8 以上，钱库镇、赤溪镇、马站镇等 10 个乡镇各设施抗洪等级指标值皆为 0.7，金乡镇电力设施抗洪

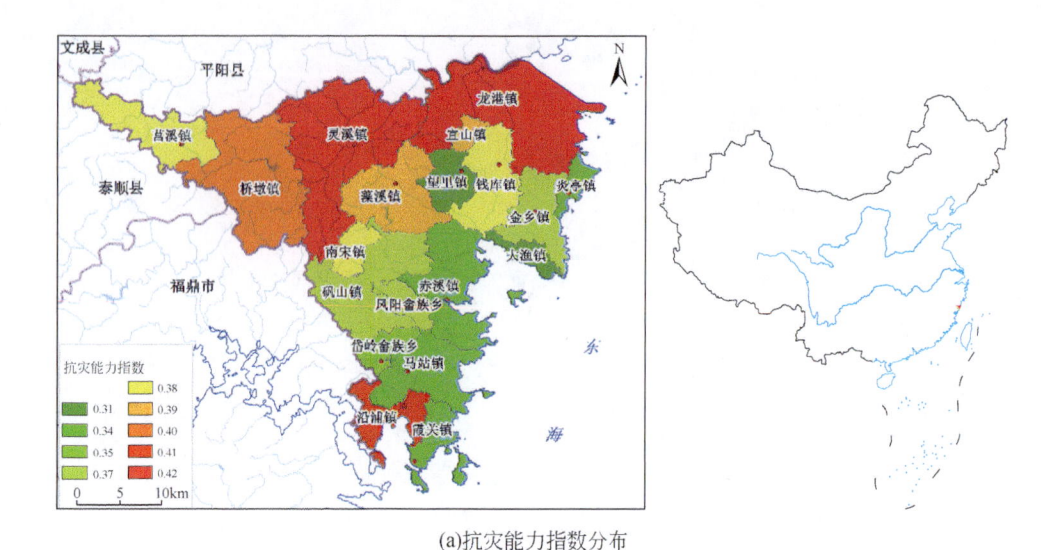

| 县域自然灾害综合风险与减灾能力评估技术 |

(a) 抗灾能力指数分布

(b) 指标值分布

图 12-19 苍南县各乡镇抗灾能力指数空间分布及指标值分布雷达图

等级指标值最低,为 0.6。各指标值对比分析显示,电力设施抗洪等级、通信设施抗洪等级、交通设施抗洪等级、房屋抗风等级为差异指标,其中各乡镇房屋抗风等级指标差异最为明显，即房屋抗风能力差异性贡献最高。

综上，苍南县抗灾能力指数具有如下特点：①抗灾能力指数较高的区域主要集中在人口和经济密集的灵溪镇、龙港镇；②抗灾能力指数较低的区域主要集中在南部沿海地区，如大渔镇、赤溪镇、炎亭镇、霞关镇、马站镇；③不同乡镇间抗灾能力指数差异主要由房屋抗风等级，以及电力、交通、通信和防洪工程设施抗洪能力等级差异所致。

3) 台风救灾能力

苍南县各乡镇救灾能力空间分布及指标值分布如图 12-20 所示，苍南县各区域救灾能力指数的空间分布差异性显著。整体上，所有乡镇的救灾能力指数均在 0.6 以下，救灾能力指数最高的为 0.57，救灾能力指数最低为 0.16；区域 32% 的乡镇救灾能力指数在 0.50~0.60，集中分布在苍南县中部地区，具体分布在赤溪镇、矾山镇、藻溪镇等地；县域 37% 的乡镇救灾能力指数在 0.30~0.49；苍南县 32% 的乡镇救灾能力指数在 0.3 以下，具体分布于望里镇、南宋镇、沿浦镇等地。从分布趋势上看，苍南县各乡镇救灾能力具有四周低、中间高的空间分布格局。

由图 12-20（b）可知，各乡镇救灾能力指标值均有差异，但不同救灾能力指标对各乡镇的影响强度空间分异显著。灾害应急预案指标中，岱岭乡、沿浦镇、南宋镇、莒溪镇、金乡镇、望里镇指标值最低，其他乡镇该指标值皆为 1；各乡镇物资总储备数指标值均为 0.1；避难所容量指标值均在 0.3 以上，桥墩镇、莒溪镇的指标值最高，钱库镇指标值最低。

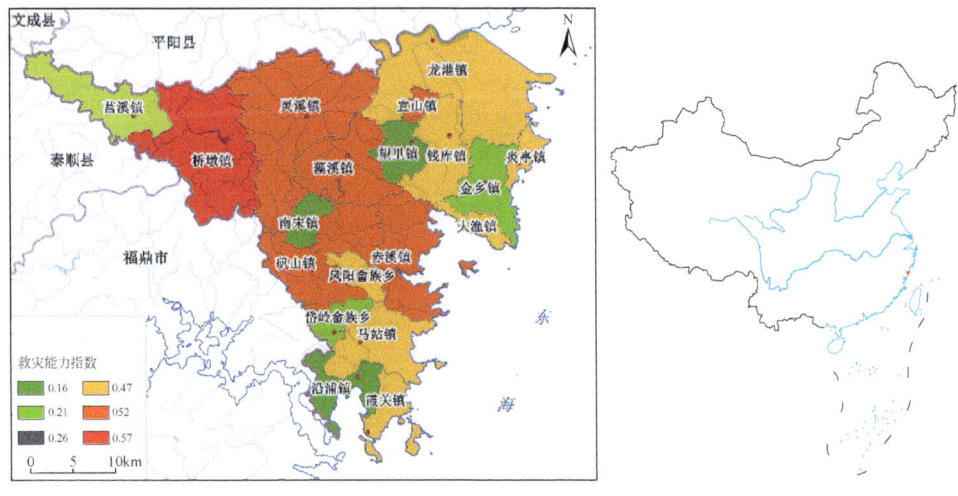

(a)救灾能力指数分布

| 县域自然灾害综合风险与减灾能力评估技术 |

(b) 指标值分布

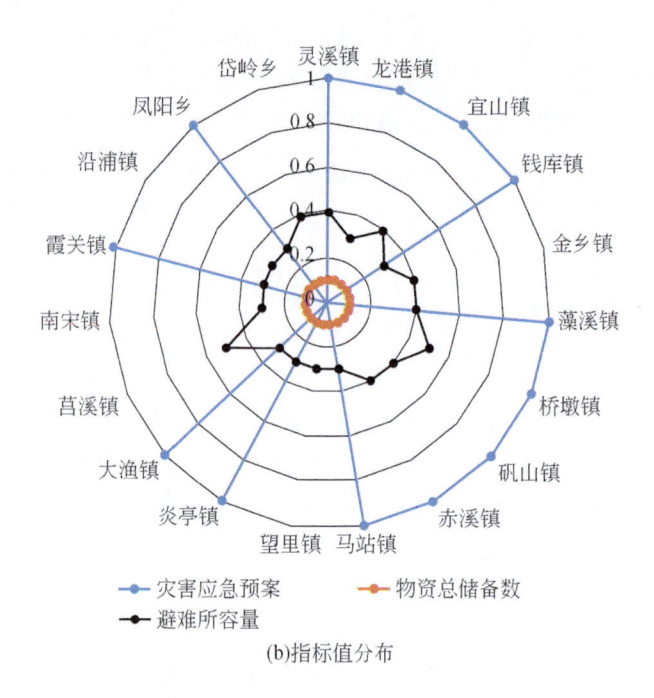

图 12-20　苍南县各乡镇救灾能力指数空间分布及指标值分布雷达图

综上，苍南县各乡镇救灾能力具有以下特征：①台风救灾能力指数较高的区域主要集中在中部地区；②台风救灾能力指数较低的区域主要集中在苍南县南部及东南部地区；③不同救灾能力指标对各乡镇的影响强度空间分异显著，差异性主要源于避难所容量及灾害应急预案。

4）台风减灾能力等级

在台风防灾能力指数、抗灾能力指数、救灾能力指数基础上，基于模糊综合评价模型可得到台风减灾能力等级评估结果（图 12-21），可知苍南县各乡镇台风减灾能力可应对最大风速为 12~13 级的台风；苍南县 32% 的乡镇台风减灾能力等级处于可应对最大风速为 13 级的台风，集中分布在县域北部地区，该地区地势平坦、城镇化水平高、人口密度高、防灾减灾资源较丰富，具体乡镇为灵溪镇、龙港镇、藻溪镇、炎亭镇、马站镇、桥墩镇；其余 68% 的乡镇台风减灾能力等级可应对最大风速为 12 级的台风，该区域主要分布于中部、南部及东南部、西北部地区，平均海拔较高，地质灾害隐患点密度较大，抗灾基础设施欠缺；沿海的马站镇、龙港镇、炎亭镇的台风减灾能力等级为 13 级，其他沿海地区均为 12 级。由不同减灾能力指标值雷达图（图 12-19 ~ 图 12-21）可知，台风减灾能力等级差异主要来源于各乡镇农房参保比例、房屋抗风等级、设施抗洪等级、避

| 210 |

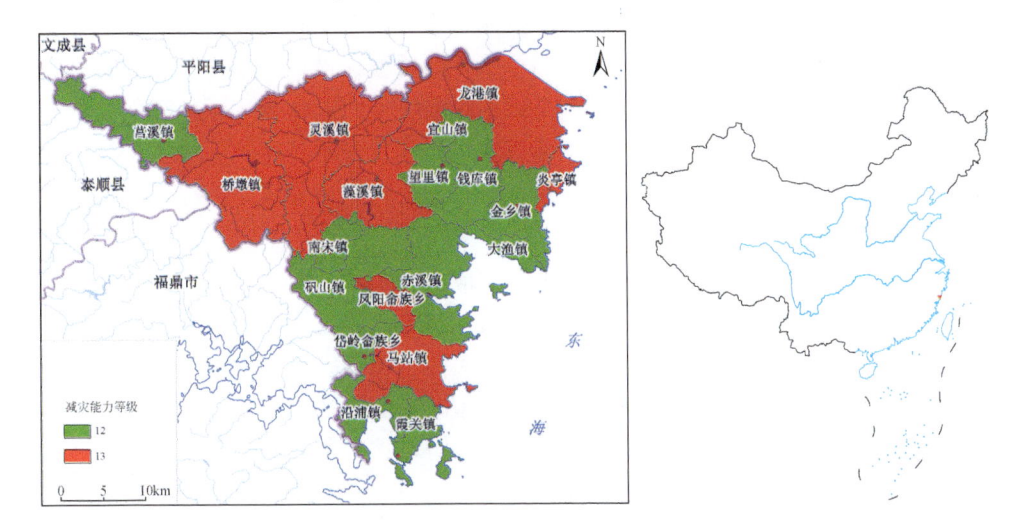

难所容量、灾害应急预案，同时各指标对减灾能力的贡献水平存在显著差异。

图 12-21　苍南县各乡镇台风减灾能力等级空间分布图

综上，苍南县台风减灾能力等级空间分布具有一定的规律性：①台风减灾能力等级为 13 级的乡镇地区集中分布在苍南县北部地区，这些乡镇地势较低、人口密集、经济发达，因此减灾资源较为丰富，减灾能力等级较高；②苍南县台风减灾能力等级呈现出由沿海向内陆地区递增的特点，这可能与区域内人口及经济分布有关，但考虑沿海地区毗邻东海，受台风灾害影响更大，因此相关部门应及时关注和调整减灾资源分配，适当加大减灾经济投入，改善农村住房条件，提高沿海地区台风减灾能力水平。

单一灾种减灾能力研究是灾害管理的基础，对于区域不同类型灾种减灾、决策，以及可持续发展具有重要意义。目前，国内外学者针对单灾种减灾能力评估，已从不同角度提出诸如地震、地质灾害、洪水等单灾种减灾能力评估指标体系，通过不同半定量或定量评估方法得到多种类型评估结果，并且许多结果已用于指导区域自然灾害防灾减灾实践工作，如 Cutter 等（2003）提出将与生态、社会、经济、制度、基础设施、社区应对能力相关的 6 项指标作为社会减灾能力评估指标体系；Hajibabaee 等（2014）应用与规划、资源、疏散能力、可达性相关的指标分析城市抵御地震灾害的能力；曹罗丹等（2014）对宁波洪水减灾能力进行了评估与应用，提出通过防洪基础能力、监测预警基础能力、抢险救灾基础能力、社会基础支持能力 4 方面指标评估洪水减灾能力；张颖超等（2015）提出应用防护林覆盖面积、雷达、就业人员、万人在校大学生、计算机数量等 14 个指标评估台风减灾能力。但单灾种减灾能力评估的主要指标以灾害监测预警、物资储备、社会参与等为主,评估结果基本将不同类型单灾种减灾能力综合表征为减灾能力综合指数或减灾能力相对等级。这两种类型的单灾种减灾能力评估具有数据要求相对较低、评估运算过程相对简单、评估结果区域内易形成对比、局地尺度的结果针对性较强的优势;不足的是评估结果往往只能得到区域减灾能力的相对大小,反映某一区域范围内不同下辖行政主体的大致宏观格局,无法得知区域减灾能力可应对灾种灾害等级大小水平,难以为研究区的灾害防范提供更直接的指导和参考。

然而,从本研究的角度评估单灾种减灾能力,针对自然灾害减灾能力评估可得到具体可应对灾害等级的减灾能力水平数值,这对当地的多灾种减灾能力分析和防范具有实际的指导意义。苍南县台风减灾能力评估案例表明,本研究的单灾种减灾能力评估的优势在于可得到研究区灾害减灾能力和应对灾害的具体强度等级,更深入了解研究区灾害减灾能力大小,同时也加强了灾害减灾能力区间可比性,可进一步满足自然灾害减灾能力评估的现实要求。基于不同减灾资源要素有利于明确灾害链减灾能力优势与限制因素,可有针对性地提出区域减灾能力建设规划与决策。此外,本研究也存在数据要求较高、计算复杂、评估难度较大的问题,其应用推广可能会受阻。

12.4 多灾种减灾能力评估

12.4.1 台风-洪水-地质灾害链减灾能力评估

1)台风-洪水-地质灾害链减灾能力评估指标体系

在台风-洪水-地质灾害链减灾能力评估指标体系(表12-8)及构建指标原则基础上,考虑防洪工程建设、基础设施抗风能力等不同灾种减灾能力差异内容,以及灾害管理、应急救灾等公共减灾内容,结合研究区各乡镇的实际情况与数据的可得性、承灾主体(乡镇)责任范围内的能力建设要求,以及主体间共性和区域个性,以苍南县境内的19个乡镇为研究对象,开展乡镇台风-洪水-地质灾害链减灾能力评估指标体系建立工作。选取12个二级指标、23个三级指标构建苍南县台风-洪水-地质灾害链减灾能力评估指标体系。提取出的苍南县台风-洪水-地质灾害链减灾能力评估指标体系中,一级指标提取率100%,二级指标提取率75%,三级指标提取率在70%以上。关于指标提取率达到什么程度才能优化原来的指标体系,目前没有统一标准。本研究考虑到不同级别指标提取率已达到70%,并结合其他文献中指标提取率的情况,认为当前的苍南县台风-洪水–地质灾害链减灾能力评估指标体系已能够反映该县台风–洪水–地质灾害链减灾能力。综上可知，简化后的台风–洪水–地质灾害链减灾能力评估指标体系切实可行，可有效反映乡镇减灾能力。

表 12-8　苍南县台风–洪水–地质灾害链减灾能力评估指标体系

一级指标	二级指标	三级指标	描述
防灾能力	灾害监测	气象监测	区域是否具有气象监测站（是/否）
		地质灾害监测	区域是否具有地质灾害监测站（是/否）
		水文监测	区域是否具有水文监测站（是/否）
	灾害预警	户均通信工具数	手机等通信工具数量与区域人口总户数的比值（部/户）
		山洪预警系统	区域内是否具有山洪灾害预警系统（是/否）
		气象预警系统	区域内是否具有气象灾害预警系统（是/否）
	灾害保险	房屋参保比例	购自然灾害房屋保险的总家庭数量占房屋倒塌住户数的比例（%）
	灾害公众意识	防灾知识宣传情况	公众常见的最大台风灾害等级（级）
抗灾能力	设施抗风能力	房屋抗风等级	房屋对台风的设防标准或级别（级）
		电力设施抗风等级	电力设施对台风的设防标准或级别（级）
		通信设施抗风等级	通信设施对台风的设防标准或级别（级）
	设施抗洪能力	防洪工程抗洪等级	堤防/水闸/排涝工程对洪水的设防标准或级别（级）
		交通设施抗洪等级	交通设施对洪水的设防标准或级别（级）
		通信设施抗洪等级	通信设施对洪水的设防标准或级别（级）
		电力设施抗洪等级	电力设施对洪水的设防标准或级别（级）
		山洪危险性等级	村落、城镇等重点防治区对山洪的预警最小日累计临界降水量（mm）
	抗地质灾害能力	地质灾害隐患点密度	降雨–地质灾害隐患点数量占区域总面积的比例（%）
救灾能力	政府灾害预案	灾害应急预案	政府部门是否具有灾害应急预案（是/否）
	物资储备能力	物资总储备数	区域所有减灾储备库物资总储备量（套）
	避难场所	避难所容量	区域所有避难所可容纳的总人口数（人）
	资金保障能力	资金救助水平	救助资金单位可用救助资金占 GDP 的比例（%）
		人均储蓄额	区域内储蓄额与总人口数的比值（万元/人）
	医疗条件	医院总病床数	区域所有医院的病床总数（张）

2) 台风–洪水–地质灾害链指标权重

应用层次分析法计算得出苍南县台风–洪水–地质灾害链减灾能力各指标权重（表12-9）。然后，随机选用已计算的17个乡镇为样本，通过BP神经网络学习训练后，利用其他2个乡镇进行评价值与预测值误差检验，误差均小于0.01。由此可知，台风–洪水–地质灾害链减灾能力指标权重评估结果可靠。

表 12-9 苍南县台风–洪水–地质灾害链减灾能力指标权重

一级指标	权重	二级指标	权重	三级指标	权重
防灾能力	0.3119	灾害监测	0.1027	气象监测	0.0513
				地质灾害监测	0.0257
				水文监测	0.0257
		灾害预警	0.1026	户均通信工具数	0.0422
				山洪预警系统	0.0268
				气象预警系统	0.0336
		灾害保险	0.0442	房屋参保比例	0.0442
		灾害公众意识	0.0624	防灾知识宣传情况	0.0624
抗灾能力	0.4905	设施抗风能力	0.1963	房屋抗风等级	0.1077
				电力设施抗风等级	0.0413
				通信设施抗风等级	0.0473
		设施抗洪能力	0.1962	防洪工程抗洪等级	0.0859
				交通设施抗洪等级	0.0242
				通信设施抗洪等级	0.0171
				电力设施抗洪等级	0.0128
				山洪危险性等级	0.0562
		抗地质灾害能力	0.0980	地质灾害隐患点密度	0.0980
救灾能力	0.1976	政府灾害预案	0.0476	灾害应急预案	0.0476
		物资储备能力	0.0366	物资总储备数	0.0366
		避难场所	0.0596	避难所容量	0.0596
		资金保障能力	0.0172	资金救助水平	0.0115
				人均储蓄额	0.0057
		医疗条件	0.0366	医院总病床数	0.0366

第12章 自然灾害减灾能力评估案例

3) 台风-洪水-地质灾害链评估结果

(1) 台风-洪水-地质灾害链防灾能力等级。

台风-洪水-地质灾害链防灾能力等级评价选取灾害监测、灾害预警、灾害保险、灾害公众意识4个指标，根据防灾能力评估指标体系和评估模型计算公式，将各指标以乡镇评价单位表达评价结果，得到苍南县台风-洪水-地质灾害链防灾能力等级空间分布及评价指标值分布雷达图（图12-22）。评估结果显示：不同乡镇防灾能力总体处于高水平且空间差异较小。区域绝大多数乡镇防灾能力等级为14～15级，其中区域26%的乡镇的防灾能力等级在15级，主要分布于苍南县南部地区及北部县中心，具体乡镇为灵溪镇、藻溪镇、凤阳乡、马站镇、霞关镇；74%的乡镇台风-洪水-地质灾害链防灾能力等级为14级，主要集中分布在东北部、中部、西北部。

在图12-22(b)中，所有乡镇灾害监测及灾害预警各项指标均一致，即气象监测、地质灾害监测、水文监测、山洪预警系统、气象预警系统、户均通信工具数指标值均为1，这是因为所有乡镇灾害监测、灾害预警方面指标均以县平均水平为准；各乡镇农房参保比例差异较大，归一化后的指标值在0.1～0.7。因此，苍南县各乡镇台风-洪水-地质灾害链防灾能力等级差异来源于房屋参保比例。

综上分析，苍南县台风-洪水-地质灾害链防灾能力空间分布规律有：①苍南县台风-洪水-地质灾害链防灾能力等级在15级以上的乡镇主要分布于苍南县南部地区及北部县中心；②苍南县台风-洪水-地质灾害链防灾能力等级为14级

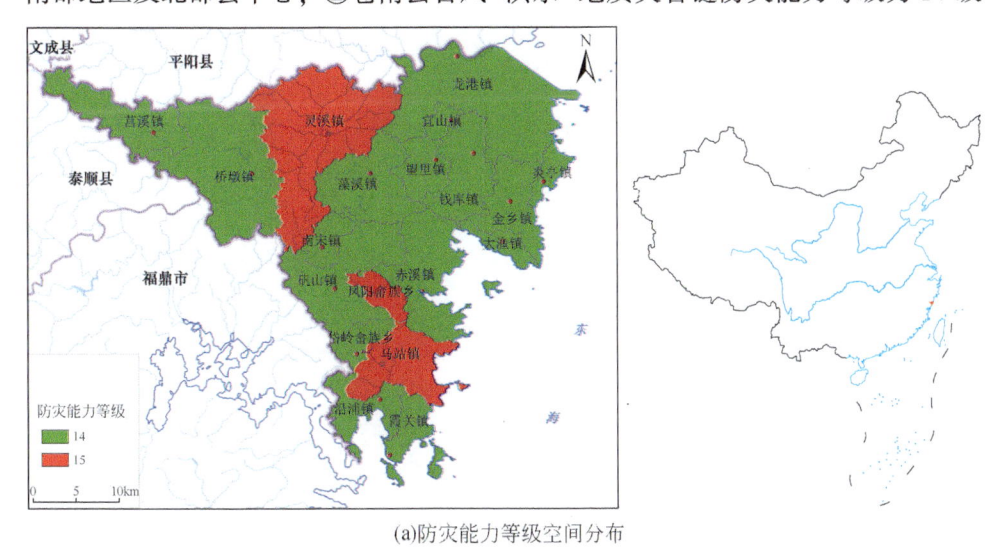

(a)防灾能力等级空间分布

(b)指标值分布

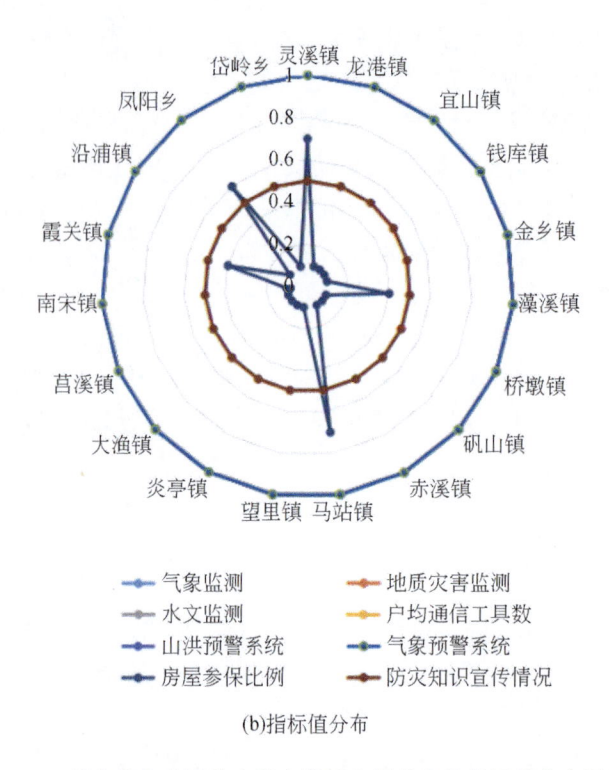

图 12-22　苍南县各乡镇防灾能力等级空间分布及指标值分布雷达图

的地区主要集中在东北部、中部、西北部；③房屋参保比例为各乡镇台风-洪水-地质灾害链防灾能力等级差异指标。

（2）台风-洪水-地质灾害链抗灾能力等级。

苍南县台风-洪水-地质灾害链抗灾能力等级空间分布及指标值分布雷达图见图 12-23，苍南县各乡镇抗灾能力等级处于中等水平，苍南县 47% 的乡镇台风-洪水-地质灾害链抗灾能力等级为 10 级，集中为分布在苍南县北部地区和最南部地区，主要为沿浦镇、霞关镇、凤阳乡、桥墩镇、灵溪镇、藻溪镇、龙港镇、炎亭镇、宜山镇；区域内台风-洪水-地质灾害链抗灾能力等级为 9 级的乡镇偏多，占所有乡镇总数的 53%，主要分布在苍南县中部地区；从空间格局看，抗灾能力等级整体呈现出南北高、中部低的分布特征。

从图 12-23（b）可知，各乡镇电力设施抗风等级、通信设施抗风等级、防洪工程抗洪等级 3 项指标值一致；各乡镇房屋抗风等级水平较低，指标值在 0.1~0.4，其中灵溪镇、龙港镇、沿浦镇最高，望里镇、大渔镇最低，以房屋结构形式分析房屋抗风能力为例，灵溪镇砖混及钢混结构房屋共占 85.3%、砖木结构房屋占 14.0%、土木结构房屋占 0.4%、其他结构房屋占 0.3%，而赤溪镇砖混及钢混结构房屋占 56.6%、砖木结构房屋占 32.7%、土木结构房屋占 4.9%、其他结构房屋占 5.8%；交通设施、通信设施、电力设施抗洪等级指标值均在 0.7 以

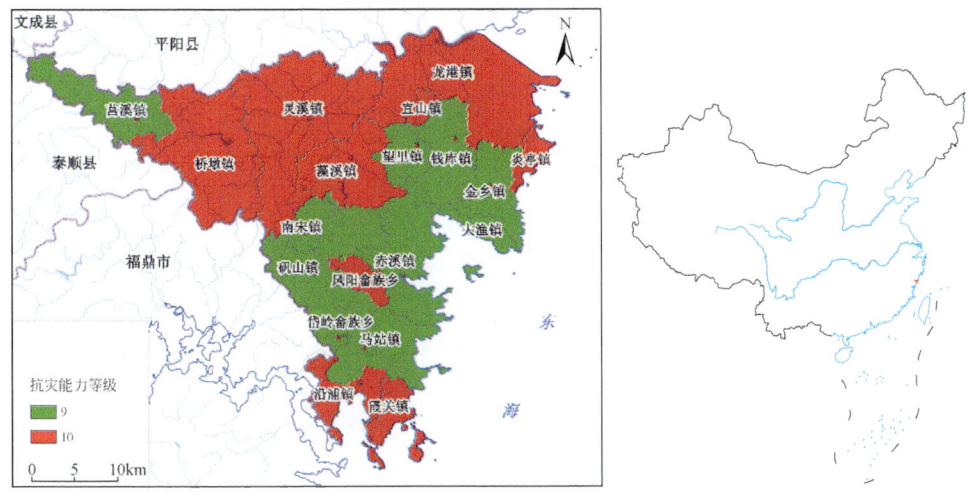

(a) 抗灾能力等级空间分布

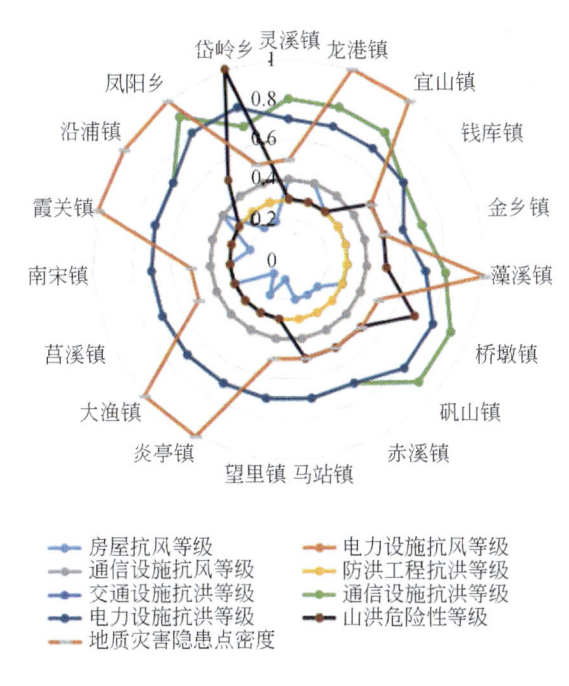

(b) 指标值分布

图 12-23　苍南县各乡镇抗灾能力等级空间分布及指标值分布雷达图

| 217 |

上；山洪危险性较高的乡镇为灵溪镇、龙港镇等，指标值在 0.3 左右。山洪危险性居中的乡镇为钱库镇、藻溪镇、矾山镇、赤溪镇、马站镇、凤阳乡和金乡镇，指标值在 0.5 左右，根据受山洪威胁严重的 126 个自然村沿河村落的预警雨量可知，各乡镇危险性最高的村落的山洪预警雨量在区域土壤含水量一般的条件下为 240~260mm，在灾害前期区域土壤含水量丰富的情况下为 200~240mm。山洪危险性最低的乡镇有桥墩镇、岱岭乡，指标值在 0.7~1.0，其山洪预警雨量在土壤含水量一般的背景下为 370~620mm，在土壤含水量丰富的条件下为 300~620mm；对地质灾害危险性来说，灵溪镇、钱库镇、金乡镇等 11 个乡镇地质灾害危险性较高，指标值为 0.5，龙港镇、宜山镇、藻溪镇、炎亭镇、大渔镇、霞关镇、沿浦镇、凤阳乡 8 个乡镇无降雨-地质灾害隐患点，其地质灾害危险性较低，指标值为 1。因此，据图 12-23（b）可知，苍南县各乡镇抗灾能力等级差异主要由房屋抗风等级、山洪危险性等级、地质灾害隐患点密度决定。

综上，苍南县台风-洪水-地质灾害链抗灾能力等级分布及各指标贡献率具有如下特征：①台风-洪水-地质灾害链抗灾能力等级为 10 级的区域主要集中在城镇化水平较高的北部地区及最南部沿海地区；②台风-洪水-地质灾害链抗灾能力等级为 9 级的区域主要集中在中部地区及东南部沿海地区；③苍南县台风-洪水-地质灾害链抗灾能力等级差异来源主要为房屋抗风等级、山洪危险性等级、地质灾害隐患点密度。

(3) 台风-洪水-地质灾害链救灾能力等级。

台风-洪水-地质灾害链救灾能力等级空间分布及指标值分布雷达图如图 12-24 所示。结果显示，苍南县救灾能力空间分布具有显著差异。总体而言，苍南县只有 1 个乡镇的台风-洪水-地质灾害链救灾能力等级为 13 级，分布在区域正北部地区，即灵溪镇；区域 63% 的乡镇的台风-洪水-地质灾害链救灾能力等级为 12 级，具体分布在中部地区及东北部地区，如龙港镇、宜山镇、藻溪镇、矾山镇、赤溪镇等；研究区 32% 的乡镇的台风-洪水-地质灾害链救灾能力等级为 8 级，主要分布在东南部、西北部、南部靠福鼎沿线，具体有南宋镇、岱岭乡、望里镇、沿浦镇、金乡镇、莒溪镇。

就各指标而言，由于物资总储备数、资金救助水平、医院总病床数、人均储蓄额四个指标在乡镇较小尺度背景下的数据可获取性相对不足，历史灾害灾情中受伤人数相对较少。因此，物资总储备数、资金救助水平、医院总病床数、人均储蓄额以县域平均水平为准，即所有乡镇在这几类指标中均无差异。其差异来源于灾害应急预案、避难所容量。其中，各乡镇避难所容量指标值在 0.3~0.5，桥墩镇、莒溪镇容量最高，钱库镇最低；各乡镇灾害应急预案指标归一化值为 0 或 1，金乡镇、望里镇、莒溪镇、南宋镇、沿浦镇、岱岭乡、龙港镇、宜山镇、赤溪镇、桥墩镇、矾山镇的指标值为0。

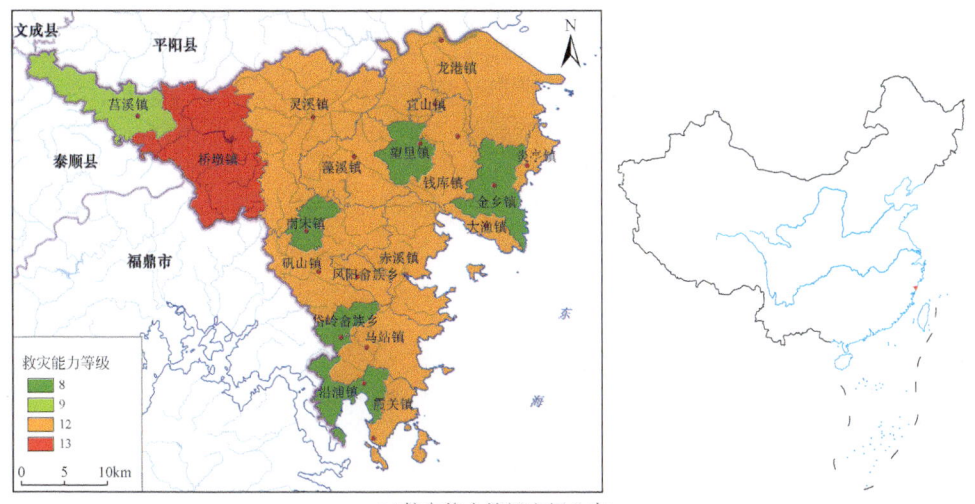

(a)救灾能力等级空间分布

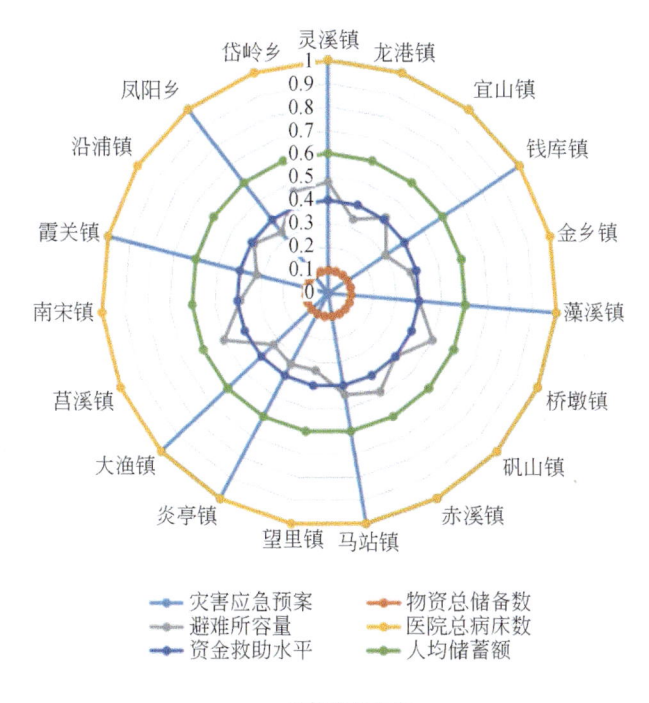

(b)指标值分布

图 12-24 苍南县各乡镇救灾能力等级空间分布及指标值分布雷达图

县域自然灾害综合风险与减灾能力评估技术

综上,苍南县地区台风-洪水-地质灾害链救灾能力等级空间分布及指标值分布有如下特点:①苍南县地区台风-洪水-地质灾害链救灾能力等级为13级的区域主要集中在人口和经济密集的灵溪镇;②苍南县地区台风-洪水-地质灾害链救灾能力最低等级为8级,主要集中苍南县东南部、西北部、南部靠福鼎沿线;③台风-洪水-地质灾害链救灾能力等级差异来自灾害应急预案、避难所容量两个指标。

(4)台风-洪水-地质灾害链减灾能力等级。

基于苍南县台风-洪水-地质灾害链防灾能力等级、抗灾能力等级、救灾能力等级,应用模糊综合评价模型评估台风-洪水-地质灾害链减灾能力,得到以灾害等级表征的台风-洪水-地质灾害链减灾能力等级空间分布图(图12-25)。根据结果可知,各乡镇台风-洪水-地质灾害链减灾能力等级处于10~12级;区域53%的乡镇的台风-洪水-地质灾害链减灾能力等级处于12级,集中分布于北部地区及苍南县最南端,具体为灵溪镇、龙港镇、桥墩镇、藻溪镇、马站镇、凤阳乡、霞关镇、大渔镇、宜山镇、炎亭镇;区域42%的乡镇的台风-洪水-地质灾害链减灾能力等级处于11级,主要分布在中部地区及东南部地区,具体为莒溪镇、钱库镇、金乡镇、南宋镇、赤溪镇、岱岭乡、沿浦镇、矾山镇;望里镇的台风-洪水-地质灾害链减灾能力等级最低,为10级。从全县空间分布格局看,台风-洪水-地质灾害链减灾能力等级有一定中间高、四周低的微弱圈层结构等级趋势。结合台风-洪水-地质灾害链防灾能力、抗灾能力、救灾能力各项指标值的分布雷达图可知,各乡镇台风-洪水-地质灾害链减灾能力等级差异主要受

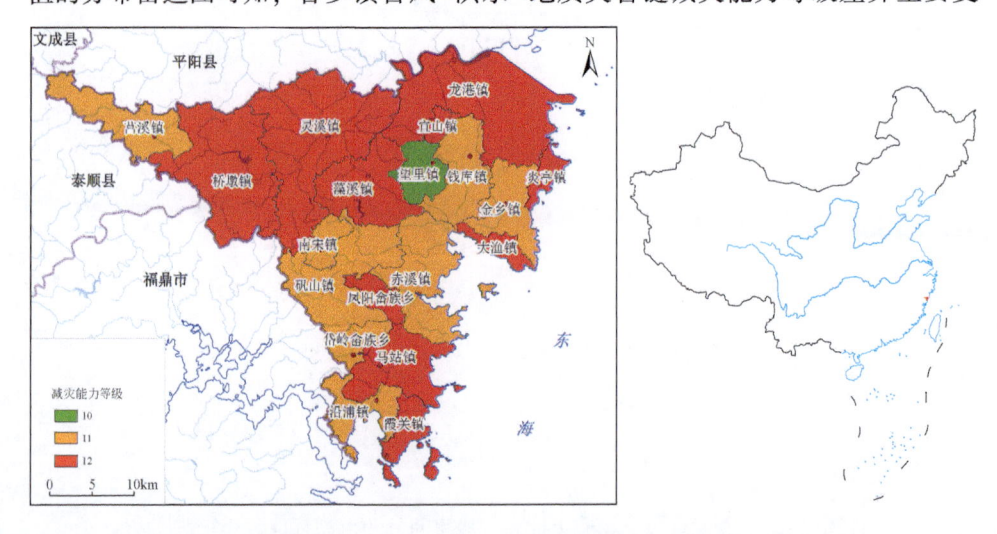

图12-25 苍南县各乡镇台风-洪水-地质灾害链减灾能力等级空间分布图

房屋参保比例、房屋抗风等级、山洪危险性等级、地质灾害隐患点密度、灾害应急预案、避难所容量的影响。

综上，苍南县台风-洪水-地质灾害链减灾能力有如下规律：①台风-洪水-地质灾害链减灾能力等级较高的区域主要集中于经济发展良好的县中心附近乡镇区域、曾遭受严重台风灾害的南部沿海区；②台风-洪水-地质灾害链减灾能力等级较低的区域为减灾资源相对匮乏、灾害减灾意识相对薄弱的望里镇；③台风-洪水-地质灾害链减灾能力等级差异性指标为房屋参保比例、房屋抗风等级、灾害应急预案、避难所容量，不同差异性指标对乡镇减灾能力等级的贡献率有所差异。

由台风-洪水-地质灾害链减灾能力评估及多灾种研究文献资料可知，区域内不同灾种之间的关系复杂多样，进行区域多灾种减灾能力评估研究时需要考虑减灾资源与灾害等级之间的关系，以及不同灾种间的能量转化，这导致多灾种评估工作难度较大，尤其是存在相关关系的灾害链评估工作。以往的多灾种减灾能力评估按照评估结果可以分为多灾种相对等级评估和多灾种综合减灾能力指数评估。相对等级评估与综合指数评估的评估结果只能解释区内主体的减灾能力的相对大小，评估行政单元大小稍作调整，减灾能力结果就会改变；此外，由于灾种间度量难以统一、不同灾种相互关系较为复杂，较少学者尝试基于灾害链能量转化关系构建多灾种减灾能力评估指标体系，这使得指标体系的灾种相互关系表征性较差。Depietri 等（2018）对纽约进行热浪、内陆洪水、沿海洪水多灾种风险评估，其中减灾能力只有两个指标，指标体系未考虑灾种间的关系。此外，多灾种减灾能力评估结果多以相对等级或指数表征，区域可比性难以表现。田从山等（2019）从灾前情况、应对能力、适应能力、灾害损失、灾害暴露五个维度构建四川安宁河流域社区多灾种（滑坡、岩崩、泥石流）减灾能力评估指标体系，并以减灾能力指数表征流域内各县减灾能力水平，该减灾能力指数可用于研究区内不同县域比较，但并不适用于其他区域进行差异性分析，评估结果的区间可比性较差。王嘉君等（2018）在山区开展多灾种风险评估时，以 10 个关于基础应灾能力、专项应灾能力的指标展开山洪、泥石流、滑坡的多灾种减灾能力评估研究，构建的指标体系在评估时忽略了灾种间的联系，以相对等级表征的减灾能力评估结果的效果并不理想。因此，以减灾能力综合指数及相对等级为结果的多灾种减灾能力评估实用性不足，区域可比性较差。

本研究在台风减灾能力评估基础上，厘清多灾种减灾能力灾种之间的时空组合方式、能量转化、资源与灾害等级对应，针对多灾种减灾能力评估，可得到具体可应对灾害等级的减灾能力水平数值，这对于当地的多灾种减灾能力分析和防范具有实际的指导意义。苍南县台风-洪水-地质灾害链评估案例优点在于，指标体系较为完备，评估结果可体现区域减灾水平与灾害隐患之间的差距，区域间可比性更好，差异对比性更明显，应用性更强。此外，基于不同能力资源要素有利于明确灾害链减灾能力优势与限制因素，可有针对性地提出区域减灾能力建设规划与决策。其不足之处在于，评估所需数据类型及数量较多，数据资料要求较高，数学运算过程也更为复杂，应用推广可能会受阻。因此，本研究提出的基于灾害级别的台风-洪水-地质灾害链减灾能力评估具有可行性，并进行推广应用，具有重要的实践意义。

12.4.2 区域综合减灾能力评估

12.4.2.1 区域综合减灾能力评估指标体系

在区域综合减灾能力评估指标体系及指标构建原则基础上，考虑防洪工程建设、基础设施抗灾能力等不同灾种减灾能力差异内容，灾害管理、应急救灾等公共减灾内容，结合研究区各乡镇的实际情况与数据的可得性，以苍南县境内的19个乡镇为研究对象，开展乡镇区域综合减灾能力评估指标体系建立工作。选取3个一级指标、16个二级指标、32个三级指标构建苍南县区域综合减灾能力评估指标体系（表12-10）。提取出的苍南县区域综合减灾能力评估指标体系中，一级指标提取率100%，二级指标提取率73%，三级指标提取率48%左右。关于指标提取率达到什么程度才能优化原来的指标体系，目前没有统一标准。本研究

表12-10 苍南县区域综合减灾能力评估指标体系

一级指标	二级指标	三级指标	描述
防灾能力	灾害监测	监测时间分辨率	设备监测数据的时间间隔（实时/时/天）
		气象监测	区域是否具有气象监测站（是/否）
		地质灾害监测	区域是否具有地质灾害监测站（是/否）
		水文监测	区域是否具有水文监测站（是/否）
		森林火灾监测	区域是否具有森林火灾监测点（是/否）
		海洋灾害监测	区域是否具有海洋灾害监测站（是/否）
	灾害预警	户均通信工具数	手机等通信工具数量与区域人口总户数的比值（部/户）
		预警时间分辨率	预警系统发布预警信息时间间隔（实时/时/天）
	灾害保险	房屋参保比例	购自然灾害房屋保险的家庭数占房屋倒塌住户数的比例（%）
	灾害公众意识	防灾知识普及率	公众了解防灾知识的人数占总人口的比例（%）

续表

一级指标	二级指标	三级指标	描述
抗灾能力	抗风能力	房屋抗风等级	房屋对台风的设防标准或级别（级）
		电力设施抗风等级	电力设施对台风的设防标准或级别（级）
		通信设施抗风等级	通信设施对台风的设防标准或级别（级）
		交通设施抗风等级	交通设施对台风的设防标准或级别（级）
	抗洪能力	防洪工程抗洪等级	堤防/水闸/排涝工程对洪水的设防标准或级别（级）
		交通设施抗洪等级	交通设施对洪水的设防标准或级别（级）
		通信设施抗洪等级	通信设施对洪水的设防标准或级别（级）
		电力设施抗洪等级	电力设施对洪水的设防标准或级别（级）
		山洪危险性等级	村落、城镇等重点防治区对山洪的预警最小日累计临界降水量（mm）
	抗地质灾害能力	地质灾害危险性	区域内地质灾害隐患点数量（个）
		生态系统抗降雨等级	生态系统对强降雨的可承受强度级别（级）
		生态系统抗地震等级	生态系统对地震的可承受强度级别（级）
	抗风暴潮能力	水利工程应灾等级	江海堤防等水利工程防风暴潮标准或级别（级）
	抗旱能力	工程设施抗旱能力	农业工程设施对干旱的设防标准或级别（级）
救灾能力	政府灾害预案	灾害应急预案数	政府部门已建立的灾害应急预案数量（套）
	物资储备能力	人均物资储备数	区域物资总量与总人口的比值（套/万人）
	医疗条件	人均医疗病床数	区域医院病床总数与总人口的比值（张/万人）
	避难场所	人均避难所面积	区域避难所总面积与总人口的比值（m^2/人）
	综合消防救援	单位面积救援设备数	综合救援设备数量与区域面积的比值（套/km^2）
	社会动员机制	社会动员机制	市级部门组织的动员社会各界人士投入救援行动的会议、通告等的次数（次）
	资金保障能力	资金救助水平	救助资金单位可用救助资金占GDP的比例（%）
		人均储蓄额	区域内储蓄额与总人口数的比值（万元/人）

考虑到不同级别指标提取率，并结合其他文献中指标提取率的情况，认为当前的苍南县区域综合减灾能力评估指标体系已能够反映该县区域综合减灾能力。综上，简化后的区域综合减灾能力评估指标体系切实可行，可有效反映乡镇综合减灾能力。

12.4.2.2 区域综合减灾能力指标权重

应用层次分析法计算得出苍南县区域综合减灾能力各指标权重（表12-11）。然后，随机选用已计算的17个乡镇为样本，通过BP神经网络学习训练后，利用其他 2 个乡镇进行评价值与预测值误差检验，误差均小于 0.01。由此可知，区域综合减灾能力指标权重评估结果可靠。

表 12-11　苍南县区域综合减灾能力指标权重

一级指标	权重	二级指标	权重	三级指标	权重
防灾能力	0.350	灾害监测	0.1678	监测时间分辨率	0.0323
				气象监测	0.0271
				地质灾害监测	0.0271
				水文监测	0.0271
				森林火灾监测	0.0271
				海洋灾害监测	0.0271
		灾害预警	0.0758	户均通信工具数	0.0422
				预警时间分辨率	0.0336
		灾害保险	0.0442	房屋参保比例	0.0442
		灾害公众意识	0.0622	防灾知识普及率	0.0622
抗灾能力	0.459	抗风能力	0.1253	房屋抗风等级	0.0767
				电力设施抗风等级	0.0213
				通信设施抗风等级	0.0273
		抗洪能力	0.1712	防洪工程抗洪等级	0.0659
				交通设施抗洪等级	0.0212
				通信设施抗洪等级	0.0151
				电力设施抗洪等级	0.0128
				山洪危险性等级	0.0562
		抗地质灾害能力	0.0980	地质灾害危险性	0.0980
		抗风暴潮能力	0.0412	水利工程应灾等级	0.0412
		抗旱能力	0.0233	工程设施抗旱能力	0.0233
救灾能力	0.191	政府灾害预案	0.0256	灾害应急预案数	0.0256
		物资储备能力	0.0226	人均物资储备数	0.0226
		医疗条件	0.0316	人均医疗病床数	0.0316
		避难场所	0.0346	人均避难所面积	0.0346
		综合消防救援	0.0469	单位面积救援设备数	0.0469
		社会动员机制	0.0125	社会动员机制	0.0125
		资金保障能力	0.0172	资金救助水平	0.0115
				人均储蓄额	0.0057

12.4.2.3 区域综合减灾能力评估结果

1) 区域综合防灾能力指数

防灾能力指数评估选取灾害监测、灾害预警、灾害保险、灾害公众意识指标，根据防灾能力评估指标体系和评估模型计算公式，将各指标以乡镇评价单位表达评估结果，得到苍南县区域综合防灾能力指数空间分布及指标值分布雷达图（图12-26）。评估结果显示，不同乡镇综合防灾能力总体空间差异较大；区域综合防灾能力指数主要介于0.28~0.42与0.85~0.98，综合防灾能力指数较高的乡镇有灵溪镇、桥墩镇、金乡镇、大渔镇等。综合防灾能力指数较低的乡镇主要位于乡镇的东北-西南沿线，如龙港镇、藻溪镇、矾山镇等。

在图12-26（b）中，所有乡镇灾害监测及灾害预警的各项三级指标值均一致，均为1，原因在于所有乡镇灾害监测、灾害预警方面的指标均以县平均水平为准；各乡镇农房参保比例差异较大，归一化后的指标值介于0.1~0.7。同时，不同乡镇的防灾知识普及率差异性也较大。因此，苍南县各乡镇综合防灾能力差异来源于房屋参保比例、防灾知识普及率。

综上分析，苍南县区域综合防灾能力空间分布规律有：①苍南县区域综合防灾能力指数较低的乡镇在东北-西南沿线；②苍南县区域综合防灾能力指数主要介于0.28~0.42与0.85~0.98；③房屋参保比例、防灾知识普及率为各乡镇综合防灾能力差异性指标。

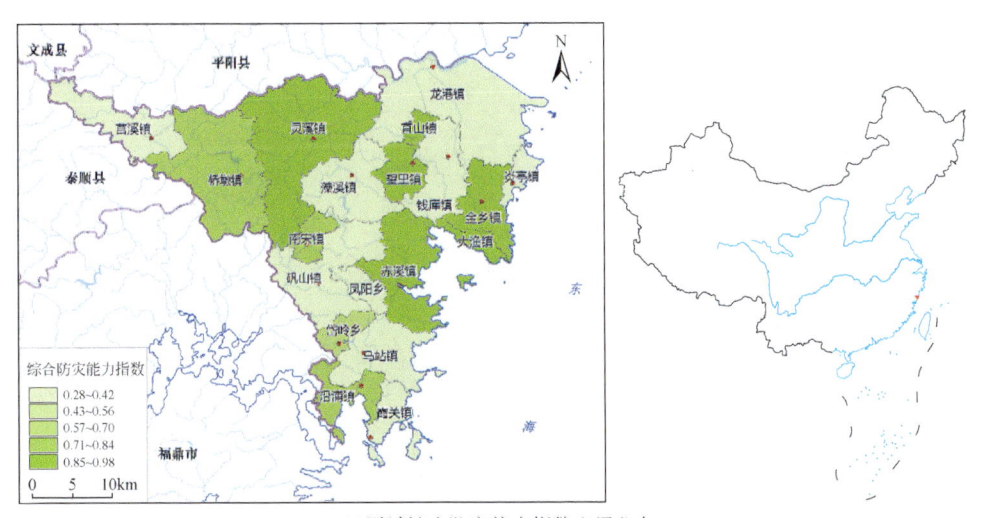

(a)区域综合防灾能力指数空间分布

(b)指标值分布

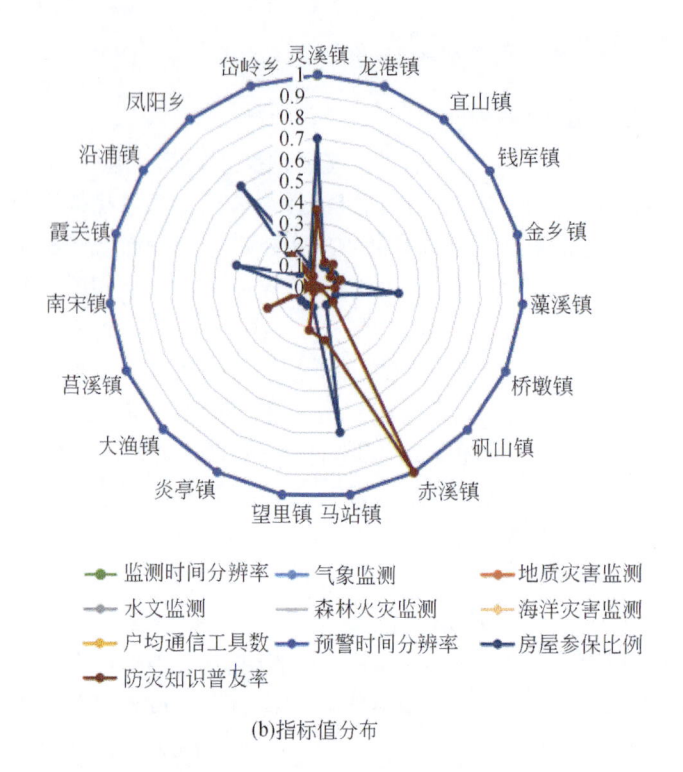

图 12-26　苍南县区域综合防灾能力指数空间分布及指标值分布雷达图

2）区域综合抗灾能力指数

苍南县区域综合抗灾能力指数空间分布及指标值分布雷达图见图 12-27，苍南县各乡镇综合抗灾能力等级处于中等水平，苍南县 37% 的乡镇的综合抗灾能力指数在 0.5 以上，主要有龙港镇、藻溪镇、南宋镇、沿浦镇、赤溪镇、炎亭镇、岱岭乡；区域综合抗灾能力指数低于 0.4 的乡镇有钱库镇、莒溪镇、霞关镇，占所有乡镇总数的 16%；从空间格局看，区域综合抗灾能力指数未有显著的空间分布特征。

从图 12-27（b）可知，各乡镇电力设施抗风等级、通信设施抗风等级、防洪工程抗洪等级 3 项指标值一致；各乡镇房屋抗风等级较低，指标值在 0.1 ~ 0.4，其中灵溪镇、龙港镇、沿浦镇最高，望里镇、大渔镇最低；交通设施抗洪等级、通信设施抗洪等级、电力设施抗洪等级指标值均在 0.7 以上。山洪危险性较高的乡镇为灵溪镇、龙港镇等，指标值在 0.3 左右；山洪危险性最低的乡镇有桥墩镇、岱岭乡，指标值在 0.7 ~ 1。对于地质灾害危险性来说，灵溪镇、钱库镇、金乡镇等 11 个乡镇危险性较高，指标值为 0.5，龙港镇、宜山镇、藻溪镇、

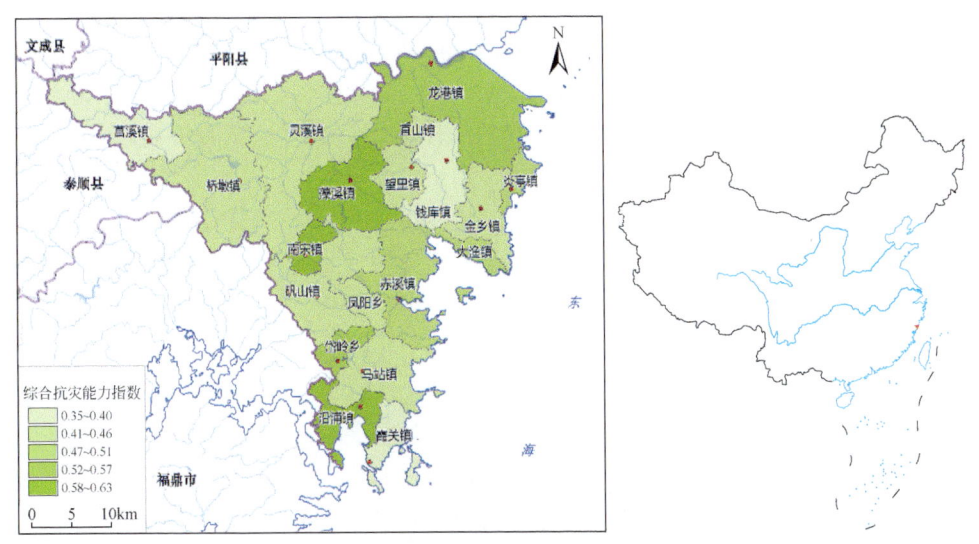

| 第 12 章 | 自然灾害减灾能力评估案例

(a) 区域综合抗灾能力指数空间分布

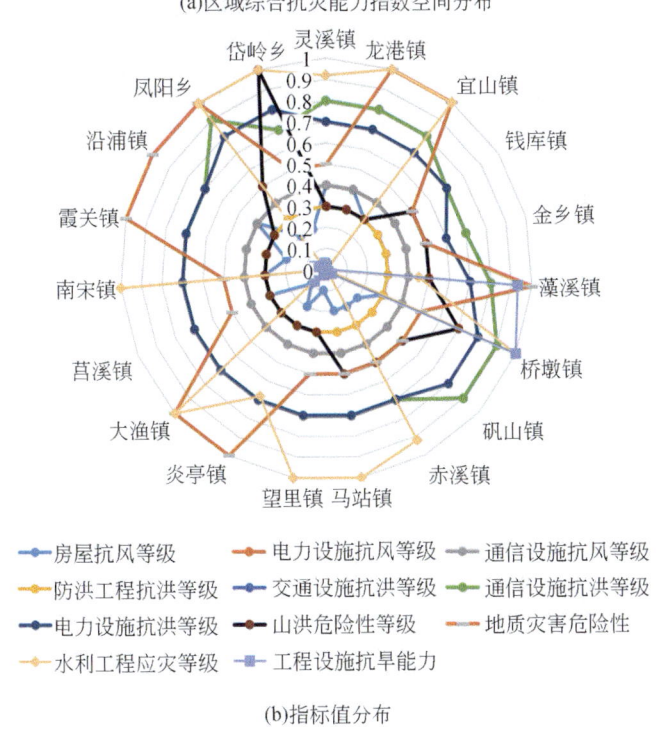

(b) 指标值分布

图 12-27 苍南县区域综合抗灾能力指数空间分布及指标值分布雷达图

炎亭镇、大渔镇、霞关镇、沿浦镇、凤阳乡 8 个乡镇无降雨-地质灾害隐患点，其地质灾害危险性较低，指标值为 1。不同乡镇抗旱能力及抗风暴潮能力方面的三级指标差异较大，在 0～1 均有分布，因此，苍南县各乡镇综合抗灾能力差异主要由房屋抗风等级、山洪危险性等级、地质灾害危险性、工程设施抗旱能力、水利工程应灾等级决定。

综上分析，苍南县区域综合抗灾能力指数分布及各指标贡献率具有如下特征：①区域抗灾能力指数整体空间分布差异不显著；②苍南县区域综合抗灾能力指数差异来源为房屋抗风等级、山洪危险性等级、地质灾害危险性、工程设施抗旱能力、水利工程应灾灾等级。

3）区域综合救灾能力指数

区域综合救灾能力指数空间分布及指标值分布雷达图如图 12-28 所示。结果显示，苍南县区域综合救灾能力空间分布具有显著差异。总体而言，苍南县区域综合救灾能力指数较高的乡镇主要位于北部、东南部地区，如灵溪镇、宜山镇、大渔镇等；区域综合救灾能力指数相对较低的乡镇位于东北部、西北部、南部，如龙港镇、莒溪镇等。

就各指标而言，由于人均物资储备数、资金救助水平、人均储蓄额三个评估指标在乡镇较小尺度背景下的数据可获取性相对不足，历史灾害灾情中受伤人数相对较小，因此这 3 个指标以县域平均水平为准，即所有乡镇在这 3 个指标中均无差异。其差异来源于灾害应急预案数、人均避难所面积、人均医疗病床数、单位面积救援设备数社会动员机制。其中，各乡镇灾害应急预案数指标值差异较

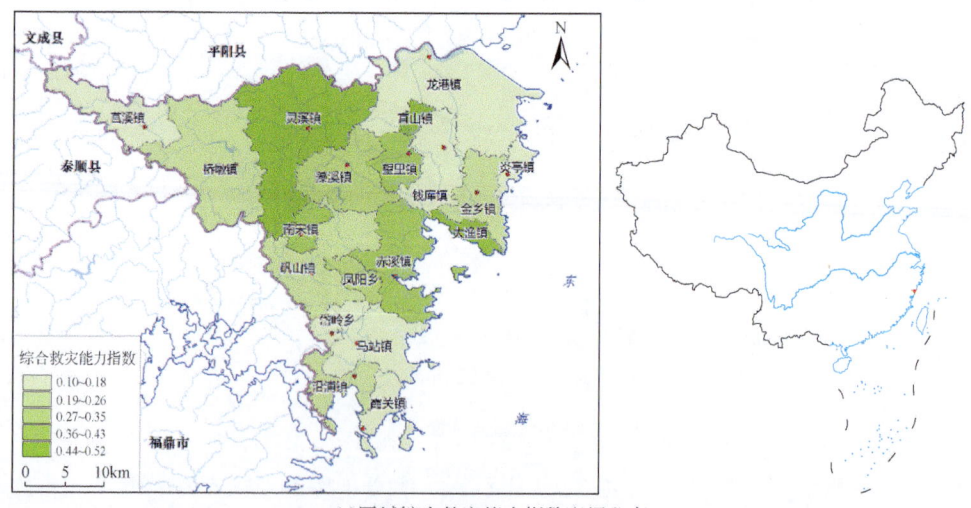

(a)区域综合救灾能力指数空间分布

(b)指标值分布

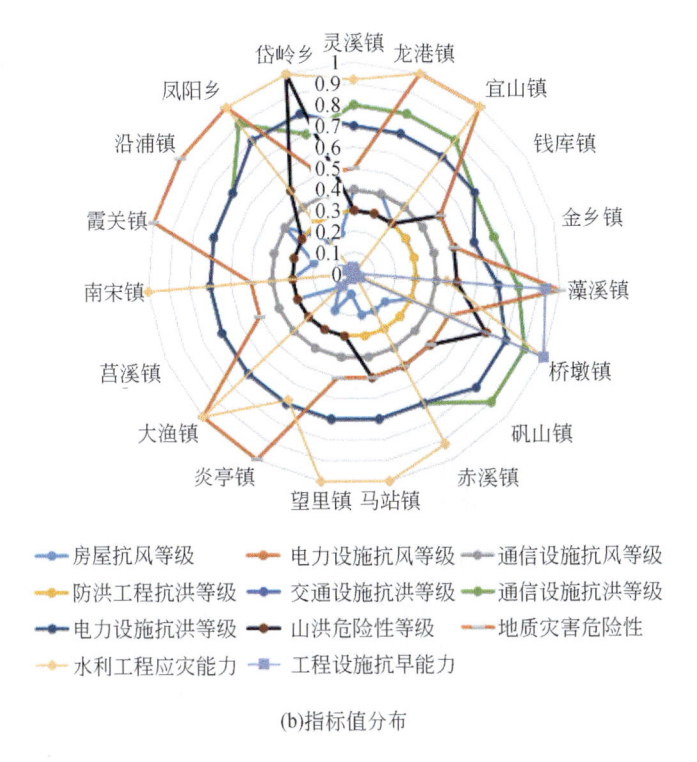

图 12-28 苍南县区域综合救灾能力指数空间分布及指标值分布雷达图

大。各乡镇灾害应急预案数指标归一化值为 0 或 1，金乡镇、望里镇、莒溪镇、南宋镇、沿浦镇、岱岭乡的指标值为 0。

综上，苍南县区域综合救灾能力指数空间分布及指标值分布有如下特点：①区域综合救灾能力指数空间分布差异显著；②区域综合救灾能力指数较低的乡镇主要集中苍南县西北部、东北部、南部；③区域综合救灾能力指数差异来自灾害应急预案数、人均避难所面积、人均医疗病床数、单位面积救援设备数、社会动员机制。

4) 区域综合减灾能力指数

基于苍南县区域综合防灾能力指数、区域综合抗灾能力指数、区域综合救灾能力指数，应用模糊综合评价模型，得到区域综合减灾能力指数空间分布图（图 12-29）。根据结果，各乡镇区域综合减灾能力指数介于 0.46~0.62；11% 的乡镇区域综合减灾能力指数低于 0.49，具体为金乡镇、矾山镇；58% 的乡镇区域综合减灾能力指数在 0.49~0.59，区域综合减灾能力指数高于 0.59 的乡镇为桥墩镇、灵溪镇、龙港镇、藻溪镇、赤溪镇和凤阳乡，占 32%。从全县空间分布格局看，区域综合减灾能力指数较高的区域主要位于北部地区及沿海部分乡镇。

结合区域综合防灾能力、区域综合抗灾能力、区域综合救灾能力各项指标值分布雷达图，各乡镇区域综合减灾能力差异主要受防灾知识普及率、房屋参保比例、房屋抗风等级、山洪危险性、地质灾害危险性、灾害应急预案数等指标影响。

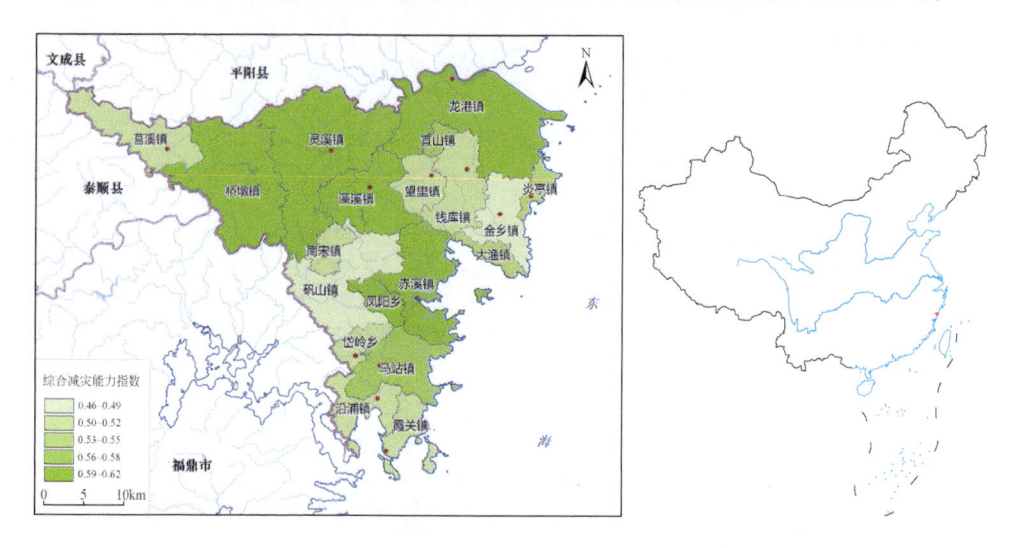

图12-29 苍南县区域综合减灾能力指数空间分布图

苍南县区域综合减灾能力有如下规律：①苍南县区域综合减灾能力指数较高的区域主要集中于经济发展良好的县中心附近乡镇、沿海部分乡镇；②苍南县区域综合减灾能力指数较低的区域为减灾资源相对匮乏、灾害减灾意识相对薄弱的区域；③苍南县综合减灾能力的差异性指标为防灾知识普及率、房屋参保比例、房屋抗风等级、山洪危险性、地质灾害危险性、灾害应急预案数等，不同差异性指标对乡镇区域综合减灾能力指数的贡献率有所差异。

12.5 自然灾害防灾减灾对策建议

自然灾害防灾减灾是一个系统工程，涉及自然、社会经济等诸多因素，在进行减灾管理时，决策者需把握自然灾害减灾工作总体情况才能全面认识区域自然灾害减灾能力，科学规划社会经济发展、产业布局，以及制定相关减灾政策、合理分配减灾资源。而自然灾害减灾能力可以客观反映区域的灾害减灾能力的强弱及空间分异，找出防灾减灾建设中薄弱环节，长远规划资源配置，降低自然灾害风险，为减少灾害损失提供可靠依据。

根据苍南县台风减灾能力及台风-洪水-地质灾害链减灾能力评估结果，结合研究区台风历史灾情分析数据可知，2001~2016年对苍南县造成较严重影响的台风灾害中，台风强度主要有强热带风暴（风力为 10~11 级）、台风（强、超强）（风力≥12 级）。因此，研究区台风减灾能力水平可勉强应对区域常见强度等级的台风，一半以上乡镇的台风-洪水-地质灾害链减灾能力只可应对区域常见台风强度以下的台风-洪水-地质灾害链，苍南县自然灾害减灾建设工作不足以应对以强台风、超强台风为主的灾害。为不同乡镇减灾工作进行针对性的决策引导，进一步推动落实全国自然灾害综合风险及减灾能力管理及应对，减轻台风灾害人员伤亡及经济损失，提高苍南县自然灾害减灾能力水平，本研究有如下减灾防范建议。

12.5.1 台风减灾能力对策及建议

12.5.1.1 高减灾能力水平地区

1) 北部台风高减灾能力水平地区

北部台风高减灾能力水平地区包括灵溪镇、藻溪镇、龙港镇。该地区地形地貌以平原为主，地势平坦，台风期间因强降雨易造成城镇水流排泄不畅的积涝现象。灵溪镇与龙港镇经济发达、社会财富高度密集，城镇中心人口密集，交通设施密度较大；不同的是，龙港镇片区住宅房屋居多，农村单栋住宅比例较小，而灵溪镇周边农村人口较集中，单栋住宅较多。该地区避难所容量、医院总病床数等减灾资源相对丰富，但公众参保意识较弱，承灾体暴露量远高于其他地区，区域农业、能源等各要素易受台风及台风暴雨灾害影响，损失较大。

因此，根据减灾能力评估结果及各指标分布，其主要的措施是加强台风预报预警；重视区域台风后强降雨导致的积涝问题，尤其是城镇居民区及重要产业区域，相关部门需定期对城镇地下排水管道进行维护检修，减小台风期间洪水积水风险；加强加大防护林生态建设等减灾工作以减少台风灾害损失。值得注意的是，灵溪镇与藻溪镇需继续加强房屋安全隐患排查与评估、灾害风险及防灾减灾知识宣传和稳固灾害投保比例，以提高农村房屋抗台风能力、减轻台风灾害人员伤亡及经济损失。

2) 东北部台风高减灾能力水平地区

东北部台风高减灾能力水平地区为炎亭镇。该区域地势较高，人口密度较小，地形坡度在 5°~35°；房屋住宅类型以单栋为主，是苍南县重要的旅游渔业乡镇。该区域灾害应急预案较为完备，房屋抗风能力较差，灾害保险比例较小，其他能力水平居中。因此，基于炎亭镇减灾能力评估结果及各指标分布，其主要的防范对策有提高农村房屋设防标准及规范，定期进行房屋等基础设施安全隐患排查与评估，定期对镇内旅游渔业从业者进行灾害防灾知识宣传与培训，提高旅游业和渔业这两类重点行业人员的防灾应急知识储备以降低损失。

3) 南部及中部高减灾能力水平地区

南部高减灾能力水平地区主要为马站镇。该地区整体地势较低，地块多为丘陵；城镇化水平相对较低，农业人口比例较高，住宅房屋类型以单栋为主，主要支撑产业为农业、渔业、旅游业。该地区群众灾害防范意识较高，灾害保险普及率较高，灾害应急预案完善，防灾减灾工作良好。该地区减灾能力与其他南部地区有明显强弱差异，这与台风"韦帕""森拉克""桑美""罗莎"曾登陆苍南县南部地区，尤其是2006年"桑美"重创苍南县南部乡镇后，政府积极重建灾区，提高台风灾害防范工作的客观事实相符。根据台风历史灾情数据分析，该地区是多台风、暴雨区域，台风路径密度处于乡镇第一阶梯，多年汛期月降水量较高，受台风灾害影响较大。因此，马站镇相关部门决策者或群众依然需巩固现阶段防灾减灾工作，保持台风灾害风险防范意识。

鉴于当前减灾现状与区域台风灾害风险，该区域台风减灾能力防范重点是加强台风预报预警，以及区内房屋建筑规范、隐患排查评估，合理规划各沿海乡村地区养殖业、渔业发展，以及内陆农村农业灾害防范工作，继续保持或提高台风防灾减灾知识宣传教育与演练，尤其是沿海养殖业、渔业灾害防范意识，尽力减少农渔养殖业户经济损失。考虑马站镇是多台风区域，马站镇中心大致位于地势较低的中部丘陵地带，因此中心城镇还需注意台风强降雨积水成涝造成居民出行不便的问题，需加强城区洪水应急预案制定与响应工作。

12.5.1.2 低减灾能力水平地区

1) 南部及中部低减灾能力水平地区

南部及中部低减灾能力水平地区主要包括霞关镇、沿浦镇、岱岭乡、矾山镇、南宋镇、赤溪镇。霞关镇位于浙江最南端沿海，与福建相望，地势较低，地形地貌以丘陵为主。沿浦镇毗邻福建，地势西高东低，镇中心处于东西两岸的地势较低的中部地区。而中部岱岭乡、矾山镇、南宋镇、赤溪镇地势较高、山地多，土地利用类型以耕地与林地为主；中部地区区域人口密度相对较小，社会经济发展水平中等，交通设施建设相对欠缺。南部及中部地区分别处于台风路径密度第一阶梯及第二阶梯。低减灾能力水平地区产生的主要原因是居民防灾减灾意识相对淡薄，保险购买率较小，避难所容量相对较小，钢混结构房屋比例较低、抗灾能力较弱，其中南宋镇、沿浦镇、岱岭乡还存在灾害应急预案不完善的弱势环节。

在南部及中部低减灾能力水平地区，南部沿海的海上作业渔民、养殖业渔民，以及中部地区的农业生产及农村居民点是台风灾害的主要影响对象，该区域减灾工作的主要目标是保障人员安全和降低农作物损失、渔业养殖业损失。因此，根据防灾减灾工作基础及区域自然地理特征、主要影响对象，该区域主要的防灾减灾措施是加强台风及台风暴雨预警预测，定期对房屋进行抗灾能力评估，充分发挥乡镇相关部门房屋隐患排查的业务水平，加大防灾减灾知识宣传与应急演练次数，定期展开灾害应急预案制定，超前规划各种灾害应急响应机制及应对方案以更好应对台风、减少灾害损失。此外，南部低减灾能力水平地区地势低，地形起伏较小，城镇中心或者某些密集村落在台风降雨后相比中部地区易造成严重洪水积水情况，针对居民密集区，相关部门应在台风前进行汛前隐患排查工作，尽量减弱台风期间群众的损失。

2) 东北部低减灾能力水平地区

东北部低减灾能力水平地区主要包括宜山镇、望里镇、钱库镇、金乡镇、大渔镇。该地区整体地势较低，其中大渔镇地形地貌以山地与丘陵为主，地形起伏较其他乡镇大；宜山镇、钱库镇、金乡镇人口密度较高，交通设施密度大、建设相对靠前，土地利用类型以建设用地为主，台风路径密度主要位于第三阶梯。望里镇、大渔镇人口密度较小，城镇建设力度较弱。东北部减灾能力水平较低的原因为居民防灾减灾意识相对淡薄，保险购买率较小，避难所容量相对较小，其中金乡镇、望里镇还存在灾害应急预案不完善问题，望里镇、大渔镇钢混结构房屋比例较低、抗灾能力较弱。

鉴于减灾现状，该区域减灾工作的主要目标是保障人员安全和降低企业经济损失，主要的防灾减灾措施是加强台风预警预测，加大防灾减灾知识宣传，定期展开灾害应急预案制定，特别需要关注台风灾害可能给工业尤其是危化企业带来灾害经济损失风险，同时需加强企业台风暴露风险预测预警及灾后应急响应机制制定，超前规划台风灾害突发情况以更好应对台风灾害。与此同时，地势相对低平、城镇建设水平较高的宜山镇、钱库镇、金乡镇需注意台风期间台风暴雨给排水管网负荷过大，造成路面大量积水，影响居民或重要企业的问题。

3) 西部低减灾能力水平地区

西部低减灾能力水平地区主要是莒溪镇，地处于苍南县最西部，西南与泰顺县接壤，西北紧邻文成县、平阳县，辖15个行政村，人口密度小，社会经济发展较缓慢。该乡镇地形地貌以山地为主，山高坡陡，群山绵亘；土地利用类型以林地与耕地为主，森林覆盖率高；单次台风风速超30m/s概率在13%~16%，位于所有乡镇末。该区域减灾能力较弱主要是灾害应急预案不完善、房屋结构抗灾能力较弱、基础设施建设欠缺造成的。据此，该区域台风灾害管理的重点是加强防灾减灾宣传、加大台风预报预警力度、增大减灾资源投入以提高区域台风减灾能力。

12.5.2 台风-洪水-地质灾害链减灾能力对策及建议

12.5.2.1 高减灾能力水平地区

1) 北部高减灾能力水平地区

北部高减灾能力水平地区包括灵溪镇、龙港镇、藻溪镇、宜山镇。该地区绝大部分区域地势平坦，地形地貌以平原为主，除藻溪镇外，地形坡度基本在0°~2°；土地利用类型以建设用地与耕地为主，片区住宅的房屋住宅类型居多，经济发达，是苍南县社会财富密集地区；降雨-地质灾害隐患点相对少，但部分险情重大，其中灵溪镇的重大级险情降雨-地质灾害隐患点达3处，龙港镇的重大级险情降雨-地质灾害隐患点有1处。该区域避难所等减灾资源相对丰富，但承灾体暴露量较高，龙港镇、灵溪镇、宜山镇内的企业占全县企业比例较大，其农业、能源等要素易受台风洪水灾害影响。此外，降雨-区域单次台风风速超过30m/s概率较大，单次台风降雨超100mm概率在15%~20%，尤其是灵溪镇、龙港镇、宜山镇台风降雨较集中，地势低平导致排水不畅，积水风险高，易发洪水灾害。

因此，即使减灾能力相对其他地区较高，该地区也依然需继续重视防灾减灾工作。根据减灾能力各指标分布，其主要的减灾措施是加强台风-洪水-地质灾害链联合预报预警；定期进行房屋等基础设施抗台风、抗洪水能力评估及隐患排查；增强降雨-地质灾害隐患点周边居民对台风-洪水-地质灾害链的防灾减灾意识，提高地质隐患巡查力度，尤其是在险情较大的周边地区；及时对地下排水管网进行隐患排查，疏通区内河道系统，加固防洪堤坝工程，最大限度发挥城镇基础设施及防洪设施的作用，降低台风暴雨造成的洪水灾害风险；适当提高区内主要经济产业、工业企业抗台风标准、防洪标准，加大防护林生态建设等减灾工作以减少台风-洪水-地质灾害链损失。

2) 南部高减灾能力水平地区

南部高减灾能力水平地区主要包括马站镇、霞关镇等。该区域位于浙江最南部沿海，地势略高；降雨-地质灾害隐患点密度居中，马站镇有3处重大级的降雨-地质灾害隐患点，其中1处隐患体的规模达20 000m³，威胁人口为500人以上。霞关镇内零星地散落着几处降雨-地质灾害隐患点，隐患体险情为较大级；两个乡镇的城镇化水平相对较低，住宅房屋类型以单栋为主，主要支撑产业为农业、渔业、旅游业、养殖业。该地区群众灾害防范意识较高，灾害保险普及率较高，灾害应急预案完善，防灾减灾工作良好。根据台风历史灾情数据分析，该地区是多台风、暴雨区域，台风路径密度处于乡镇第一阶梯，多年汛期月降水量较大，山洪预警雨量较低，受台风灾害影响较大。因此，南部高减灾能力水平地区相关部门决策者或群众依然需巩固现阶段防灾减灾工作，保持防范意识。

鉴于当前减灾现状与区域台风-洪水-地质灾害链风险，该区域台风-洪水-地质灾害链减灾能力防范重点是加强对台风暴雨的预报预警，以及区内房屋建筑规范、隐患排查评估；合理规划各沿海乡村地区养殖业、渔业发展，以及内陆农村农业的台风暴雨灾害防范工作；继续保持或提高防灾减灾知识宣传教育与演练，尤其是沿海渔业、养殖业的台风洪水防范意识，以及应重视居民尤其是马站镇降雨-地质灾害隐患点周围居民的洪水-地质灾害减灾知识培训，加强居民对台风后次生灾害的防范意识，尽量在灾害链形成前或形成初期预报预警地质灾害，及时疏散居民及转移家庭财产，减少经济损失和人员伤亡。在山地与平原过渡地区注意防范突发性山洪、泥石流，村镇建设应远离河道及沟谷分布地区，以减轻人员伤亡及房屋损失。

12.5.2.2 低减灾能力水平地区

1) 东北部低减灾能力水平地区

东北部低减灾能力水平地区主要包括望里镇、钱库镇、金乡镇，区域内乡镇单元呈块状分布，其中钱库镇、金乡镇地形地貌以平原为主，望里镇以丘陵和山地为主，地形起伏较大；钱库镇、金乡镇人口较为稠密，社会经济发展水平中等，城镇建设用地比例仅次于灵溪镇、龙港镇，片区住宅房屋结构类型较多，交通设施建设相对较好；区内水系较发达，台风路径密度较高，钱库镇过半区域积水风险较高，望里镇与金乡镇的镇中心的积水风险中等；对于降雨-地质隐患点而言，三个乡镇均存在降雨-地质灾害隐患点，大渔镇重大险情等级的降雨-地质灾害隐患点有1处，望里镇、钱库镇降雨-地质灾害隐患点险情等级较小。东北部低减灾能力水平地区产生的主要原因是灾害保险意识欠缺、避难所容量不足，房屋抗灾能力较弱，钱库镇、金乡镇山洪预警雨量相对较低。值得关注的是，区内几乎1/3的非危化企业、全部危化企业皆分布在东北部低减灾能力水平地区，该区城镇不断提高灾害防御水平，单次台风发生期望损失可能性与灵溪镇、龙港镇、宜山镇相比有降低，但对于极端、突发的台风及产生一系列次生灾害链事件，可能造成该地区巨大的人员伤亡和经济损失，从而造成不可逆转、毁灭性的灾难。

区内台风及台风-洪水-地质灾害链的主要影响对象是海上作业渔民、养殖业渔民、农业生产及农村居民点。因此，沿海低减灾能力水平地区管理应注意商品粮生产基地和农村居民点的安全，在农作物生产作业、企业建设及维护中加强防洪设施建设，在城市规划中加强排水与防洪工程建设。同时，区内降雨-地质灾害隐患点虽然不多，只是零星地散落在三个乡镇内，但台风期间也有可能产生新的降雨-地质隐患点，因此需要加强台风暴雨地质联合预警系统的构建与发展，力求在灾害链形成初期阶段阻止灾害链的发生或削弱次灾害的风险，从而降低损失。此外，金乡镇镇中心人口密度较高，交通设施密度相对其他沿海乡镇高，苍南县的危化企业几乎都分布于该区域内，该乡镇除关注农业、渔业产业灾害防范外，也需关注台风灾害可能给工业尤其是危化企业带来灾害经济损失风险、危化企业泄露健康暴露风险，应加强企业台风、台风暴雨暴露风险预测预警及应急响应机制制定。

2）中部低减灾能力水平地区

中部低减灾能力水平地区主要包括南宋镇、矾山镇、岱岭乡、赤溪镇。其中，南宋镇、矾山镇地形地貌以山地为主，地形起伏较大，山高坡陡，斜坡普遍存在，为泥石流、崩塌等地质灾害提供了有利条件。目前，该地区降雨-地质灾害隐患点密度较高，部分乡镇降雨-地质灾害隐患点险情也较高；土地利用类型以耕地与林地为主，建设用地基本只存在于乡镇中心；人口密度小，经济发展滞后，交通设施密度小，基础建设相对落后。中部减灾能力水平较低的原因为居民防灾减灾意识相对淡薄，保险购买率较小，避难所容量相对较小，房屋抗灾能力较弱，灾害应急预案不够完善，如岱岭乡、南宋镇灾害应急预案量皆为1，台风期间暴雨易引发区内山洪，而应急预案不足的乡镇难以充分展开应急救援，导致群众无法得到有效救助，生命财产易受威胁。

因此，该区域减灾工作的主要目标是保障人员安全和降低农作物损失，主要的防灾减灾措施是加强台风暴雨预警预测，定时对地形起伏较大的地质灾害易发区如南宋镇、矾山镇周围居民环境进行巡查，充分发挥乡镇灾害管理员的职能与业务水平；加大防灾减灾知识宣传与应急演练次数，尤其需加强降雨-地质灾害隐患点周边居民的宣传教育，以防灾减灾储备知识引导居民发现降雨-地质灾害隐患，及时疏散群众，保护人员和财产安全；鼓励灾害易发区农民购买灾害保险以减轻灾害农业损失；定期开展灾害应急预案制定，完善台风-洪水-地质灾害链应对方案，超前规划台风发生后引起的突发情况的应急响应机制，以期最大限度地减少灾害损失。

3）西部低减灾能力水平地区

西部低减灾能力水平地区主要是莒溪镇，该乡镇人口密度小，农业人口较多，社会经济发展较缓慢；地形地貌以山地为主，地形起伏非常大，河流切割深度大，山高谷深，台风引发的斜坡地质灾害分布广泛，是所有乡镇中地质灾害密度最高的乡镇；土地利用类型以林地与耕地为主，森林覆盖率高；境内降雨-地质灾害隐患点有 38 处,隐患密度最高,重大级险情隐患点有 2 处;水系发达,河网纵横。该乡镇台风-洪水-地质灾害链减灾能力较弱主要是灾害应急预案不完善、房屋结构抗灾能力较弱、基础设施建设欠缺造成的。据历史灾情数据统计,莒溪镇与桥墩镇在多次台风期间,台风强降雨导致溪流水位暴涨,深度积水,小流域山洪、泥石流等灾害暴发,多间民房倒塌,造成较大经济损失。

苍南县西部地区的自然条件如地形起伏度、降水等,皆有利于台风-洪水-地质灾害发育发展,因而台风期间易引发山洪及滑坡、泥石流等地质灾害。该地区减灾资源方面较其他地区弱。相比灵溪镇、龙港镇等区域而言,该地区灾害风险以人员伤亡为主,台风-洪水-地质灾害链主要保护对象为群众生命安全。据此,该地区台风-洪水-地质灾害链管理的重点是加强对居民的防灾减灾宣传教育,加大地质灾害隐患预报预警力度,增大减灾资源投入,提高区域台风-洪水-地质灾害链减灾能力。在台风-洪水-地质灾害链防灾减灾常规工作基础上,需对易危村庄有计划地进行灾害预警设施建设和居民搬迁,尽可能规避台风-洪水-地质灾害链造成人员伤亡风险;同时,需注意的是,与莒溪镇相邻的桥墩镇避难场所数量较多,山洪预警雨量较高,减灾能力相对较强,但该区降雨-地质灾害隐患点密度大,地势高峻,且境内分布着一条地质构造断裂带。因此,桥墩镇也需在现有减灾基础上继续开展减灾工作,稳固自然灾害减灾能力。

12.5.3 区域综合减灾能力对策及建议

对于区域综合减灾能力高的地区,该区域大多数乡镇海拔较低、地势低平,降雨较为集中,地质灾害及山洪隐患小,但积水风险高;区域避难所等减灾资源相对丰富,公众参保意识较强。因此,减灾能力相对较高的乡镇依然需继续重视防灾减灾工作。根据减灾能力各指标分布,该地区主要的措施是加强各类自然灾害预报预警;定期进行房屋等基础设施抗台风、抗洪水、抗风暴潮能力评估及隐患排查;提高自然灾害风险较高区域居民对各类自然灾害的防灾减灾意识,提高隐患巡查力度尤其是在险情较大的周边地区;及时对地下排水管网进行隐患排查,疏通区内河道系统,加固防洪堤坝工程,最大限度发挥城镇基础设施及防洪设施的作用,降低洪水、风暴潮等自然灾害风险;关注区域农业尤其是农业种植大户,及时对农业工程设施进行动态掌握和使用维护,提高区域抗旱能力。适当提高区内主要经济产业、工业企业抗台风标准、防洪标准,加大防护林生态建设等减灾工作以减少区域自然灾害损失。

区域综合减灾能力较低的乡镇主要包括龙岗镇以南邻近乡镇、苍南县中部偏西南方向乡镇和西部各乡镇。龙港镇以南临近乡镇:区域内乡镇单元呈块状分布，钱库镇、金乡镇地形地貌以平原为主，望里镇以丘陵和山地为主，地形起伏较大；钱库镇、金乡镇人口较为稠密，社会经济发展水平中等。该地区区域综合减灾能力较低的主要原因是灾害保险意识欠缺、避难所容量不足，房屋抗灾能力较弱，钱库镇、金乡镇山洪预警雨量相对较低。苍南县中部偏西南方向乡镇：如南宋镇、矾山镇、岱岭乡，其地貌以山地为主，地形起伏较大，山高坡陡，斜坡普遍存在；该地区区域综合减灾能力较低的原因为居民防灾减灾意识相对淡薄，灾害保险购买率较低，避难所容量相对较小，房屋抗灾能力较弱，灾害应急预案不完善。西部区域：主要是莒溪镇，该乡镇人口密度小，农业人口较多，社会经济发展较缓慢；地形地貌以山地为主，地形起伏非常大；该地区区域综合减灾能力较低主要是灾害应急预案不完善、房屋结构抗灾能力较弱、基础设施建设欠缺造成的。

苍南县区域综合减灾能力的差异性指标为防灾知识普及率、房屋参保比例、房屋抗风等级、山洪危险性、地质灾害危险性、灾害应急预案数等。为进一步提高苍南县各乡镇整体的综合减灾能力，相关部门应从不同因素入手，力求从各乡镇不同减灾工作中找出薄弱环节，提高乡镇综合减灾能力，进而减少灾害人员伤亡和经济财产损失。各乡镇按减灾能力薄弱具体原因采取具体的措施，如下所示。

（1）完善应急预案。根据乡镇的现有预案水平及灾害危险性大小，尽快制定满足实际防灾减灾需求的应急预案，明确各部门职责，以及灾害应对措施等。

（2）强化综合消防救援及专业救援队伍力量。鼓励企业及其他社会组织参与应急救援建设，并加强基层已有的应急救援队伍人员整合建设，减轻各乡镇救援力量分布不均现象。

（3）加强居民防灾减灾意识。应用线上媒体平台及公交车广告栏等线下多种方式开展防灾减灾宣传，同时加强利用"全国防灾减灾日""国际减灾日"等弘扬传播防灾减灾文化，提高防灾减灾知识普及率，提升公众减灾能力水平。

（4）提高工程设防能力。区域应及时疏通区内河道系统，加固防洪堤坝工程，提高区内防洪标准；定期开展危房调查，及时消除隐患。

12.6 小　　结

减轻自然灾害经济损失、人员伤亡的重要措施是灾害减灾防范管理，而灾害防灾减灾的重要科学基础是进行自然灾害减灾能力评估，并根据结果制定防灾减灾管理措施。本章在前文自然灾害减灾能力评估指标体系构建、台风减灾能力评估方法基础上，根据数据可获得性，深度分析研究区台风灾害历史灾情、减灾资源要素与台风强度对应关系，完成苍南县台风及台风-洪水-地质灾害链减灾能力评估指标体系构建，指标转换、指标权重等评估计算，以及台风及台风-洪水-地质灾害链减灾能力应对等级结果分析，最后提出不同乡镇的灾害减灾防范对策建议。主要结论如下。

（1）在台风减灾能力评估中，各乡镇台风减灾能力整体上呈现北部高、东北部较低趋势。高台风减灾能力地区主要分布在灵溪镇、龙港镇、藻溪镇等地，低台风减灾能力地区集中在东北部地区，如望里镇、大渔镇、钱库镇、金乡镇，中等减灾能力地区分布在中部、西部地区，如桥墩镇、矾山镇、赤溪镇、南宋镇、凤阳乡。

（2）在台风-洪水-地质灾害链减灾能力评估中，各乡镇整体上表现为南北部高、中部低格局，大致以藻溪镇-宜山镇及马站镇乡镇界限为界，两线以北及以南地区，台风-洪水-地质灾害链减灾能力等级均较高，两线之间的中部、东北部地区，以及西部莒溪镇减灾能力等级则相对较低。苍南县台风-洪水-地质灾害链减灾能力等级有南北向中间降低的趋势，中部地区及西部莒溪镇整体减灾资源较少，而灾害危险性却较高。

（3）自然灾害减灾能力格局与孕灾环境、承灾体分布、减灾资源均有着重要关联。人口经济密集的北部及东北部乡镇地势低平，水系发达，承灾体密集，易发生台风、洪水灾害，但其减灾资源较为丰富；西部及中部地区则相反，其人口、房屋等承灾体密度小，地形起伏较大，地质灾害隐患点风险较高，山洪预警雨量居中，基础减灾资源相对欠缺。苍南县不同减灾能力等级区内承灾体损失水平差异较大，主要保护对象均有差异，进行减灾防范管理时，应立足各地区自然人文条件，根据灾害防灾减灾工作中的薄弱环节，因地制宜地采用合适的防灾减灾措施，以最大限度地降低台风灾害链损失。

参 考 文 献

曹罗丹, 李加林, 徐谅慧, 等. 2014. 宁波市洪水灾害防灾减灾能力初步评估. 宁波大学学报（理工版）, 27（1）: 84-90.

陈才. 2020. 暴雨和高温天气对地质灾害的影响机理研究. 灾害学, 35（1）: 32-37.

陈冲. 2019. 村镇综合灾害风险评估研究. 唐山: 华北理工大学.

陈棋福, 陈颙, 陈凌, 等. 1999. 全球地震灾害预测. 科学通报, 44（1）: 21-25.

陈棋福, 陈凌. 1997. 利用国内生产总值和人口数据进行地震灾害损失预测评估. 地震学报, 19（6）: 83-92.

陈文芳, 徐伟, 史培军. 2011. 长三角地区台风灾害风险评估. 自然灾害学报, 20（4）: 77-83.

陈香, 陈静. 2007. 福建台风灾害风险分布的初步估计. 自然灾害学报, 16（3）: 18-23.

陈香. 2007. 福建省台风灾害风险评估与区划. 生态学杂志, 26（6）: 961-966.

陈颙, 陈棋福, 黄静, 等. 2003. 减轻地震灾害. 地震学报, 25（6）: 621-629.

陈颙, 刘杰. 1995. 地震灾害损失预测（综述）. 自然灾害学报, 4（2）: 20-29.

陈有库, 谢礼立, 杨玉成. 1992. 群体震害的快速预测法. 地震工程与工程振动, 12（4）: 81-87.

陈玉民, 郭国双, 王广兴, 等. 1995. 中国主要作物需水量与灌溉. 北京: 中国水利电力出版社.

陈真, 马细霞, 张晓蕾. 2018. 基于PCA和AHP的小流域山洪灾害风险评价. 水电能源科学, 36（11）: 56-59.

程家喻, 杨喆. 1993. 唐山地震人员震亡率与房屋倒塌率的相关分析. 地震地质, 15（1）: 82-87.

《第三次气候变化国家评估报告》编写委员会. 2015. 第三次气候变化国家评估报告. 北京: 科学出版社.

代文倩. 2019. 城市综合灾害风险评估. 唐山: 华北理工大学.

邓国, 王昂生, 周玉淑, 等. 2002. 中国粮食产量不同风险类型的地理分布. 自然资源学报, 17（2）: 210-215.

丁燕, 史培军. 2002. 台风灾害的模糊风险评估模型. 自然灾害学报, 11（1）: 34-43.

丁燕. 2002. 台风灾害的模糊风险评估模型. 北京: 北京师范大学.

杜翠. 2015. 高寒、强震山区沟谷灾害链判据与线路工程减灾对策. 成都: 西南交通大学.

杜鹃. 2010. 湖南综合洪水灾害风险评价及防范对策. 北京: 北京师范大学.

杜鹏, 李世奎. 1998. 农业气象灾害风险分析初探. 地理学报, 53（3）: 202-208.

樊运晓, 罗云, 陈庆寿. 2001. 区域承灾体脆弱性评价指标体系研究. 现代地质, 15 (1): 113-116.

冯爱青, 曾红玲, 尹宜舟, 等. 2018. 2017年中国气候主要特征及主要天气气候事件. 气象, 44 (4): 548-555.

冯凌彤. 2020. 基于RS和GIS的郑州市洪水灾害风险评估研究. 郑州: 郑州大学.

冯强, 王昂生, 李吉顺. 1998. 我国降水的时空变化与暴雨洪水灾害. 自然灾害学报, 7 (1): 87-93.

高庆华, 马宗晋, 张业成, 等. 2007. 自然灾害评估. 北京: 气象出版社.

高庆华, 张业成, 刘惠敏, 等. 2005. 中国自然灾害风险与区域安全性分析. 北京: 气象出版社.

葛全胜, 邹铭, 郑景云, 等. 2008. 中国自然灾害风险综合评估初步研究. 北京: 科学出版社.

顾明, 赵明伟, 全涌. 2009. 结构台风灾害风险评估研究进展. 同济大学学报 (自然科学版), 37 (5): 569-574.

郭桂祯, 赵飞, 王丹丹. 2017. 基于脆弱性曲线的台风-洪水灾害链房屋倒损评估方法研究. 灾害学, 32 (4): 94-97.

郭华东, 张兵, 雷萍萍, 等. 2010. 玉树地震高倒塌率建筑物及诱因: 遥感认识. 中国科学: 地球科学, 40 (5): 538-540.

郭婷婷, 徐锡伟, 于贵华, 等. 2009. 川西地区农村民居建筑物震害调查与分析. 建筑科学与工程学报, 26 (3): 59-64.

国务院办公厅全国1%人口抽样调查领导小组. 2005. 2005年全国1%人口抽样调查方案. 北京: 国务院办公厅.

哈斯, 张继权, 佟斯琴, 等. 2016. 灾害链研究进展与展望. 灾害学, 31 (2): 131-138.

韩平, 穆成林, 马莉娟, 等. 2018. 基于改进熵权法和云模型的安徽省淮河流域防洪减灾能力评估. 水土保持通报, 38 (5): 275-281.

何娇楠. 2016. 云南省干旱灾害风险评估与区划. 昆明: 云南大学.

胡俊锋, 杨佩国, 吕爱锋, 等. 2014. 基于ISM的区域综合减灾能力评价指标体系研究. 灾害学, 29 (1): 75-80.

胡俊锋, 杨佩国, 杨月巧, 等. 2010. 防洪减灾能力评价指标体系和评价方法研究. 自然灾害学报, 19 (3): 82-87.

胡俊锋, 张宝军, 杨佩国, 等. 2013. 区域综合减灾能力评价模型和方法研究与实证分析. 自然灾害学报, 22 (5): 13-22.

胡明思, 骆承政. 1988. 中国历史大洪水 (上卷). 北京: 中国书店.

胡明思, 骆承政. 1992. 中国历史大洪水 (下卷). 北京: 中国书店.

黄崇福, 白海玲. 2000. 模糊直方图的概念及其在自然灾害风险分析中的应用. 工程数学学报, 17 (2): 71-76.

黄崇福, 史培军. 1995. 城市地震灾害风险评价的数学模型. 自然灾害学报, 4 (2): 6-8.

黄崇福. 1999. 自然灾害风险分析的基本理论. 自然灾害学报, (2): 21-29.

黄崇福．2005．自然灾害风险评价理论与实践．北京：科学出版社．
黄崇福．2006．自然灾害分析的信息矩阵方法．自然灾害学报，15（1）：1-10．
黄大鹏，张蕾，高歌．2016．未来情景下中国高温的人口暴露度变化及影响因素研究．地理学报，71（7）：1189-1200．
姜彤，赵晶，曹丽格，等．2018．共享社会经济路径下中国及分省经济变化预测．气候变化研究进展，14（1）：50-58．
鞠笑生．1994．台风侵袭我国南方地区而产生的风灾．灾害学，9（2）：78-82．
郎从，高孟潭，伍国春，等．2014．典型地区县级防震减灾能力评价指标体系及比较研究．地震工程与工程振动，34（S1）：1046-1053．
冷春香，陈菊英．2005．近50年中国汛期暴雨旱涝的分布特征及其成因．自然灾害学报，14（2）：1-9．
李鹤，张平宇，程叶青．2008．脆弱性的概念及其评价方法．地理科学进展，27（2）：18-25．
李曼．2012．北京市郊区乡镇防震减灾能力评价指标体系的化减分析．北京：中国地震局地质研究所．
李述仁，齐广海．1987．试论洪水灾害的分类及评定．灾害学，（3）：54-56．
李智，王晓青，王超．2010．集集地震人员死亡率研究．华北地震科学，28（3）：1-5．
李智，王晓青．2010．地震震害微观与宏观方法快速盲估综述．地震，30（2）：134-142．
栗健，方伟华，国志兴，等．2016．区域海洋减灾能力评估指标体系构建与权重量化．海洋科学，40（9）：117-127．
连达军，朱进，李广斌．2017．社区减灾能力的熵权-灰靶评价方法研究——以苏州新区为例．测绘通报，（12）：98-102．
梁必骐，梁经萍，温之平．1995．中国台风灾害及其影响的研究．自然灾害学报，4（1）：84-91．
梁玉飞，裴向军，崔圣华，等．2018．汶川地震诱发黄洞子沟地质灾害链效应及断链措施研究．灾害学，33（3）：201-209．
林冠慧，张长义．2006．巨大灾害后的脆弱性：台湾集集地震后中部地区土地利用与覆盖变迁．地球科学进展，21（2）：201-210．
刘爱华，吴超．2015．基于复杂网络的灾害链风险评估方法的研究．系统工程理论与实践，35（2）：466-472．
刘丙军，邵东国，沈新平．2007．作物需水时空尺度特征研究进展．农业工程学报，23（5）：258-264．
刘昌明，张喜英，由懋正．1998．大型蒸渗仪与小型棵间蒸发器结合测定冬小麦蒸散的研究．水利学报，（10）：36-39．
刘方田，许尔琪．2020．海南省台风特点与灾情评估时空关联分析．灾害学，35（2）：217-223．
刘吉夫，陈颙，史培军，等．2009．中国大陆地震风险分析模型研究：生命易损性模型．北京师范大学学报，45（4）：404-407．
刘吉夫．2006．宏观展害预测方法在小尺度空间上的适用性研究．北京：中国地震局地球物理研究所.

刘兰芳,刘盛和,刘沛林,等. 2002. 湖南省农业旱灾脆弱性综合分析与定量评价. 自然灾害学报, 11 (4): 78-83.

刘莉,谢礼立. 2008. 层次分析法在城市防震减灾能力评估中的应用. 自然灾害学报, (2): 48-52.

刘璐. 2018. 宁波市台风灾害综合风险区划与评估. 南京: 南京信息工程大学.

刘少军,张京红,何政伟. 2010. 可拓方法在台风灾害危险性评估中的应用. 云南地理环境研究, 22 (4): 100-104.

刘小艳. 2010. 陕西省干旱灾害风险评估及区划. 西安: 陕西师范大学.

刘艳辉,唐灿,吴剑波,等. 2011. 地质灾害与不同尺度降雨时空分布关系. 中国地质灾害与防治学报, 22 (3): 74-83.

刘燕华,李钜章,赵跃龙. 1995. 中国近期自然灾害程度的区域特征. 地理研究, 14 (3): 14-25.

刘毅,吴绍洪,徐中春,等. 2011. 自然灾害风险评估与分级方法论探研——以山西省地震灾害风险为例. 地理研究, 30 (2): 195-208.

楼思展,叶志明,陈玲俐. 2005. 框架结构房屋地震灾害风险评估. 自然灾害学报, (5): 99-105.

罗云,宫运华,宫宝霖,等. 2005. 安全风险预警技术研究. 安全, 26 (2): 4-8.

马玉宏,谢礼立. 2000. 地震人员伤亡估算方法研究. 地震工程与工程振动, 20 (4): 140-147.

马宗晋,高庆华. 2001. 中国21世纪的减灾形势与可持续发展. 中国人口·资源与环境, 11 (2): 122-125.

马宗晋,赵阿兴. 1991. 中国近40年自然灾害总况与减灾对策建议. 灾害学, 6 (1): 19-26.

孟菲,康建成,李卫江,等. 2007. 50年来上海市台风灾害分析及预评估. 灾害学, 22 (4): 71-76.

孟菲. 2008. 上海成灾台风的气象特征及灾害风险评估. 上海: 上海师范大学.

牛海燕,刘敏,陆敏,等. 2011. 中国沿海地区近20年台风灾害风险评价. 地理科学, 31 (6): 764-768.

欧进萍,段忠东,常亮. 2002. 中国东南沿海重点城市台风危险性分析. 自然灾害学报, 11: 9-17.

潘艳艳,苏春暖,赵昕. 2016. 沿海地区风暴潮灾害风险评估与区划——基于混合算法优化的PPDC模型. 统计与信息论坛, 31 (2): 21-27.

商彦蕊. 2000. 自然灾害综合研究的新进展——脆弱性研究. 地域研究与开发, 19 (2): 73-77.

石勇,许世远,石纯,等. 2011. 自然灾害脆弱性研究进展. 自然灾害学报, 20 (2): 131-137.

史培军. 1991. 灾害研究的理论与实践. 南京大学学报(自然科学版),自然灾害研究专辑: 37-42.

史培军. 1996. 再论灾害研究的理论与实践. 自然灾害学报, 5（4）：6-17.
史培军. 2002. 三论灾害研究的理论与实践. 自然灾害学报, 11（3）：1-9.
史培军. 2003. 中国自然灾害系统地图集. 北京：科学出版社.
史培军. 2005. 四论灾害系统研究的理论与实践. 自然灾害学报, 14（6）：1-7.
史培军, 李宁, 叶谦, 等. 2009. 全球环境变化与综合灾害风险防范研究. 地球科学进展, 24（4）：428-435.
宋连春. 2016. 中国气象灾害年鉴（2016）. 北京：气象出版社.
孙鸿鹄, 程先富, 倪玲, 等. 2015. 基于云模型和熵权法的巢湖流域防洪减灾能力评估. 灾害学, 30（1）：222-227.
孙绍骋. 2001. 灾害评估研究内容与方法探讨. 地理科学进展, 20（2）：122-130.
孙伟, 刘少军, 田光辉, 等. 2008. 海南岛台风灾害危险性评价研究. 气象研究与应用, 29（4）：7-9.
陶诗言, 卫捷. 2007. 夏季中国南方流域性致洪暴雨与季风涌的关系. 气象, 33（3）：10-18.
陶诗言. 2001. 1998年长江流域洪水的成因分析. 应用气象学报, 12（2）：246-250.
万庆. 1999. 洪水灾害系统分析与评估. 北京：科学出版社.
王安乾, 苏布达, 王艳君, 等. 2017. 全球升温1.5℃与2.0℃情景下中国极端低温事件变化与耕地暴露度研究. 气象学报, 75（3）：415-428.
王嘉君, 何亚伯, 杨琳, 等. 2018. 基于GIS的山区村镇多灾种耦合风险评估. 中国地质灾害与防治学报, 29（1）：102-112.
王劲峰. 1993. 中国自然灾害影响评价方法研究. 北京：中国科学技术出版社.
王劲松, 张强, 王素萍, 等. 2015. 西南和华南干旱灾害链特征分析. 干旱气象, 33（2）：187-194.
王景来. 1994. 云南地震死亡人数定量估算. 灾害学, 9（4）：55-58.
王静爱, 雷永登, 周洪建, 等. 2012. 中国东南沿海台风灾害链区域规律与适应对策研究. 北京师范大学学报（社会科学版），(2)：130-138.
王静爱, 商彦蕊, 苏筠, 等. 2005. 中国农业旱灾承灾体脆弱性诊断与区域可持续发展. 北京师范大学学报, 3：130-137.
王静爱, 史培军, 王平. 2006. 中国自然灾害时空格局. 北京：科学出版社.
王静爱, 史培军, 朱骊, 等. 1995. 中国沿海自然灾害及减灾对策. 北京师范大学学报（自然科学版），31（3）：104-109.
王润, 姜彤, 高俊峰, 等. 1999. 1998年长江流域洪水灾害成因分析. 自然灾害学报, 8（1）：16-20.
王绍玉, 唐桂娟. 2009. 综合自然灾害风险管理理论依据探析. 自然灾害学报, 18（2）：33-38.
王晓红, 乔云峰, 沈荣开, 等. 2004. 灌区干旱风险评估模型研究. 水科学进展, 15（1）：78-82.
王晓青, 丁香, 王龙, 等. 2009. 四川汶川8级大地震灾害损失快速评估研究. 地震学报, 31（2）：205-211.

王笑影，梁文举，闻大中．2005．北方稻田蒸散需水分析及其作物系数确定．应用生态学报，16（1）：69-72．

王艳君，高超，王安乾，等．2014．中国暴雨洪水灾害的暴露度与脆弱性时空变化特征．气候变化研究进展，10（6）：391-398．

王艳君，景丞，曹丽格，等．2017．全球升温控制在1.5℃和2.0℃时中国分省人口格局．气候变化研究进展，13（4）：327-336．

王瑛，史培军，王静爱．2005．云南省农村乡镇地震灾害房屋损失评估．地震学报，27（5）：551-560．

王志涛，苏经宇，马东辉，等．2008．城市地震灾害风险区划的研究．中国安全科学学报，18（9）：29-37．

吴绍洪，高江波，邓浩宇，等．2018．气候变化风险及其定量评估方法．地理科学进展，37（1）：28-35．

吴绍洪，潘韬，刘燕华，等．2017．中国综合气候变化风险区划．地理学报，72（1）：317-331．

吴绍洪，戴尔阜，黄玫，等．2007．21世纪未来气候变化情景（B2）下我国生态系统的脆弱性研究．科学通报，52（7）：811-817．

吴绍洪．2011．综合风险防范．北京：科学出版社．

吴树仁，石菊松，张春山，等．2009．地质灾害风险评估技术指南初论．地质通报，28（8）：995-1005．

伍荣生．1999．现代天气学原理．北京：高等教育出版社．

武强，郑铣鑫，应玉飞，等．2002．21世纪中国沿海地区相对海平面上升及其防治策略．中国科学（D辑：地球科学），32（9）：760-766．

向万胜，李卫红．2001．洞庭湖区洪水灾害的时空分布与防灾减灾对策．生态学杂志，20（2）：48-51．

谢礼立．2005．城市防震减灾能力的定义及评估方法．西北地震学报，（4）：296-304．

谢礼立．2006．城市防震减灾能力的定义及评估方法．地震工程与工程振动，（3）：1-10．

谢立勇，李悦，钱凤魁，等．2014．粮食生产系统对气候变化的响应：敏感性与脆弱性．中国人口·资源与环境，24（5）：25-30．

徐南平，张桂华，袁美英，等．2005．松花江干流洪水与1998年松嫩大水分析——发生规律及成因．自然灾害学报，14（5）：14-19．

徐影，张冰，周波涛，等．2014．基于CMIP5模式的中国地区未来洪水灾害风险变化预估．气候变化研究进展，10（4）：268-275．

薛秋芳，任传森，陶诗言．2001．1998年长江流域洪水的成因分析．应用气象学报，12（2）：246-250．

杨慧娟，李宁，雷飏．2007．我国沿海地区近54a台风灾害风险特征分析．气象科学，27（4）：413-418．

杨远．2009．城市地下空间多灾种危险性模糊综合评价．科协论坛（下半月），5：145．

杨喆，程家喻．1994．唐山地震房屋倒塌率与烈度相关分析．地震地质，16（3）：283-288．

姚清林，黄崇福．2002．地震灾害风险因素和风险评估指标的模糊算法．自然灾害学报，

11（2）：51-58.

姚玉璧，王莺，王劲松. 2016. 气候变暖背景下中国南方干旱灾害风险特征及对策. 生态环境学报，25（3）：432-439.

叶志明，楼思展，陈玲俐. 2004. 建筑物震害风险评估研究新进展. 全国首届防震减灾工程学术研讨会论文集：55-61.

叶志明，楼思展，陈玲俐. 2005. 钢结构工业厂房地震灾害风险评估. 钢结构，20（6）：23-26.

仪垂祥，史培军. 1995. 自然灾害系统模型Ⅰ：理论部分. 自然灾害学报，4（3）：6-8.

殷杰. 2011. 中国沿海台风风暴潮灾害风险评估研究. 上海：华东师范大学.

殷洁，戴尔阜，吴绍洪，等. 2013. 中国台风强度等级与可能灾害损失标准研究. 地理研究，32（2）：266-274.

尹永年，吴淑筠. 1995. 珠江三角洲房屋建筑地震损失预测. 华南地震，15（3）：7-15.

尹占娥，暴丽杰，殷杰. 2011. 基于GIS的上海浦东暴雨内涝灾害脆弱性研究. 自然灾害学报，20（2）：29-35.

尹占娥，许世远，殷杰，等. 2010. 基于小尺度的城市暴雨内涝情景模拟与风险评估. 地理学报，65（5）：553-562.

袁俊，谭传凤，常旭. 2007. 中国沿海城市带研究. 城市问题，147：11-17.

曾令锋. 1996. 广西沿海台风灾害风险评估初探. 灾害学，11（1）：43-47.

张风华，谢礼立，范立础. 2004. 城市防震减灾能力评估研究. 地震学报，（3）：318-329，342.

张福春，王德辉，邱宝剑. 1987. 中国农业物候图集. 北京：科学出版社.

张俊香，黄崇福，乔森. 2006. 昆明—楚雄—大理—丽江地区地震软风险区划实例. 自然灾害学，15（1）：59-65.

张蕾，黄大鹏，杨冰韵. 2016. RCP4.5情景下中国人口对高温暴露度预估研究. 地理研究，35（12）：2238-2248.

张莉，丁一汇，吴统文，等. 2013. CMIP5模式对21世纪全球和中国年平均地表气温变化和2℃升温阈值的预估. 气象学报，71（6）：1047-1060.

张丽佳，刘敏，陆敏，等. 2010. 中国东南沿海地区台风危险性评价. 人民长江，41（6）：81-83，91.

张喜英，陈素英，裴冬，等. 2002. 秸秆覆盖下的夏玉米蒸散、水分利用效率和作物系数的变化. 地理科学进展，21（6）：583-592.

张行南，罗健，陈雷，等. 2000. 中国洪水灾害危险程度区划. 水利学报，（3）：3-9.

张颖超，王璐，熊雄，等. 2015. 基于SPA的福建省抗台风减灾能力评估. 灾害学，30（2）：85-88.

章淹，张义民，白建强. 1995. 台风暴雨. 自然灾害学报，4（3）：15-22.

赵东升，吴绍洪. 2013. 气候变化情景下中国自然生态系统脆弱性研究. 地理学报，68（5）：602-610.

赵珊珊，高歌，黄大鹏，等. 2017. 2004—2013年中国气象灾害损失特征分析. 气象与环境学报，33（1）：101-107.

赵宗慈，江滢．2010．热带气旋与台风气候变化研究进展．科技导报，28（15）：88-96.

郑通彦，李洋，侯建盛，等．2010．2009年中国大陆地震灾害损失述评．灾害学，25（4）：96-101.

中国地震局，国家质量技术监督局．2001．防震减灾术语第一部分：基本术语（GB/T 18207.1—2000）．北京：中国标准出版社．

中国地震局，国家质量技术监督局．1999．地震震级的规定（GB 17740—1999）．北京：中国标准出版社．

中国地震局．2000．中国大陆地震灾害损失评估汇编（1996-2000年）．北京：地震出版社．

中国地震局监测预报司．2001．中国大陆地震灾害损失评估汇编（1996-2000）．北京：地震出版社．

中国建筑科学研究院．2008．2008年汶川地震建筑灾害图片集．北京：中国建筑工业出版社．

中华人民共和国国家质量监督检验检疫总局，中国国家标准化管理委员会．2005．地震现场工作第4部分：灾害直接损失评估（GB/T 18208.4—2005）．北京：中国标准出版社．

中华人民共和国国务院新闻办公室．2009．中国的减灾行动．北京：外文出版社．

周成虎，万庆，黄诗峰，等．2000．基于GIS的洪水灾害风险区划研究．地理学报，55（1）：15-24.

周光全．2007．简易房屋的地震灾害经济损失评估．地震研究，30（3）：265-270.

周俊华．2004．中国台风灾害综合风险评估研究．北京：北京师范大学．

周乃晟，袁雯．1993．上海市暴雨地面积水的研究．地理学报，48（3）：262-271.

周寅康．1995．自然灾害风险评价初步研究．自然灾害学报，4（1）：6-11.

周自江，宋连春，李小泉．2000．1998年长江流域特大洪水的降水分析．应用气象学报，11（3）：287-296.

朱良峰，殷坤龙，张梁，等．2002．基于GIS技术的地质灾害风险分析系统研究．工程地质学报，10（4）：428-431，348.

左大康，王懿贤，陈建绥．1993．中国地区太阳总辐射的空间分布特征．北京：科学出版社．

Adams J. 1995. Risk. London：UCL Press.

Adger N W, Brooks N, Bentham G, et al. 2004. New Indicators of Vulnerability and Adaptative Capacity. UK：Tyndall Centre for Climate Change Research Norwich.

Aksha S K, Emrich C T. 2020. Benchmarking community disaster resilience in Nepal. International Journal of Environmental Research and Public Health, 17（6）：1985.

Alexander D. 1991. Natural disasters：A framework for research and teaching. Disasters, 15（3）：209-226.

Alexander D. 2000. Confronting Catastrophe. Oxford：Oxford University Press.

Allen R G, Pereira L S, Raes D, et al. 1998. Crop Evapotranspiration：Guidelines for Computing Crop Water Requirement. Rome：Food and Agriculture Organization of the United Nations.

Andrew S C. 2000. Reducing vulnerability in Five North Carolina communities：A model approach for identifying, mapping and mitigating coastal hazards. https：//www.wcu.edu/WebFiles/PDFs/psds_

Reducing_1991. pdf.

Araya-Muñoz D, Metzger M J, Stuart N, et al. 2017. A spatial fuzzy logic approach to urban multi-hazard impact assessment in Concepcion, Chile. Science of the Total Environment, 576: 508-519.

Arnell N W, Gosling S N. 2016. The impacts of climate change on river flood risk at the global scale. Climatic Change, 134 (3): 387-401.

Asseng S, Ewert F, Martre P, et al. 2015. Rising temperatures reduce global wheat production. Nature Climate Change, 5 (2): 143-147.

Balassanian S Y, Melkoumian M G, Arakelyan A R, et al. 1999. Seismic risk assessment for the territory of Armenia and strategy of its mitigation. Natural Hazards, 20 (1): 43-51.

Banks E. 2005. Catastrophic Risk Analysis and Management. Chichester: John Wiley & Sons Ltd.

Barmania S. 2014. Typhoon Haiyan recovery: Progress and challenges. Lancet, 383 (9924): 1197-1199.

Bebber D P, Ramotowski M A T, Gurr S J. 2013. Crop pests and pathogens move polewards in a warming world. Nature Climate Change, 3 (11): 985-988.

Bell V A, Kay A L, Jones R G, et al. 2007. Use of a grid-based hydrological model and regional climate model outputs to assess changing flood risk. International Journal of Climatology, 27 (12): 1657-1671.

Benson M A. 1960. Areal flood-frequency analysis in a humid region. Journal of Geophysical Research, 65 (8): 2475.

Betts R A, Alfieri L, Bradshaw C, et al. 2018. Changes in climate extremes, fresh water availability and vulnerability to food insecurity projected at 1.5℃ and 2℃ global warming with a higher-resolution global climate model. Philosophical Transactions, 376 (2119): 420-427.

Blaikie P, Cannon T, Davis I, et al. 2014. At Risk: Natural Hazards, People's Vulnerability And Disasters. New York: Routledge.

Bonan G B, Doney S C. 2018. Climate, ecosystems, and planetary futures: The challenge to predict life in Earth system models. Science, 359 (6375): eaam8328.

Bonn F, Dixon R. 2005. Monitoring flood extent and forecasting excess runoff risk with RADARSAT-1 data. Natural Hazards, 35 (3): 377-393.

Botterill L C, Wilhite D A. 2005. From Disaster Response to Risk Management. Dordrecht: Springer.

Bouwer L M. 2013. Projections of future extreme weather losses under changes in climate and exposure. Risk Analysis, 33 (5): 915-930.

Bracken L J, Coxi N J, Shannon J. 2008. The relationship between rainfall inputs and flood generation in south-east Spain. Hydrological Processes, 22 (5): 683-696.

Brandt L A, Butler P R, Handler S D, et al. 2017. Integrating science and management to assess forest ecosystem vulnerability to climate change. Journal of Forestry, 115 (3): 212-221.

Burby R J. 2006. Hurricane Katrina and the paradoxes of government disaster policy: Bringing about wise governmental decisions for hazardous areas. Annals of the American Academy of Political and Social Science, 604: 171-191.

Cannon B, Davis I P T, Wisner B. 1994. At Risk: Natural Hazards, People's Vulnerability and Disasters. London: Routledge.

Carrao H, Naumann G, Barbosa P. 2016. Mapping global patterns of drought risk: An empirical framework based on sub-national estimates of hazard, exposure and vulnerability. Global Environmental Change, 39: 108-124.

Catani F, Casagli N, Ermini L, et al. 2005. Landslide hazard and risk mapping at catchment scale in the Arno River basin. Landslides, 2 (4): 329-342.

Chandler R E. 1997. A spectral method for estimating parameters in rainfall models. Bernoulli, 3 (3): 301-322.

Changnon S A. 1987. Detecting Drought Conditions in Illinois. State Of Illinois: Department Of Energy and Natural Resources.

Chen H P, Sun J Q, Chen X L. 2013. Future changes of drought and flood events in China under a global warming scenario. Atmospheric and Oceanic Science Letters, 6 (1): 8-13.

Chen Y, Chen Q F, Chen L. 2001b. Vulnerability analysis in earthquake loss estimate. Natural Hazards, 16: 1-16.

Chen Y, Chen Q F, Frolova N, et al. 2001a. Decision support tool for disaster management in the case of strong earthquakes. Information and Technology for Disaster Management, 8: 94-105.

Chen Y, Chen L, Federico G. 2002. Seismic hazard and loss estimation for central america. Natural Hazards, 25 (2): 161-175.

Chiang Y M, Hsu K L, Chang F J, et al. 2007. Merging multiple precipitation sources for flash flood forecasting. Journal of Hydrology, 340 (3-4): 183-196.

Climate Action Tracker. 2018. Some progress since Paris, but not enough, as governments amble towards 3℃ of warming. Climate Action Tracker.

Cook B I, Smerdon J E, Seager R, et al. 2014. Global warming and 21st century drying. Climate Dynamics, 43 (9-10): 2607-2627.

Cotton W R, Pielke R A. 2007. Human Impacts on Weather and Climate. Cambridge: Cambridge University Press.

CRED. 2020. Natural Disasters 2019: Now is the Time to Not Give Up. Brussels: CRED.

Cunderlik J M, Burn D H. 2002. Analysis of the linkage between rain and flood regime and its application to regional flood frequency estimation. Journal of Hydrology, 261 (1-4): 115-131.

Cutter S L, Boruff B J, Shirley W L. 2003. Social vulnerability to environmental hazards. Social Science Quarterly, 84 (2): 242-261.

Cutter S L. 1993. Living With Risk: The Geography of Technological Hazards. London: Edward Arnold.

Dai A. 2013. Increasing drought under global warming in observations and models. Nature Climate Change, 3 (1): 52-58.

Dai F C, Lee C F, Ngai Y Y. 2002. Landslide risk assessment and management: An overview. Engineering Geology, 64 (1): 65-87.

Depietri Y, Dahal K, McPhearson T. 2018. Multi-hazard risks in New York City. Natural Hazards and Earth System Sciences, 18 (12): 3363-3381.

Di Baldassarre G, Castellarin A, Montanari A, et al. 2009. Probability-weighted hazard maps for comparing different flood risk management strategies: A case study. Natural Hazards, 50 (3): 479-496.

Ding Y H, Ren G Y, Shi G Y, et al. 2006. National assessment report of climate change (I): Climate change in China and its future trend. Advances in Climate Change Research, 2 (1): 3-8.

Donnelly C, Greuell W, Andersson J, et al. 2017. Impacts of climate change on European hydrology at 1.5, 2 and 3 degrees mean global warming above preindustrial level. Climatic Change, 143 (1-2): 13-26.

Dorland R S, Palutikof J P. 1999. Vulnerability of the Netherlands and Northwest Europe to storm damage under climate change. Climate Change, 43 (3): 513-535.

Dottori F, Szewczyk W, Ciscar J C, et al. 2018. Increased human and economic losses from river flooding with anthropogenic warming. Nature Climate Change, 8 (9): 781.

Downing T E, Bakker K. 2000. Drought discourse and vulnerability// Wilhite D A. Drought: A Global Assessment, Natural Hazards and Disasters Series. London: Routledge Publishers: 56-93.

Du F, Kobayashi H, Okazaki K, et al. 2016. Research on the disaster coping capability of a historical village in a mountainous area of China: Case study in Shangli, Sichuan. Procedia-Social and Behavioral Sciences, 218: 118-130.

Durack P J, Wijffels S E, Matear R J. 2012. Ocean salinities reveal strong global water cycle intensification during 1950 to 2000. Science, 336 (6080): 455-458.

Dutta D, Tingsanchali T. 2003. Development of loss functions for urban flood risk analysis in Bangkok. Tokyo: Proceeding of the 2nd International Symposium on New Technologies for Urban Safety of Mega Cities in Asia: 229-238.

Elshorbagy A, Bharath R, Lakhanpal A, et al. 2017. Topography-and nightlight-based national flood risk assessment in Canada. Hydrology and Earth System Sciences, 21 (4): 2219.

Feofilovs M, Romagnoli F. 2017. Measuring community disaster resilience in the Latvian context: An apply case using a composite indicator approach Energy Procedia, 113: 43-50.

Ferreira M A, de Sa F M, Oliveira C S. 2016. The disruption index (DI) as a tool to measure disaster mitigation strategies. Bulletin of Earthquake Engineering, 14 (7): 1957-1977.

FIFMTF. 1992. Floodplain Management in the United States: An Assessment Report, Volume 2: Full Report. Washington D C: Federal Emergency Management Agency.

Fischer E M, Knutti R. 2015. Anthropogenic contribution to global occurrence of heavy-precipitation and high-temperature extremes. Nature Climate Change, 5 (6): 560-564.

Gao J, Jiao K, Wu S, et al. 2017. Past and future effects of climate change on spatially heterogeneous vegetation activity in China. Earth's Future, 5: 679-692.

Gao J, Jiao K, Wu S. 2018. Quantitative assessment of ecosystem vulnerability to climate change: Methodology and application in China. Environmental Research Letters, 13 (9): 094016.

Garner A J, Mann M E, Emanuel K A, et al. 2017. Impact of climate change on New York City's coastal flood hazard: Increasing flood heights from the preindustrial to 2300 CE. Proceedings of the National Academy of Sciences, 114 (45): 11861-11866.

Ge Y, Gu Y, Deng W. 2010. Evaluating China's national post-disaster plans: The 2008 Wenchuan earthquake's recovery and reconstruction planning. International Journal of Disaster Risk Science, 1 (2): 17-27.

Gill J C, Malamud B D. 2014. Reviewing and visualizing the interactions of natural hazards. Reviews of Geophysics, 52 (4): 680-722.

Goldberg M D, Li S, Goodman S, et al. 2018. Contributions of operational satellites in monitoring the catastrophic floodwaters due to hurricane harvey. Remote Sensing, 10 (8): 1256.

Grimm N B, Chapin F S, Bierwagen B, et al. 2013. The impacts of climate change on ecosystem structure and function. Frontiers in Ecology and the Environment, 11 (9): 474-482.

Guzzetti F, Carrara A, Cardinali M, et al. 1999. Landslide hazard evaluation: A review of current techniques and their application in a multi-scale study, Central Italy. Geomorphology, 31: 181-216.

Hagman G. 1984. Prevention is Better than Cure. Report on Human and Environmental Disasters in the Third World. Stockholm: Swedish Red Cross.

Hajibabaee M, Amini-Hosseini K, Ghayamghamian M R. 2014. Earthquake risk assessment in urban fabrics based on physical, socioeconomic and response capacity parameters (a case study: Tehran city). Natural Hazards, 74 (3): 2229-2250.

Hall J W, Sayers P B, Dawson R J. 2005. National-scale assessment of current and future flood risk in England and Wales. Natural Hazards, 36 (1-2): 147-164.

Hallegatte S, Green C, Nicholls R J, et al. 2013. Future flood losses in major coastal cities. Nature Climate Change, 3 (9): 802.

Hallegatte S. 2008. An adaptive regional input-output model and its application to the assessment of the economic cost of Katrina. Risk Analysis, 28 (3): 779-799.

Han L N, Zhang J Q, Zhang Y C, et al. 2019c. Hazard assessment of earthquake disaster chains based on a Bayesian network model and ArcGIS. ISPRS International Journal of Geo-Information, 8: 210.

Han L N, Ma Q, Zhang F, et al. 2019a. Risk assessment of an earthquake-collapse-landslide disaster Chain by bayesian network and newmark models. International Journal of Environmental Research and Public Health, 16 (18): 3330.

Han L N, Zhang J Q, Zhang Y C, et al. 2019b. Hazard assessment of earthquake disaster chains based on a Bayesian Network Model and ArcGIS. International Journal of Geo-Information, 8 (5): 210.

Haque C E, Blair D. 2002. Vulnerability to tropical cyclones: Evidence from the April 1991 cyclone in Coastal Bangladesh. Disasters, 16 (3): 217-229.

Hay L E, Wilby R L, Leavesley G H. 2000. A comparison of delta change and downscaled GCM scenarios for three mountainous basins in the United States. JAWRA Journal of the American Water Resources Association, 36 (2): 387-397.

Held I M, Soden B J. 2006. Robust responses of the hydrological cycle to global warming. Journal of Climate, 19 (21): 5686-5699.

Hermon D, Ganefri, Dewata I, et al. 2019. A policy model of adaptation and social risks the volcano eruption disaster of Sinabung in Karo Regency-Indonesia. International Journal of Geomate, 17 (60): 190-196.

Hirabayashi Y, Mahendran R, Koirala S, et al. 2013. Global flood risk under climate change. Nature Climate Change, 3 (9): 816-821.

Hochrainer S. 2006. Macroeconomic Risk Management against Natural Disasters. Wiesbaden: German University Press.

Hsiang S, Kopp R, Jina A, et al. 2017. Estimating economic damage from climate change in the United States. Science, 356 (6345): 1362-1369.

Hu C F. 2016. Application of E-learning assessment based on AHP-BP algorithm in the cloud computing teaching platform. International Journal of Emerging Technologies in Learning, 11 (8): 27-32.

Huang J, Yu H, Dai A, et al. 2017. Drylands face potential threat under 2℃ global warming target. Nature Climate Change, 7 (6): 417-422.

Huang R, Chen J, Huang G. 2007. Characteristics and variations of the East Asian monsoon system and its impacts on climate disasters in China. Advances in Atmospheric Sciences, 24 (6): 993-1023.

Hulme M. 2016. 1.5℃ and climate research after the Paris Agreement. Nature Climate Change, 6 (3): 222-224.

Huntington T G. 2006. Evidence for intensification of the global water cycle: Review and synthesis. Journal of Hydrology, 319 (1): 83-95.

Höhne N, Luna L, Fekete H, et al. 2017. Action by China and India Slows Emissions Growth, President Trump's Policies Likely to Cause US Emissions to Flatten. Climate Action Tracker.

IPCC. 2002. Climate Change 2001: Impacts, Adaptation, and Vulnerability. Cambridge: Cambridge University Press.

IPCC. 2007. Climate change 2007: Impacts, Adaptations and Vulnerability: The Fourth Assessment Report of Working Group II. Cambridge: Cambridge University Press.

IPCC. 2012. Managing the Risks of Extreme Events and Disasters to Advance Climate Change Adaptation: A Special Report of Working Groups I and II of the Intergovernmental Panel on Climate Change. Cambridge: Cambridge University Press.

IPCC. 2013. Climate Change 2013: The Physical Science Basis. Contribution of Working Group I to the Fifth Assessment Report of the Intergovernmental Panel on Climate Change. Cambridge: Cambridge University Press.

IPCC. 2014a. Climate Change 2014: Impacts, Adaptation, and Vulnerability. Cambridge: Cambridge

University Press.

IPCC. 2014b. Climate Change 2014: Mitigation of Climate Change. Cambridge: Cambridge University Press.

IPCC. 2018. Global Warming of 1.5℃: An IPCC Special Report on the Impacts of Global Warming of 1.5℃ above Pre-industrial Levels and Related Global Greenhouse Gas Emission Pathways, in the Context of Strengthening the Global Response to the Threat of Climate Change, Sustainable Development, and Efforts to Eradicate Poverty. Cambridge: Cambridge University Press.

ISDR. 2001. Countering Disasters, Targeting Vulnerability. New York: UNISDR.

ISDR. 2004a. Living with Risk: A global Review of Disaster Reduction Initiatives. New York: UNISDR.

ISDR. 2004b. Terminology of Disaster Risk Reduction. New York: UNISDR.

Jevrejeva S, Jackson L P, Grinsted A, et al. 2018. Flood damage costs under the sea level rise with warming of 1.5℃ and 2℃. Environmental Research Letters, 13 (7): 074014.

Jones P D, Hulme M. 1996. Calculating regional climatic time series for temperature and precipitation: Methods and illustrations. International journal of climatology, 16 (4): 361-377.

Jones R N. 2004. When do POETS become Dangerous? IPCC Workshop on Describing Scientific Uncertainties in Climate Change to Support Analysis of Risk and of Options. Maynooth: National University of Ireland.

Kang S, Eltahir E A B. 2018. North China Plain threatened by deadly heatwaves due to climate change and irrigation. Nature communications, 9 (1): 2894.

Kappes M S, Keiler M, von Elverfeldt K, et al. 2012. Challenges of analyzing multi-hazard risk: A review. Natural Hazards, 64 (2): 1925-1958.

Karmalkar A V, Bradley R S. 2017. Consequences of global warming of 1.5℃ and 2℃ for regional temperature and precipitation changes in the contiguous united states. PloS One, 12 (1): e0168697.

Kay A L, Jones R G, Reynard N S. 2006b. RCM rainfall for UK flood frequency estimation. II. Climate change results. Journal of Hydrology, 318 (1-4): 163-172.

Kay A L, Reynard N S, Jones R G. 2006a. RCM rainfall for UK flood frequency estimation. I. Method and validation. Journal of Hydrology, 318 (1-4): 151-162.

Kharin V V, Flato G M, Zhang X, et al. 2018. Risks from climate extremes change differently from 1.5℃ to 2.0℃ depending on rarity. Earth's Future, 6 (5): 704-715.

King A D, Karoly D J, Henley B J. 2017. Australian climate extremes at 1.5℃ and 2℃ of global warming. Nature Climate Change, 7 (6): 412.

King A D, Karoly D J. 2017. Climate extremes in Europe at 1.5 and 2 degrees of global warming. Environmental Research Letters, 12 (11): 114031.

Klatt P, Schultz G. 1983. Flood forecasting on the basis of radar rainfall measurement and rainfall forecasting. Hydrological Applications of Remote Sensing and Remote Data Transmission, (145): 307-343.

Kleinen T, Petschel-Held G. 2007. Integrated assessment of changes in flooding probabilities due to climate change. Climatic Change, 81 (3): 283-312.

Knutson C, Hayes M, Phillips T. 1998. How to Reduce Drought Risk. Wisconsin: Western Drought Coordination Council.

Krishnan P, Ananthan P S, Purvaja R, et al. 2019. Framework for mapping the drivers of coastal vulnerability and spatial decision making for climate-change adaptation: A case study from Maharashtra, India. Ambio, 48 (2): 192-212.

Kulshreshtha S N, Klein K K. 1989. Agricultural drought impact evaluation model: A systems approach. Agricultural System, 30: 81-96.

Kumar V, Panu U. 1997. Predictive assessment of severity of agricultural droughts based on agro-climatic factors. Journal of the American Water Resources Association, 33 (6): 1255-1264.

Kundzewicz Z W, Kanae S, Seneviratne S I, et al. 2014. Flood risk and climate change: Global and regional perspectives. Hydrological Sciences Journal, 59 (1): 1-28.

Lamb W F, Rao N D. 2015. Human development in a climate-constrained world: What the past says about the future. Global Environmental Change, 33: 14-22.

Lee S, Pradhan B. 2007. Landslide hazard mapping at Selangor, Malaysia using frequency ratio and logistic regression models. Landslides, 4 (1): 33-411.

Li K, Wu S, Dai E, et al. 2012. Flood loss analysis and quantitative risk assessment in China. Natural hazards, 63 (2): 737-760.

Li S, Xu Y, He Y, et al. 2017. Research on public opinion warning based on analytic hierarchy process integrated back propagation neural network. Jinan: Chinese Automation Congress: 2440-2445.

Li W Q, Xu G H, Xing Q H, et al. 2020. Application of improved AHP-BP neural network in CSR performance evaluation model. Wireless Personal Communications, 111 (4): 2215-2230.

Li W, Jiang Z, Zhang X, et al. 2018. Additional risk in extreme precipitation in China from 1.5℃ to 2.0℃ global warming levels. Science Bulletin, 63 (4): 228-234.

Li Z, He Y, Wang P, et al. 2012. Changes of daily climate extremes in southwestern China during 1961-2008. Global and Planetary Change, 80: 255-272.

Lim W H, Yamazaki D, Koirala S, et al. 2018. Long-term changes in global socioeconomic benefits of flood defenses and residual risk based on CMIP5 climate models. Earth's Future, 6 (7): 938-954.

Lin L, Wang Z, Xu Y, et al. 2018. Additional intensification of seasonal heat and flooding extreme over China in a 2℃ warmer world compared to 1.5℃. Earth's Future, 6 (7): 968-978.

Linda J. 2003. Communityvulnerability to tropical cyclones: Cairns, 1996-2000. Natural Hazards, 30 (2): 209-232.

Liu W, Sun F, Lim W H, et al. 2018. Global drought and severe drought-affected populations in 1.5 and 2℃ warmer worlds. Earth System Dynamics, 9 (1): 267-283.

Liu X L, Chen H Z. 2019. Integrated assessment of ecological risk for multi-hazards in Guangdong province in southeastern China. Geomatics Natural Hazards & Risk, 10 (1): 2069-2093.

Liu Y. 2018. An improved AHP and BP neural network method for service quality evaluation of city bus. International Journal of Computer Applications in Technology, 58 (1): 37-44.

Lloyd S J, Kovats R S, Chalabi Z, et al. 2016. Modelling the influences of climate change-associated sea-level rise and socioeconomic development on future storm surge mortality. Climatic Change, 134 (3): 441-455.

Lowrance W W. 1976. Of Acceptable Risk: Science and the Determination of Safety. Los Altos: Wilham Kaufmann, Inc., Los Altos, Cal.

Lung T, Lavalle C, Hiederer R, et al. 2013. A multi-hazard regional level impact assessment for Europe combining indicators of climatic and non-climatic change. Global Environmental Change-Human and Policy Dimensions, 23 (2): 522-536.

Luo P, Mu D, Xue H, et al. 2018. Flood inundation assessment for the Hanoi Central Area, Vietnam under historical and extreme rainfall conditions. Scientific reports, 8 (1): 12623.

Lyu H M, Shen J S, Arulrajah A. 2018. Assessment of Geohazards and Preventative Countermeasures Using AHP Incorporated with GIS in Lanzhou, China [J]. Sustainability, 10 (2): 304.

McGregor G R. 1995. The tropical cyclone hazard over the south china sea 1970-1989: Annual spatial and temporal characteristics. Applied Geography, 15 (1): 35-52.

Meehl G A, Tebaldi C. 2004. More intense, more frequent, and longer lasting heat waves in the 21st century. Science, 305 (5686): 994-997.

Meng L, Wang C Y, Zhang J Q. 2016. Heat injury risk assessment for single-cropping rice in the middle and lower reaches of the Yangtze River under climate change. Journal of Meteorological Research, 30 (3): 426-443.

Meroni F, Zonno G. 2000. Seismic risk evaluation. Survey Geophys, 21 (2): 257-267.

Milly P C D, Wetherald R T, Dunne K A, et al. 2002. Increasing risk of great floods in a changing climate. Nature, 415 (6871): 514.

Mo K C, Noguespaegle J, Paegle J. 1995. Physical-mechanisms of the 1993 summer floods. Journal of the Atmospheric Sciences, 52 (7): 879-895.

Moss R H, Brenkert A L, Malone E L. 2001. Vulnerability to Climate Change: A Quantitative Approach. Richland: Part Northwest National Laboratories.

Murakami D, Yamagata Y. 2016. Estimation of gridded population and GDP scenarios with spatially explicit statistical downscaling. ArXiv, 1610: 09041.

Mysiak J, Torresan S, Bosello F, et al. 2018. Climate risk index for Italy. Philosophical Transactions of the Royal Society a-Mathematical Physical and Engineering Sciences, 376 (2121): 20170305.

Nadim F, Kjekstad O. 2009. Assessment of global high-risk landslide disaster hotspots. Landslides, 3 (11): 213-221.

Nicholls R J, Cazenave A. 2010. Sea-level rise and its impact on coastal zones. Science, 328 (5985): 1517-1520.

Nobuo M. 2000. Distribution of vulnerability and adaptation in the Asia and Pacific region. Kobe:

Fourth workshop.

Nullet D, Giambelluca T W. 1988. Risk analysis of seasonal agricultural drought on low Pacific islands. Agricultural and Forest Meteorology, 42: 229-239.

Oki T, Kanae S. 2006. Global hydrological cycles and world water resources. Science, 313 (5790): 1068-1072.

O'Brien K, Eriksen S, Schjolen A, et al. 2004. What's in a word? Conflicting Interpretations of Vulnerability in Climate Change Research. Oslo: Oslo University.

O'Neill B C, Kriegler E, Riahi K, et al. 2014. A new scenario framework for climate change research: The concept of shared socioeconomic pathways. Climatic Change, 122 (3): 387-400.

Pasquale G D, Orsini G, Romeo R W. 2005. New developments in seismic risk assessment in Italy. Bulletin of Earthquake Engineering, 3 (1): 101-128.

Patt A, Gwata C. 2004. Effects of seasonal climate forecasts and participatory workshops among subsistence farmers in Zimbabwe. Proceeding of the National Academy of Science, 102 (35): 12623-12628.

Patz J A, Campbell-Lendrum D, Holloway T, et al. 2005. Impact of regional climate change on human health. Nature, 438 (7066): 310.

Pecl G T, Araújo M B, Bell J D, et al. 2017. Biodiversity redistribution under climate change: Impacts on ecosystems and human well-being. Science, 355 (6332): eaai9214.

Penning-Rowsell E, Floyd P, Ramsbottom D, et al. 2005. Estimating injury and loss of life in floods: A deterministic framework. Natural Hazards, 36 (1-2): 43-64.

Piao S, Ciais P, Huang Y, et al. 2010. The impacts of climate change on water resources and agriculture in China. Nature, 467 (7311): 43-51.

Pielke R A. 1999. Nine fallacies of floods. Climatic Change, 42 (2): 413-438.

Polade S D, Pierce D W, Cayan D R, et al. 2014. The key role of dry days in changing regional climate and precipitation regimes. Scientific Reports, 4: 4364.

Rahman A, Weinmann P E, Hoang T M T, et al. 2002. Monte Carlo simulation of flood frequency curves from rainfall. Journal of Hydrology, 256 (3-4): 196-210.

Rahmstorf S. 2017. Rising hazard of storm-surge flooding. Proceedings of the National Academy of Sciences, 114 (45): 11806-11808.

Rajendran K, Rajendran C P, Earnest A. 2005. The great Sumatra-Andaman earthquake of 26 December 2004. Current Science, 88 (1): 11-12.

Raju D V S, Sinha J. 1998. Vulnerability and failure study of built environment in gujarat cyclone. Manipal: Nation Conference on Disaster & Technology.

Remondo J, Bonachea J, Cendrero A. 2005. A statistical approach to landslide risk model ling at basin scale: From landslide susceptibility to quantitative risk assessment. Landslides, 2 (4): 321-328.

Rogelj J, Den Elzen M, Höhne N, et al. 2016. Paris agreement climate proposals need a boost to keep warming well below 2℃. Nature, 534 (7609): 631-639.

Roger. 2001. Research and assessment systems for sustainability framework for vulnerability. http://sustsci. harvard. edu/questions/intro_notes. htm.

Rong G Z, Li K W, Han L N, et al. 2020. Hazard mapping of the rainfall-landslides disaster chain based on geo detector and bayesian network models in Shuicheng County, China. Water, 12 (9): 2572.

Rosenzweig C, Elliott J, Deryng D, et al. 2014. Assessing agricultural risks of climate change in the 21st century in a global gridded crop model intercomparison. Proceedings of the National Academy of Sciences, 111 (9): 3268-3273.

Roudier P, Andersson J C M, Donnelly C, et al. 2016. Projections of future floods and hydrological droughts in Europe under a + 2℃ global warming. Climatic change, 135 (2): 341-355.

Roy C, Kovordányi R. 2012. Tropical cyclone track forecasting techniques — A review. Atmospheric Research, 104-105: 40-69.

Russo S, Dosio A, Graversen R G, et al. 2014. Magnitude of extreme heat waves in present climate and their projection in a warming world. Journal of Geophysical Research: Atmospheres, 119 (22): 12500-12502.

Saghafian B, Ghermezcheshmeh B, Kheirkhah M M. 2010. Iso-flood severity mapping: a new tool for distributed flood source identification. Natural Hazards, 55 (2): 557-570.

Sarris A, Loupasakis C, Soupios P, et al. 2010. Earthquake vulnerability and seismic risk assessment of urban areas in high seismic regions: Application to Chania City, Crete Island, Greece. Natural Hazards, 54 (2): 395-412.

Scawthorn C. 2008. A Brief History of Seismic Risk Assessment// Bostrom A, French S, Gottlieb S. Risk Assessment, Modeling and Decision Support. Heidelberg: Springer-Verlag Berlin Heidelberg.

Schaller N, Kay A L, Lamb R, et al. 2016. Human influence on climate in the 2014 southern England winter floods and their impacts. Nature Climate Change, 6 (6): 627-634.

Scholze M, Knorr W, Arnell N W, et al. 2006. A climate-change risk analysis for world ecosystems. Proceedings of the National Academy of Sciences, 103 (35): 13116-13120.

Sekhri S, Kumar P, Furst C, et al. 2020. Mountain specific multi-hazard risk management framework (MSMRMF): Assessment and mitigation of multi-hazard and climate change risk in the Indian Himalayan Region. Ecological Indicators, 118: 106700.

Shahid S, Behrawan H. 2008. Drought risk assessment in the western part of Bangladesh. Natural Hazards, 46: 391-413.

Shao Q Q, Liu G B, Li X D, et al. 2019. Assessing the snow disaster and disaster resistance capability for spring 2019 in China's Three-River Headwaters Region. Sustainability, 11 (22): 6423.

Sheikh M, Hossain N, Singh A. 2002. Application of GIS for assessing human vulnerability to cyclone in India. http://gis. esri. com/library/userconf/proc02/abstracts/a0701. html.

Shen G, Hwang S N. 2019. Spatial-temporal snapshots of global natural disaster impacts revealed from EM-DAT for 1900-2015. Geomatics Natural Hazards & Risk, 10 (1): 912-934.

Shi C, Jiang Z H, Chen W L, et al. 2018. Changes in temperature extremes over China under 1.5℃ and 2℃ global warming targets. Advances in Climate Change Research, 9 (2): 120-129.

Shi P J, Du J, Ji M X, et al. 2006. Urban risk assessment research of major natural disasters in China. Advances in Earth Science, 21 (2): 170-177.

Shi X, Liu S, Yang S, et al. 2015. Spatial-temporal distribution of storm surge damage in the coastal areas of China. Natural Hazards, 79 (1): 237-247.

Shi Y J, Zhai G F, Zhou S T, et al. 2019. How can cities respond to flood disaster risks under multi-scenario simulation? A case study of Xiamen, China. International Journal of Environmental Research and Public Health, 16 (4): 618.

Shi Y, Zhai G, Zhou S, et al. 2018. How can cities adapt to a multi-disaster environment? Empirical research in Guangzhou (China). International Journal of Environmental Research and Public Health, 15 (11): 2453.

Signals C. 2020. Australia Bushfire Season 2019-2020. https://www.climatesignals.org/[2021-12-21].

Sitch S, Smith B, Prentice I C, et al. 2003. Evaluation of ecosystem dynamics, plant geography and terrestrial carbon cycling in the LPJ dynamic global vegetation model. Global Change Biology, 9 (2): 161-185.

Sivakumar M V K, Motha R P. 2007. Managing Weather and Climate Risks in Agriculture. Heidelberg: Springer-Verlag Berlin Heidelberg.

Smith D I. 1994. Flood damage estimation-A review of urban stage-damage curves and loss functions. Water SA, 20 (3): 231-238.

Steffen W, Rockström J, Richardson K, et al. 2018. Trajectories of the earth system in the anthropocene. Proceedings of the National Academy of Sciences, 115 (33): 8252-8259.

Su B, Huang J, Fischer T, et al. 2018. Drought losses in China might double between the 1.5℃ and 2.0℃ warming. Proceedings of the National Academy of Sciences, 115 (42): 10600-10605.

Sun Y, Zhang X, Zwiers F W, et al. 2014. Rapid increase in the risk of extreme summer heat in Eastern China. Nature Climate Change, 4 (12): 1082.

Swiss Re Group. 2017. Preliminary sigma estimates for 2017: Global insured losses of USD 136 billion are third highest on sigma records. https://www.swissre.com/media/news-releases/2017/nr20171220_sigma_estimates.html[2022-2-10].

Szlafsztein C, Sterr H. 2007. A GIS-based vulnerability assessment of coastal natural hazards, state of Pará, Brazil. Journal of Coastal Conservation, 11 (1): 53-66.

Sévellec F, Drijfhout S S. 2018. A novel probabilistic forecast system predicting anomalously warm 2018-2022 reinforcing the long-term global warming trend. Nature Communications, 9 (1): 3024.

Taylor K E. 2001. Summarizing multiple aspects of model performance in a single diagram. Journal of Geophysical Research: Atmospheres, 106 (D7): 7183-7192.

Terzi S, Torresan S, Schneiderbauer S, et al. 2019. Multi-risk assessment in mountain regions: A review of modelling approaches for climate change adaptation. Journal of Environmental

Management, 232: 759-771.

Thompson A, Clayton J. 2002. The role of geomorphology in flood risk assessment. Proceedings of the Institution of Civil Engineers-Civil Engineering, 150: 25-29.

Tian C, Fang Y, Yang L E, et al. 2019. Spatial-temporal analysis of community resilience to multi-hazards in the Anning River basin, Southwest China. International Journal of Disaster Risk Reduction, 39: 101144.

Tiepolo M, Bacci M, Braccio S, et al. 2019. Multi-hazard risk assessment at community level integrating local and scientific knowledge in the Hodh Chargui, Mauritania. Sustainability, 11 (18): 5063.

Trenberth K E, Dai A, van Der Schrier G, et al. 2014. Global warming and changes in drought. Nature Climate Change, 4 (1): 17-22.

Turner B L, Kasperson R E. 2003. A frame work for vulnerability analysis in sustainability science. Proceedings of the National Academy of Sciences of the United States of America, 100 (14): 8074-8079.

UNDRO. 1991. Mitigating Natural Disasters, Phenomena, Effects and Options: A manual for Policy Makers and Planners. New York: UNDRO.

UNDRR. 2020. Terminology. https://www.undrr.org/terminology/mitigation.

UNEP. 2017. The Emissions Gap Report 2017. Nairobi: United Nations Environment Programme (UNEP).

UNFCCC. 1992. United Nations Framework Convention on Climate Change [2018-6-13].

UNFCCC. 2015. Adoption of the Paris Agreement [2015-5-21].

UNISDR, CRED. 2018. Economic Losses, Poverty & Disasters (1998-2017). CRED.

UNISDR. 2009. UNISDR Terminology on Disaster Risk Reduction International Strategy for Disaster Reduction. https://www.unisdr.org/we/inform/publications/7817[2021-11-8].

UNISDR. 2017. UNISDR Terminology on Disaster Risk Reduction. https://www.unisdr.org/files/52828_nationaldisasterriskassessmentpart52821.pdf[2018-6-13].

UNISDR. 2018. Economic Losses, Poverty & Disasters (1998-2017). New York: UNISDR.

UNU-EHS. 2008. Core terminology of disaster reduction. http://www.ehs-unu.edu/moodle/mod/glossary/view.php?id=1&mode=hook=ALL&sortkey=&sortorder=&fullsearch=0[2021-11-8].

van Aalst M K. 2006. The impacts of climate change on the risk of natural disasters. Disasters, 30 (1): 5-18.

van Loon A F, Gleeson T, Clark J, et al. 2016. Drought in the anthropocene. Nature Geoscience, 9 (2): 89-91.

van Vuuren D P, Edmonds J, Kainuma M, et al. 2011. The representative concentration pathways: An overview. Climatic Change, 109: 5-31.

van Vuuren D P, Riahi K, Moss R, et al. 2012. A proposal for a new scenario framework to support research and assessment in different climate research communities. Global Environmental Change, 22 (1): 21-35.

Varnes D J. 1984. Landslide Hazard Zonation: A Review of Principles and Practice . Paris: UNESCO.

Wahl T, Jain S, Bender J, et al. 2015. Increasing risk of compound flooding from storm surge and rainfall for major US cities. Nature Climate Change, 5 (12): 1093.

Walker G R. 1997. Current developments in: Catastrophe modeling// Britten N R , Oliver J (eds), Financial Risk Management for Natural Catastrophes. Proceedings of a Conference Sponsored by the Aon Group Australia Limited.

Wang C, Zhong S, Zhang Q, et al. 2015. Urban disaster comprehensive risk assessment research based on GIS: A case study of Changsha City, Hunan Province, China. Heidelberg: Geo-Information in Resource Management and Sustainable Ecosystem: 95-106.

Wang G, Wang D, Trenberth K E, et al. 2017. The peak structure and future changes of the relationships between extreme precipitation and temperature. Nature Climate Change, 7 (4): 268-274.

Wang Y J, Li H G. 2019. Complex chemical process evaluation methods using a new analytic hierarchy process model integrating deep residual network with multiway principal component analysis. Industrial & Engineering Chemistry Research, 58 (31): 13889-13899.

Watson R T, Zinyowera M C, Moss R H, et al. 1995. Climate Change 1995: Impacts, Adaptations, and Mitigation of climate Change-Scientific-Technical Analysis. New York : Cambridge University Press.

Wheater H S, Chandler R E, Onof C J, et al. 2005. Spatial-temporal rainfall modelling for flood risk estimation. Stochastic Environmental Research and Risk Assessment, 19 (6): 403-416.

White G F. 1974. Natural Hazards. Oxford: Oxford University Press.

Wilhelmi O V, Hubbard K G, Wilhite D A. 2002. Spatial representation of agroclimatology in a study of agricultural drought. International Journal of Climatology, 22: 1399-1414.

Wilhelmi O V, Wilhite D A. 2002. Assessing vulnerability to agricultural drought: A nebraska case study. Natural Hazards, 25 (1): 37-58.

Wilhite D A, Hayes M J, Knutson C, et al. 2000. Planning for drought: Moving from crisis to risk management. Journal of the American Water Resources Association, 36: 697-710.

Wilhite D A. 2005. Drought and Water Crises: Science, Technology, and Management Issues. Boca Raton: CRC Press.

Willner S N, Otto C, Levermann A. 2018. Global economic response to river floods. Nature Climate Change, 8 (7): 594-598.

Wilson R, Crouch E A C. 1987. Risk assessment and comparisons- An introduction. Science, 236 (4799): 267-270.

Winsemius H C, Aerts J C , van Beek L P H, et al. 2016. Global drivers of future river flood risk. Nature Climate Change, 6 (4): 381-385.

Wu K, Li X F. 2018. The establishment and application of AHP-BP neural network model for entrepreneurial project selection//Xu J, Gen M, Hajiyev A, et al. Proceedings of the Eleventh

International Conference on Management Science and Engineering Management: 634-643.

Wu S H, Gao J B, Wei B G, et al. 2020. Building a resilient society to reduce natural disaster risks. Science Bulletin, 65 (21): 1785-1787.

Wu S H, Pan T, Liu Y H, et al. 2018. Orderly adaptation to climate change: A roadmap for the post-Paris Agreement Era. Science China Earth Sciences, 61 (1): 119-122.

Xiong W, Conway D, Holman I, et al. 2008. Evaluation of CERES-Wheat simulation of wheat production in China. Agronomy Journal, 100 (6): 1720-1728.

Xu X, Ge Q, Zheng J, et al. 2013. Agricultural drought risk analysis based on three main crops in prefecture-level cities in the monsoon region of east China. Natural hazards, 66 (2): 1257-1272.

Xu Z C, Wu S H, Dai E F, et al. 2011. Quantitative assessment of seismic mortality risks in China. Journal of Resources and Ecology, 2 (1): 83-90.

Yin Y, Ma D, Wu S. 2018. Climate change risk to forests in China associated with warming. Scientific Reports, 8 (1): 493.

Yuan Q, Wu S, Dai E, et al. 2017. NPP vulnerability of the potential vegetation of China to climate change in the past and future. Journal of Geographical Sciences, 27 (2): 131-142.

Zhang W, Zhou T, Zou L, et al. 2018. Reduced exposure to extreme precipitation from 0.5℃ less warming in global land monsoon regions. Nature Communications, 9 (1): 3153.

Zhang Y F, Qu H H, Yang X G, et al. 2020. Cropping system optimization for drought prevention and disaster reduction with a risk assessment model in Sichuan Province. Global Ecology and Conservation, 23: e01095.

Zhao D, Wu S, Yin Y. 2013. Responses of terrestrial ecosystems' net primary productivity to future regional climate change in China. PloS One, 8 (4): e60849.

Zhong X D, He Y Z, Destech P I. 2016. A Comprehensive Evaluation Approach Based on AHP-BP Neural Network for Resource Allocation in Distributed Satellite Cluster Network. Beijing: International Conference on Wireless Communication and Network Engineering.

Zhou T, Yu R. 2006. Twentieth-century surface air temperature over China and the globe simulated by coupled climate models. Journal of Climate, 19 (22): 5843-5858.

Zhou Y, Liu Y, Wu W, et al. 2015. Integrated risk assessment of multi-hazards in China. Natural Hazards, 78 (1): 257-280.

Zonno G, Garcia-Fernandez M, Jiménez M J, et al. 2003. The SERGISAI procedure for seismic risk assessment. Journal of Seismology, 7 (2): 255-277.

附 录

附录1 不同区域暴雨重现期的24h日累积降水量

流域名称	1%	2%	3.33%	5%	10%	20%	50%
大明村主流	530.9	464	416.8	377.2	311.7	244.7	154.4
罗溪村主流	543.8	475.3	427	386.6	319.6	251	158.6
直渎村支流	543.1	474.5	426.2	385.7	318.7	250	157.6
直渎村主流	540.2	472	423.9	383.6	316.9	248.7	156.8
溪边村主流	501.9	439.4	395	358.9	297.4	234.7	149.6
溪头埠村、南山村主流	492.8	429.8	385.2	348.5	286.6	223.9	139.9
北山村主流	492.7	429.7	385.2	348.4	286.5	223.9	139.9
水月村、垾心村主流	512.7	448.2	402.7	364.9	301.8	237.2	150.1
北湾村、团结村主流	479.5	418.6	375.8	339.8	280.4	219.6	138
渔山头村主流	601.6	523.6	467.7	423.7	346	268.8	166.1
玉腾村、垾心村、湾村主流	602.5	524.3	468.3	424.1	346.2	268.9	166
拱桥贡村主流	565.7	491.8	439.1	396.7	323.2	250.2	153.5
黄土村主流	640.3	555.1	490.4	440.1	354.8	270.1	160.5
大峨村主流	640	554.9	490.2	439.9	354.6	269.9	160.4
大石坪村主流	600.7	522.9	467	423.1	345.5	268.4	165.8
双茂路村主流	535.9	466.3	416.5	377.1	307.7	238.9	147.3
魏氏村主流	527.9	459.9	411.5	372.5	305.2	237.7	147.6
大树脚村主流	527.1	459.3	411	372.1	305	237.6	147.7
山尾头村、鱼行头村、洪家埔村主流	536.6	467.1	417.3	378	308.8	240.1	148.5
金甹村支流	525	458.2	411.2	371.8	306.4	239.8	150.4
内田墘村主流	523	456.3	409.2	370.1	304.7	238.3	149.2
岭面头村主流	524.8	458	411	371.6	306.3	239.7	150.3
金甹村主流	530.7	463.3	415.7	375.9	309.8	242.4	152
五庙村主流	530.8	463.3	415.7	375.9	309.8	242.4	152.1
北甹村主流	565.4	487.8	429.3	384.1	307.8	232.1	135.6

续表

流域名称	1%	2%	3.33%	5%	10%	20%	50%
老街村主流	529.7	460.8	411.5	372.5	303.9	235.8	145.3
樟坑村支流	634	550.4	487.7	438.1	354.1	270.6	162.1
前垟村主流	501.4	437.6	392.5	355	292.4	228.7	143.3
高厝村主流	523.6	455.9	407.4	369	301.6	234.6	145.2
高厝村支流	534.1	465	415.5	376.4	307.7	239.2	148.1
盛陶街村、垟心村主流	532.4	463.5	414.2	375.2	306.7	238.5	147.6
白泻脚村主流	520.5	453.1	404.7	366.6	299.4	232.6	143.7
新街村主流	531.2	462.1	412.7	373.5	304.7	236.4	145.7
高岙内村主流	498.7	435	389.9	352.7	290.1	226.6	141.6
樟坑村主流	626.3	543.7	481.9	433	350.1	267.7	160.5
倪家后门村主流	509.7	444.8	399	360.9	297.3	232.5	145.7
溪心村、垟心村主流	508.1	443.3	397.4	359.5	295.8	231.2	144.6
竹脚村主流	504.9	440.7	395.3	357.5	294.5	230.3	144.3
古井头村主流	522.9	455.4	407.1	368.7	301.5	234.6	145.3
南龙村、南山村主流	510.3	445.2	399.3	361.1	297.3	232.5	145.5
牛墩岭村支流	550.2	472.3	414.4	369.6	293.2	218.5	124.8
溪滨路村、鹤翔路村、滨海西路村主流	565.4	487.8	429.3	384.1	307.8	232.1	135.6
溪滨路村主流	565.4	487.7	429.3	384.1	307.8	232.1	135.6
下宅村主流	537.8	466.8	415.4	373.6	302.8	232.4	140.5
北山二街村、振新路村主流，北山街村、育英路村支流	659.4	569.1	500.9	448.6	359.8	271.7	159
矾坑口村主流、宋阳路村、溪滨路村、金山支流	660.5	569.9	501.7	449.1	360.1	271.8	159
大埕村主流	619.3	535.5	472.1	423.2	340.3	257.9	152.1
南行村主流	557	480.5	422.9	378.3	303.2	228.7	133.5
南行路村、镇中路村、港滨路村、文卫路村支流	552.9	478.6	422.3	378.8	304.9	231.6	137
白湾村主流	508.8	441.8	391.1	351.2	283.7	216.6	129.6
土墩辽村主流	652.1	562	494.5	441.5	353.1	265.5	154.1
老厝村、新厝村主流	651.7	563.5	496.8	445.4	358.1	271.4	160

续表

流域名称	1%	2%	3.33%	5%	10%	20%	50%
路下村、过溪村主流	654.9	565.6	498.2	446.4	358.6	271.3	159.4
育英路村主流	656.9	567	499.1	447.2	359	271.3	159.1
宋阳路村、溪滨路村主流	666.8	574.6	505.6	451.2	360.7	271.1	157.3
金山村主流	666.5	574.4	505.4	451	360.6	271	157.2
溪光村主流	665.5	573.5	504.7	450.6	360.3	270.9	157.3
上墩村主流	665.3	573.4	504.6	450.5	360.3	270.9	157.3
北岙村支流	539.7	467.4	412.5	370.1	298	226.4	134.1
四亩坑村主流	676.1	580.3	509.3	454.2	360.3	268.5	153.4
朝阳路村主流	638.8	548.1	480.7	428.8	339.8	253	144.3
中村村主流	644.6	553.3	485.6	433	343.5	256	146.3
埔坪街村、安口村主流	664.9	573	504.2	450.2	360	270.7	157.2
下井村、王门坑村主流	662.4	570.9	502.4	448.5	358.7	269.7	156.6
溪滨路村、奋进巷村、新华街村、光明巷村主流	640.5	549.2	481.5	429.6	340.1	252.9	144
北山街村、松昌路村主流	655.9	566.3	498.6	446.8	358.8	271.3	159.2
内厝陈村主流	652.8	564.3	497.2	445.9	358.4	271.5	160
新区村主流	654.7	565.6	498.3	446.6	358.8	271.5	159.7
溪光村、宋阳路村主流	658.6	568.4	500.3	448.2	359.6	271.7	159.2
溪滨路村、滨海西路村、镇中路村、港滨路村支流	538.8	466.8	412	369.7	297.7	226.3	134.2
大宫村主流,下井村、王门坑村支流	678.5	583.3	512.6	456.8	363.5	271.7	156
中岙村主流	649	557.1	488.9	436	345.9	257.7	147.3
甘茶村、垟心村主流	624.6	534.6	468.2	417.7	329.7	244.4	138.3
半垟宫村、大埔山村流	641.8	556.7	491.9	441.5	356	271.1	161.3
外甘岐村主流	651.8	561.7	494.3	441.3	352.9	265.3	154.1
园林村主流	543.5	470	414.3	371.5	298.7	226.4	133.5
内赖村主流	458.8	400.6	359.7	325.2	268.3	210.1	132
岭脚村主流	458.8	400.6	359.7	325.2	268.3	210.1	132
岭脚村支流	462	403.3	362.1	327.4	270.1	211.6	132.9
西括村主流	461.8	403.2	362	327.2	270	211.5	132.9
西括村支流	462	403.4	362.1	327.4	270.1	211.6	132.9

续表

流域名称	1%	2%	3.33%	5%	10%	20%	50%
新楼村主流	453.9	396.6	356.2	322.4	266.3	209	131.8
新楼村支流	454.8	397.4	356.9	323	266.8	209.4	132
海尾村主流	444.1	385.5	340.9	306.1	247	188.4	112.4
尾厝村、龙凤村、布上村、布下村、吞头村主流，顶峰村支流	586.3	502.3	440.2	392.8	310.5	230.6	131
韭菜园村主流	483.3	419.4	373.5	336	272.5	209.4	126.8
厝基内村、大炮首村主流	517.4	447	393.8	352.9	283.5	214.6	126.2
鲂鱼山村支流	517.4	447	393.8	353	283.6	214.6	126.2
李家井村主流	522.8	450.8	396.7	354.5	283.7	213.6	124.3
小槽村主流	459.1	398.6	354	318.3	257.7	197.5	118.9
兰家湾村主流	605	520.6	457.7	407.8	325	243.3	140.1
斗门头村主流	490.4	423.8	373.4	334.7	269	203.7	119.9
大春村主流	479	411.3	361	321.9	255.5	190.5	108.9
宫边村主流	530.6	457.6	402.8	360.2	288.6	217.6	127
小姑村主流	549.9	473.8	416.9	371.9	297.3	223.3	129.4
四亩村主流	496.6	430.7	380.5	341.6	275.4	209.7	124.8
吞内村主流	530.6	457.7	402.8	360.3	288.6	217.6	127
牛墟岭村主流	549.1	471.5	413.9	369	292.9	218.4	124.9
顶峰村主流	585.4	501.9	440.1	392.7	310.9	231.2	131.6
门内村、后门厝村主流	556.1	479.4	421.9	377	301.8	227.2	132.2
利垟村主流	531.7	458.8	403.9	361.5	289.9	218.8	128
外垟村主流	501.8	433.3	381.5	341.8	274.5	207.5	121.8
镇中路村、港滨路村、文卫村主流	564.7	487.2	428.8	383.6	307.4	231.9	135.4
白湾村支流	508.9	441.8	391.1	351.3	283.8	216.7	129.6
井湖村主流	506.7	440	390	350.4	283.2	216.6	129.9
棋盘村、半岭村主流	551.2	475.3	418.3	374	299.6	225.7	131.6
崇家吞村主流	384.7	339.5	305.8	278.8	232.8	185.6	120.6

注：1%、2%、3.33%、5%、10%、20%、50%分别为100年一遇、50年一遇、30年一遇、20年一遇、10年一遇、5年一遇、2年一遇

附录 2 不同区域山洪预警的 24h 日累积降雨量

地名	行政区代码	流域代码	Pa=0.75WM	Pa=0.90WM
罗溪	330327100318100	WGD13001N0000000	133	96
前垟	330327100251101	WGD13301GB000000	275	237
双茂路	330327100335100	WGD13301E0000000	283	231
竹脚	330327100322100	WGD1330B00000000	286	237
内田垱	330327100321100	WGD13301F0000000	293	234
山尾头	330327100334104	WGD13301E0000000	301	247
溪边	330327100271100	WGD13001NC000000	305	255
倪家后门	330327100214100	WGD1330B00000000	311	253
直浃	330327100319103	WGD13001N0000000	319	266
垟心	330327100220100	WGD1330B00000000	334	264
过溪	330327100209101	WGD13301F0000000	365	288
南山	330327100314100	WGD1330B00000000	397	338
金岙	330327100209100	WGD13301F0000000	488	410
镇安庙	330327100275100	WGD13001NC000000	532	532
垟心	330327100324100	WGD13002N0000000	534	534
岭面头	330327100209102	WGD13301F0000000	548	548
大树脚	330327100335101	WGD13301E0000000	550	550
魏氏	330327100335102	WGD13301E0000000	551	551
五亩	330327100210101	WGD13301F0000000	554	457
大明	330327100317102	WGD13001N0000000	554	554
洪家埔	330327100334101	WGD13301E0000000	562	562
鱼行头	330327100334105	WGD13301E0000000	562	562
岭脚	330327104240100	WGDB3001A0000000	264	218
团结	330327104245101	WGD13002S0000000	267	212
北湾	330327104245103	WGD13002S0000000	267	212
北山	330327104244101	WGD13001S0000000	309	242
新楼	330327104241102	WGDB3001A0000000	342	300
南山	330327104244100	WGD13001S0000000	367	251
内赖	330327104240101	WGDB300100000000	382	316
西括	330327104241100	WGDB3001A0000000	482	327
崇家岙	330327107261100	WMA00003018AA000	310	218

续表

地名	行政区代码	流域代码	$Pa=0.75WM$	$Pa=0.90WM$
新街	330327112232100	WGD13307G0000000	266	239
高厝	330327112201100	WGD13301GB000000	287	236
旧街	330327112232102	WGD1330B00000000	301	276
盛陶街	330327112202103	WGD13301GB000000	395	345
高畚内	330327112205100	WGD13306G0000000	398	348
白泻脚	330327112216101	WGD13301GA000000	544	544
古井头	330327112213101	WGD13301GA000000	548	548
垟心	330327112202100	WGD13301GB000000	558	558
垟心	330327113246100	WGD13301B0000000	377	308
渔山头	330327113248102	WGD13301B0000000	379	291
湾底	330327113246101	WGD13301B0000000	386	318
樟坑	330327113230101	WGD1330300000000	411	384
拱桥贡	330327113235100	WGD13301C0000000	592	592
大石坪	330327113249102	WGD13301B0000000	629	629
大峨	330327113253100	WGD1330100000000	674	584
黄土	330327113253101	WGD1330100000000	674	674
朝阳路	330327116012100	WGD70101C0000000	243	204
大宫	330327116227100	WGD70101B0000000	327	276
过溪	330327116246106	WGD7010100000000	348	285
宋阳路	330327116244107	WGD7010100000000	358	265
四亩坑	330327116235100	WGD70102C0000000	387	289
深洋	330327116235104	WGD70102C0000000	387	289
育英路	330327116244106	WGD7010100000000	401	323
新区	330327116248104	WGD7010100000000	404	309
新厝	330327116243100	WGD7010100000000	422	323
矾坑口	330327116247106	WGD7010200000000	458	291
内厝陈	330327116248100	WGD7010100000000	478	316
外甘岐	330327116228100	WGD7010300000000	493	455
土墩辽	330327116228101	WGD7010300000000	493	467
北山街	330327116244100	WGD7010100000000	505	428
王门坑	330327116226101	WGD7010300000000	508	452
下井	330327116227101	WGD7010300000000	508	452

续表

地名	行政区代码	流域代码	Pa=0.75WM	Pa=0.90WM
路下	330327116245100	WGD7010100000000	517	436
埔坪街	330327116226100	WGD7010200000000	536	486
中岙	330327116201101	WGD70101C0000000	548	378
振兴路	330327116244104	WGD7010100000000	554	452
松昌路	330327116244108	WGD7010100000000	563	483
溪滨路	330327116018100	WGD70101C0000000	564	496
光明巷	330327116020100	WGD70101C0000000	564	496
奋进巷	330327116020101	WGD70101C0000000	564	496
新华街	330327116020102	WGD70101C0000000	564	496
溪光	330327116247102	WGD7010200000000	579	508
老厝	330327116243101	WGD7010100000000	595	491
大埕	330327116251101	WGD13301G0000000	650	650
垟心	330327116238100	WGD7020100000000	657	551
半垟宫	330327116242100	WGD7010100000000	673	673
大埔山	330327116242101	WGD7010100000000	673	673
中村	330327116210100	WGD70101C0000000	679	679
北山二街	330327116244101	WGD7010100000000	692	528
上墩	330327116247101	WGD7010200000000	702	702
安口	330327116226103	WGD7010200000000	702	702
金山	330327116247100	WGD7010200000000	703	703
宋阳路	330327116247103	WGD7010200000000	703	703
溪滨路	330327116247107	WGD7010200000000	703	703
南行	330327117200100	WGD5B001A0000000	258	230
鹤翔路	330327117002102	WGD5B00200000000	269	224
白湾	330327117213100	WMA00003014AA000	350	275
滨海西路	330327117002100	WGD5B00200000000	376	330
港滨路	330327117002101	WGD5B00200000000	390	343
溪滨路	330327117002104	WGD5B00200000000	405	353
文卫路	330327117002103	WGD5B0020000000	407	363
镇中路	330327117002105	WGD5B00200000000	407	363
北岙	330327117232100	WGD5B00200000000	421	363
溪滨路	330327117001100	WGD5B00200000000	424	363